Lecture Notes in Mathematics

Edited by A. Dold and B. Eckmann

595

Wilfried Hazod

Stetige Faltungshalbgruppen von Wahrscheinlichkeitsmaßen und erzeugende Distributionen

Springer-Verlag
Berlin · Heidelberg · New York 1977

Author
Wilfried Hazod
Abteilung Mathematik der
Universität Dortmund
Postfach 50 05 00
D-4600 Dortmund 50

AMS Subject Classifications (1970): 43A05, 60B10, 60B15, 60J25, 60J30

ISBN 3-540-08259-X Springer-Verlag Berlin · Heidelberg · New York
ISBN 0-387-08259-X Springer-Verlag New York · Heidelberg · Berlin

Printed in Germany
Printing and binding: Beltz Offsetdruck, Hemsbach/Bergstr.
2141/3140-543210

Einleitung. Das Studium der unendlich oft teilbaren Maße und der stetigen Faltungshalbgruppen von Wahrscheinlichkeitsmaßen gehört zu den interessantesten Teilen der Theorie der Wahrscheinlichkeitsgesetze auf lokalkompakten Gruppen. Das Einbettungsproblem, i.e. die Frage, unter welchen Voraussetzungen ein gegebenes Wahrscheinlichkeitsmaß sich in eine stetige Faltungshalbgruppe einbetten läßt, wurde u.a. von E.Siebert [62] erschöpfend behandelt, in der vorliegenden Arbeit werden vor allem Faltungshalbgruppen und die Erzeuger der zugehörigen Operatorhalbgruppen studiert. Solche Halbgruppen wurden in letzter Zeit, ausgehend von der Pionierarbeit von G.A.Hunt [40] in verschiedenen Arbeiten untersucht, s. [6, 17, 25, 34, 38, 58-62, 66, 68]. In der Monographie von H.Heyer [35] wird dieser Bereich in einheitlicher Darstellung zugänglich gemacht. In dieser Arbeit versuchen wir nun, den genauen Zusammenhang zwischen Faltungshalbgruppen einerseits und den erzeugenden Distributionen (die durch die Erzeuger der Operatorhalbgruppen gegeben sind) andererseits, sowie Zusammenhänge zwischen der Struktur der Gruppe und der Menge der erzeugenden Distributionen aufzuzeigen. Die erzeugenden Distributionen sind durch die Lévy-Hinčin-Hunt-Formel - einer Verallgemeinerung der klassischen Charakterisierung der unendlich oft teilbaren Maße auf der reellen Geraden nach P.Lévy und A.J.Hinčin - gegeben, s. [40], [25], [60]. Die Kenntnis dieser Darstellung wird im Text vorausgesetzt, wenn auch die grundlegenden Definitionen und Sätze wiederholt werden.

Die Arbeit ist in 6 Teile gegliedert : In dem vorbereitenden Teil O. werden die wichtigsten Sätze über Operatorhalbgruppen und deren Erzeuger, insbesondere über Konvergenz von Operatorhalbgruppen als Hilfssätze bereitgestellt, darüberhinaus werden unmittelbare Folgerungen und Anwendungen auf Halbgruppen von Wahrscheinlichkeitsmaßen und auf die zugehörigen Halbgruppen von Operatoren auf C_o angegeben. In Teil I folgt ein genaueres Studium der erzeugenden Distributionen von Faltungshalbgruppen, (das über die rein operatorentheoretische Beschreibung hinausgeht und die explizite Gestalt der erzeugenden Distributionen wesentlich verwendet). In Teil II ergänzen wir Teil I, indem wir Mischungen erzeugender Distributionen studieren, dann folgt in Teil III die Untersuchung der Gültigkeit der (für R_1) bekannten Charakterisierungen der Normal- und Poissonverteilungen nach Cramér, Raikoff und Bernstein für beliebige lokalkompakte Gruppen, schließlich beschäftigen wir uns in Teil IV mit Halbgruppen komplexer Maße. In Teil V endlich untersuchen wir anhangsweise Faltungshalbgruppen mit nicht notwendig trivialen idempotenten Faktoren, äquivalenterweise, Faltungshalbgruppen auf homogenen Räumen.

Genauer : Es sei $M^1(\mathcal{G})$ - $\mathcal{G}$ lokalkompakte topologische Gruppe - die Faltungshalbgruppe der Wahrscheinlichkeitsmaße auf $\mathcal{G}$, C_o, C_c seien die Räume der stetigen Funktionen, die im Unendlichen verschwinden bzw. deren Träger kompakt ist, $\mathcal{D}$ sei der Raum der unendlich oft differenzierbaren Funktionen mit kompaktem Träger (Testfunktionen) im Sinne von F.Bruhat [5], $\mathcal{D}^*$ der Raum der Distributionen auf $\mathcal{G}$.

Eine stetige Faltungshalbgruppe (mit trivialem Idempotent) ist eine Familie $(\mu_t, t \geq 0, \mu_o = \mathcal{E}_e) \subseteq M^1(\mathcal{G})$, sodaß $t \longrightarrow \mu_t$ ein stetiger Homomorphismus von $(R_1, +)$ in $M^1(\mathcal{G})$ ist, dabei wird stets $M^1(\mathcal{G})$ mit der schwachen Topologie versehen. Zu jedem Maß μ bezeichnet R_μ den Faltungsoperator, $R_\mu f(.) := \mu(.f)$, dann ist zu gegebenem (μ_t) die Familie (R_{μ_t}) eine stetige Halbgruppe von Kontraktionen auf dem Banachraum C_o.

Die Lévy-Hinčin-Formel besagt nun, daß der Definitionsbereich des Erzeugers von (R_{μ_t}) den Raum $\mathcal{D}$ umfaßt . Sei $A(f) := \frac{d^+}{dt}\mu_t(f) = \frac{d^+}{dt}R_{\mu_t}f(e)$

(die Ableitung wird in t = 0 betrachtet), für $f \in \mathcal{D}$, dann stimmt der Abschluß des Faltungsoperators $(R_A, \mathcal{D})$ mit dem Erzeuger von (R_{μ_t}) überein. A heißt „erzeugende Distribution".

Wir erhalten also eine umkehrbar eindeutige Beziehung zwischen den stetigen Faltungshalbgruppen und den erzeugenden Distributionen und sind in der Lage, den Generator einer Halbgruppe eindeutig zu beschreiben. (s.O. §4 Satz 4.2, 4.3).

E.Siebert [60] gab eine explizite Gestalt der erzeugenden Distributionen an, eine Zerlegung in primitiven, quadratischen Anteil und Anteil ohne Gaußsche Komponente. Die Definition wird in I. § 2 wiedergegeben.Dies erlaubt uns dann in Teil I.ff Untersuchungen über erzeugende Distributionen A und deren Faltungsoperatoren, die über die operatorentheoretische Betrachtungsweise hinausgehen.

$\mathcal{M}\mathcal{D}(\mathcal{G})$ bezeichnet die Menge der erzeugenden Distributionen und mit $\mathcal{E}x : \mathcal{M}\mathcal{D}(\mathcal{G}) \longrightarrow M^1(\mathcal{G})$ werde folgende Abbildung bezeichnet (verallgemeinerte Exponentialabbildung) : Sei (μ_t) die zu $A \in \mathcal{M}\mathcal{D}(\mathcal{G})$ gehörige Faltungshalbgruppe - wir sagen auch die von A erzeugte Faltungshalbgruppe - dann sei $\mathcal{E}x(tA) := \mu_t$. Dann gelten einmal eine Stetigkeitsaussage über $\mathcal{E}x$, die wir " Konvergenzsatz " nennen (I. § 2, Satz 2.3) , sowie eine Produktformel vom Lie-Trotter-Typ (O. § 4) : Für $A, B \in \mathcal{M}\mathcal{D}(\mathcal{G})$ ist $A+B \in \mathcal{M}\mathcal{D}(\mathcal{G})$ und es ist $\mathcal{E}x(t(A+B)) = \lim_{k \to \infty}\left[\mathcal{E}x((t/k)A)\ \mathcal{E}x((t/k)B)\right]^k$.

Weiter gilt der "Zerlegungssatz " (I.§ 2.2 Korollar), der aussagt, daß jede erzeugende Distribution zerlegbar ist in eine beschränkte Distribution (Poissongenerator) und eine erzeugende Distribution, deren Träger in einer vorgegebenen Umgebung der Einheit liegt. Dies ermöglicht nun ein genaueres Studium der Menge der erzeugenden Distributionen. Wir erhalten unter anderem, daß für lokalisomorphe Gruppen die Mengen der erzeugenden Distributionen übereinstimmen, wenn man von den Poissongeneratoren absieht .(Poissongeneratoren sind leichter zu behandeln, da für sie $\mathcal{E}x$ mit der Exponentialabbildung exp übereinstimmt.)

Dies zeigt, daß man $\mathcal{E}x$ in gewissem Sinne als "Exponentialabbildung" für die topologische Halbgruppe $M^1(\mathcal{G})$ auffassen kann.

In I § 3 studieren wir für Lie Gruppen (und in I § 4 für beliebige lokalkompakte Gruppen) das oben genannte Resultat anhand eines Spezialfalls : Jede Lie-Gruppe ist zu ihrer Lie-Algebra lokalisomorph (als topologische Räume !), daher ist die Struktur der erzeugenden Distributionen auf $\mathcal{G}$ schon durch die Poissongeneratoren und die erzeugenden Distributionen auf der Lie-Algebra, also auf einem Vektorraum, gegeben. Erzeugende Distributionen auf einem Vektorraum sind aber bereits durch die klassische Lévy-Hinčin-Formel beschrieben .

In I. § 5,6 studieren wir die Abbildung $\mathcal{E}x : \mathfrak{M}(\mathcal{G}) \ni A \longrightarrow \mathcal{E}x(A) \in M^1(\mathcal{G})$ genauer, insbesondere untersuchen wir Faltungshalbgruppen, deren erzeugende Distribution darstellbar ist als Summe einer gegebenen erzeugenden Distribution und eines Poissongenerators (i.e.der zugehörige infinitesimale Erzeuger der Operatorhalbgruppe ist gestört durch Addition eines Poissongenerators). Besonders interessieren wir uns für Eigenschaften der Faltungshalbgruppen, die gegenüber solchen Störungen invariant sind, z.B. „μ_t ist totalstetig bezüglich des Haarschen Maßes für $t > 0$", „μ_t ist diffus für $t > 0$", „$Tr(\mu_t) = \mathcal{G}$ für $t > 0$".

In Teil II betrachten wir eine Verallgemeinerung der Lie-Trotter-Produktformel. Es werden Mischungen erzeugender Distributionen studiert und Faltungshalbgruppen, die von solchen Mischungen erzeugt werden. Wir untersuchen in § 1 die kanonische Darstellung von Mischungen, insbesondere zeigen wir, daß Gaußsche Distributionen nur als Mischungen Gaußscher Distributionen darstellbar sind. In § 2 stellen wir Beispiele von Mischungen vor : Subordinationen und die Lévy-Hinčin-Formel . In § 4 stellen wir die Faltungshalbgruppen, die von Mischungen erzeugender Distributionen erzeugt werden, als Zufallsentwicklungen dar. Dabei zeigen wir, daß ein Satz von T.G.Kurtz [45] hier natürliche Anwendungen findet.

In Teil III zeigen wir, daß sich mit Hilfe des Kalküls der erzeugenden Distributionen einige bekannte Sätze über unendlich teilbare Maße auf der reellen Geraden (Sätze von Cramér, Raikoff und Bernstein) auf beliebige lokalkompakte Gruppen übertragen lassen. Dabei ist zu beachten, daß auf der reellen Geraden unendlich oft teilbare Maße in stetige Falt-

ungshalbgruppen einbettbar sind und daß diese Einbettung umkehrbar eindeutig ist. Einer Aussage über ein Maß entspricht also eine Aussage über
eine Faltungshalbgruppe und damit eine Aussage über eine erzeugende Distribution. Ausgehend davon kann man die genannten Sätze in äquivalenter Weise neu formulieren, so daß diese äquivalenten Charakterisierungen der
Gauß- und Poissonverteilungen auf beliebige lokalkompakte Gruppen übertragbar sind. Dagegen sind die ursprünglichen Fassungen nicht übertragbar, man kann explizite Gegenbeispiele angeben, s.z.B. H.Carnal[8],
A.L.Rukhin[54], L.Schmetterer[55] und die dort zitierte Literatur.

In Teil IV untersuchen wir Halbgruppen komplexer, kontraktiver Maße,
i.e. Maße mit $\|\cdot\| \leqslant 1$. Es läßt sich ein ähnlicher Kalkül für solche Halb-
gruppen entwickeln, wobei nun anstelle erzeugender (= fast positiver,
normierter) Distributionen die dissipativen Distributionen auf $\mathcal{G}$ tre-
ten. Der tiefere Grund liegt in folgender Beobachtung, die auf J.Faraut
zurückgeht und mittlerweile in verschiedenen Arbeiten verwendet wurde
(s.z.B. J.Faraut[18], F.Hirsch[37], J.P.Roth[53], M.Duflo[17]) :
Sei $Q(\mathcal{G})$ die Menge der kontraktiven Maße, i.e. $Q(\mathcal{G}) := \{\mu : \|\mu\| \leqslant 1\}$,
sei T der eindimensionale Torus und sei schließlich $\gamma : C_o(\mathcal{G}) \longrightarrow C_o(\mathcal{G} \times T)$
gegeben durch $\gamma f(x,e^{it}) := e^{it} f(x)$, dann werden durch γ Homomorphis-
men der Maßräume $\bar{\gamma} : M(\mathcal{G} \times T) \longrightarrow M(\mathcal{G})$ und der Distributionenräume
$\bar{\gamma} : \mathcal{D}^*(\mathcal{G} \times T) \longrightarrow \mathcal{D}^*(\mathcal{G})$ induziert. Es ist $\bar{\gamma}(M^1(\mathcal{G} \times T)) = Q(\mathcal{G})$,
jede stetige Halbgruppe $\subseteq Q(\mathcal{G})$ läßt sich vermöge $\bar{\gamma}$ darstellen als
homomorphes Bild einer stetigen Halbgruppe von Wahrscheinlichkeitsmaßen
auf $\mathcal{G} \times T$, sodaß die erzeugende Distribution in $\mathcal{MD}(\mathcal{G} \times T)$ vermöge $\bar{\bar{\gamma}}$
in die (erzeugende) dissipative Distribution auf $\mathcal{G}$ übergeführt wird.
Es werden Analoga zum Konvergenzsatz und zum Zerlegungssatz nun für
dissipative Distributionen bewiesen, damit gelingt es, die Probleme zu
reduzieren: zunächst auf Lie-projektive Gruppen, sodann auf Lie-Gruppen
und schließlich auf deren Lie-Algebren, also auf endlichdimensionale
reelle Vektorräume. Dissipative Distributionen und Halbgruppen kontraktiver Maße auf R_n wurden aber bereits von J.Faraut[18] erschöpfend behandelt, unter Verwendung der dort gewonnenen Resultate kann man also die
oben behaupteten Darstellungen beweisen.
Abschließend studieren wir die Eigenschaften von $\bar{\gamma} : M^1(\mathcal{G} \times T) \longrightarrow Q(\mathcal{G})$
anhand einiger Beispiele, u.a. idempotente und unitäre Maße in $Q(\mathcal{G})$.

In Teil V betrachten wir anhangsweise stetige Halbgruppen von allgemeinerer Gestalt, nämlich stetige Halbgruppen in $M^1(\mathcal{G})$, deren idempotenter Faktor μ_o nicht notwendig $= \varepsilon_e$ ist, also $\mu_o = \omega_K$ für eine kompakte Untergruppe $K \subseteq \mathcal{G}$. Äquivalenterweise kann man dann Maße, Funktionen
und Distributionen auf dem homogenen Raum $\mathcal{G}/K$ betrachten.

Wir interessieren uns in § 1 für ein Analogon zur Lévy-Hinčin-Formel. Dazu muß man $\mathcal{G}$ in geeigneter Weise durch Lie-Gruppen approximieren. Es wird gezeigt, daß bei gegebenem K eine offene, Lie-projektive Untergruppe $\mathcal{G}_1 \subseteq \mathcal{G}$ existiert, die K enthält. Dann kann man ein Analogon zur Lévy Hinčin Formel beweisen. Allerdings ist bisher keine kanonische Zerlegung der erzeugenden Distributionen bekannt, die der von E.Siebert für den Fall $K = \{e\}$ angegebenen entspräche. Dies ist auch der Grund, warum der Fall nichttrivialer idempotenter Faktoren erst im Anhang behandelt wird.

In § 2 geben wir verschiedene Approximationen von stetigen Halbgruppen mit nichttrivialen idempotenten Faktoren durch solche mit trivialen Faktoren an.

Der größte Teil der Arbeit entstand 1973-75, während ich als wissenschaftlicher Mitarbeiter an der Universität Tübingen, Lehrstuhl Prof. Dr.H. Heyer, im Rahmen eines Forschungsvorhabens "Wahrscheinlichkeitstheorie auf topologisch-algebraischen Strukturen", das von der Deutschen Forschungs-Gemeinschaft gefördert wurde, beschäftigt war.

Das anregende mathematische Klima in Tübingen, Arbeitsgemeinschaften, sowie zahlreiche Diskussionen mit Herrn Heyer und dessen Mitarbeitern, insbesondere Herrn E. Siebert, trugen wesentlich zum Entstehen bei. Ich möchte bei dieser Gelegenheit nachträglich Herrn Heyer meinen Dank für die Einladung nach Tübingen aussprechen.

Dortmund, März 1977

Bezeichnungen und Symbole

$\mathcal{G}$ lokalkompakte topologische (Halb-) Gruppe (mit Einheit)

e Einheitselement von $\mathcal{G}$

$C = C(\mathcal{G})$ Banachraum der stetigen beschränkten Funktionen auf $\mathcal{G}$ mit $\| f \| := \sup\{|f(x)|, x \in \mathcal{G}\}$.

$C_o = C_o(\mathcal{G}) := \{ f \in C(\mathcal{G}) : f$ verschwindet in $\infty \}$

$C_c = C_c(\mathcal{G}) := \{ f \in C(\mathcal{G}) :$ Träger von f ist kompakt$\}$

$\mathcal{D} = \mathcal{D}(\mathcal{G})$ Raum der unendlich oft differenzierbaren Funktionen auf der lokalkompakten Gruppe $\mathcal{G}$ im Sinne von F.Bruhat, s. I. §2. 2.1.

$\mathcal{E} = \mathcal{E}(\mathcal{G}) := \{ f \in C(\mathcal{G})$, die lokal zu $\mathcal{D}$ gehören, i.e. für die $fg \in \mathcal{D}$ für alle $g \in \mathcal{D}\}$, s. I. Hilfssatz 2.1

$\mathbb{E}$ der von $\mathcal{D}(\mathcal{G})$ und $\mathbb{1}$ aufgespannte lineare Raum

$\tilde{\mathcal{D}} = \tilde{\mathcal{D}}(\mathcal{G})$ s. I.Definition 2.3

$\mathcal{D}^{\bullet} = \mathcal{D}^{\bullet}(\mathcal{G}_1 \times \mathcal{G}_2)$ s. III §4

Mit $'$ resp. * werden der algebraische resp. topologische Dualraum bezeichnet. Insbesondere ist $\mathcal{D}^*$ der Raum der Distributionen im Sinne von F.Bruhat ,s.I. §2 .

Sämtliche Funktionen und Maßräume werden als reell vorausgesetzt, außer in Teil O. und Teil IV. Wenn Mißverständnisse ausgeschlossen sind, werden die selben Symbole für reelle und für komplexe Räume verwendet. Um den reellen Teil eines Funktionen- oder Maßraumes auszuzeichnen, wird der Index „ ^{r} "verwendet, entsprechend bezeichnet „ $_+$ "den positiven Kegel .

$M(\mathcal{G})$ / $M_+(\mathcal{G})$ / $M^1(\mathcal{G})$ Raum der regulären beschränkten Maße / / nicht negativen Maße in $M(\mathcal{G})$ / Wahrscheinlichkeitsmaße .

$\mathbb{B}$ / $\mathbb{D}$ Banachraum / dichter linearer Teilraum

(T_t) stetige Halbgruppe von Operatoren auf $\mathbb{B}$, O. §1

$\mathcal{L}(\mathbb{B})$ Raum der beschränkten linearen Operatoren auf $\mathbb{B}$.

$\exp : \mathcal{L}(\mathbb{B}) \longrightarrow \mathcal{L}(\mathbb{B})$ Exponentialabbildung

I_λ / R_λ (zu gegebener Halbgruppe (T_t)): $I_\lambda := \lambda \int_{R_+} e^{-\lambda t} T_t \, dt$

$R_\lambda := \lambda^{-1} I_\lambda$. Dabei ist $\lambda > 0$. (s. O. § 1)

$\rightsquigarrow$ verallgemeinerte Konvergenz von Halbgruppengeneratoren, O. §1.

$\mathcal{N}$ konvexe Halbgruppe von Operatoren

τ / τ_{st} lokalkonvexe Topologie / starke Operatorentopologie auf $\mathcal{N}$ resp. auf $\mathcal{L}(\mathbb{B})$

Q_+ / R_+ nicht negative rationale / reelle / Zahlen, Halbgruppe bez.+

$\mu\nu$ bezeichnet die Faltung von Maßen $\mu, \nu \in M(\mathcal{G})$
$\mu\nu(f) := \int_{\mathcal{G}}\int_{\mathcal{G}} f(xy)\, d\mu(x) d\nu(y)$, $f \in C_0(\mathcal{G})$

R_μ Faltungsoperator zu $\mu \in M(\mathcal{G})$: $R_\mu f(x) := \int_{\mathcal{G}} f(xy) d\mu(y) = \mu({}_x f)$

S_μ analog : $S_\mu\, f(x) := \int_{\mathcal{G}} f(yx) d\mu(y) = \mu(f_x)$

f_x / ${}_x f$ $f_x(.) := f(.x)$ / ${}_x f(.) := f(x.)$

R_F Faltungsoperator für eine Distribution $F \in \mathcal{D}^*(\mathcal{G})$: $R_F(x) := F({}_x f)$

(μ_t) stetige Faltungshalbgruppe von Maßen : $\mu_t\, \mu_s = \mu_{t+s}$, $t, s \in R_+$
$t \to \mu_t$ schwach stetig

ε_x , $x \in \mathcal{G}$ Punktmaß in x : $\varepsilon_x(f) := f(x)$

$|\mu|$ bezeichnet die Totalvariation von $\mu \in M(\mathcal{G})$

ω_H Haarsches Maß auf einer kompakten Untergruppe $H \subseteq \mathcal{G}$

$\mathfrak{j}$ bezeichnet ein idempotentes Wahrscheinlichkeitsmaß auf $\mathcal{G}$, ist $\mathcal{G}$ eine Gruppe (wie in I. - V.), dann ist $\mathfrak{j}$ stets von der Gestalt $\mathfrak{j} = \omega_H$.

$\exp_{\mathfrak{j}}$ $\exp_{\mathfrak{j}} \lambda := \mathfrak{j} + \sum_{k \geq 1} \lambda^k / k!$. Ist $\mathfrak{j} = \omega_H$, dann schreibt man auch $\exp_H$ statt $\exp_{\omega_H}$, ist $\mathfrak{j} = \varepsilon_e$, dann schreibt man auch einfach exp statt $\exp_{\mathfrak{j}}$.

($\mathfrak{j}$ -) Poissonmaß heißt ein Maß der Gestalt $\exp_{\mathfrak{j}} \alpha(\lambda - \mathfrak{j})$, $\alpha \geq 0$, $\lambda = \mathfrak{j}\,\lambda\,\mathfrak{j} \in M^1(\mathcal{G})$

$\alpha(\lambda - \mathfrak{j})$ heißt dann ($\mathfrak{j}$-) Poissongenerator

$W_k(.)$ Wurzelmenge , s. O. Definition 3.2

$Q(\mathcal{G}) := \{\mu \in M(\mathcal{G}) : \|\mu\| \leq 1\}$, $Q_1(\mathcal{G}) = \{\mu \in Q : \|\mu\| = 1\}$

$\mathcal{MD}(\mathcal{G})$ Kegel der erzeugenden Distributionen , s. I. § 2.

$\mathcal{P}$, $\mathcal{P}^{\circledast}$, $\mathcal{H}$, $\mathcal{H}^{\circledast}$, Kegel der fast positiven resp. dissipativen Distributionen, s. IV § 1

P , PD, G , EP, $\mathbb{L}$ Teilkegel in $\mathcal{MD}(\mathcal{G})$, s. I. Definition 2.2

$\mathcal{E}_{\mathcal{G}} = \mathcal{E}_x$: $\mathcal{MD}(\mathcal{G}) \to M^1(\mathcal{G})$, s. I. §2 Definition 2.4

$\Lambda := \{ f \in \mathcal{D}_+(\mathcal{G}) : f(e) \equiv 0 \}$, s. I § 2

$\Lambda_1 := \{ f \in \mathcal{D}_+(\mathcal{G}) : 0 \leq f \leq 1 , f \equiv 1$ in einer Umgebung von $e \}$ s.III §3

$\Lambda_2 := \{ f \in \mathcal{D}_+(\mathcal{G}) : 0 \leq f \leq 1, f \equiv 0$ in einer Umgebung von $e \}$ s.III §1

η Lévy-Maß einer erzeugenden Distribution resp. einer stetigen Halbgruppe $\subseteq M^1(\mathcal{G})$, s. I. § 2

Ψ Hunt-Funktion, s. I.§ 2

Γ Lévy -Abbildung, s.I. §2

$\varphi, \bar{\varphi}, \bar{\bar{\varphi}}; \psi$ Abbildungen, die mit $\varphi : \mathcal{G} \supseteq U \longrightarrow V \subseteq \mathcal{G}_1$ assoziiert sind s. I. § 2

$\gamma : C_o(\mathcal{G}) \longrightarrow C_o(\mathcal{G} \times T)$: $\gamma f(x,e^{it}) := e^{it} f(x)$, s.I. Beisp.1.1.a

$X_1, \ldots X_d$ Basis der Liealgebra einer Liegruppe $\mathcal{G}$,

$\mathfrak{g}$ Liealgebra von $\mathcal{G}$, aufgefaßt als invariante Differentialoperatoren auf $C^1(\mathcal{G})$ resp. $\mathcal{D}(\mathcal{G})$

$C^k(\mathcal{G})$ Raum der k-mal stetig differenzierbaren Funktionen

$\sigma(\mathcal{D}), \sigma(\mathcal{E})$ Topologien auf $\mathcal{M}(\mathcal{G})$, resp. auf $\mathcal{E}'(\mathcal{G})$, s.I.Def. 2.1

$\langle A \rangle$ bezeichnet für $A \subseteq \mathcal{G}$ die von A erzeugte abgeschlossene Halbgruppe

$\odot$ bezeichnet die Halbgruppenfaktorisierung , $\mu_t \odot \nu_t :=$ $:= \lim_{k \to \infty} (\mu_{t/k} \nu_{t/k})^k$, s. III § 2 ff .

Tr (•) bezeichnet den Träger einer Funktion, eines Maßes oder einer Distribution

$\mathcal{T}$ Teilkegel von erzeugenden Distributionen $\supseteq \mathbb{P} + \mathbb{G}$ s. I § 4 Satz 4.3

L_o Teilkegel in $\mathcal{M}(\mathcal{G})$, s. I § 5 Definition 5.1

0 Halbgruppen von Maßen und Halbgruppen invarianter Operatoren

Der vorbereitende Teil 0. hat das Ziel, wesentliche Sätze aus der Theorie der Operatorhalbgruppen für Anwendungen in den folgenden Abschnitten bereitzustellen. In § 1 - Kontraktionshalbgruppen und ihre Erzeuger - werden, ausgehend von dem als bekannt vorausgesetzten Satz von Hille Yosida, eine Reihe von Resultaten über Operatorhalbgruppen, deren Generatoren und Resolventen und insbesondere über Konvergenz von Halbgruppen und Generatoren als Hilfssätze formuliert. Insbesondere benötigt man später den Satz von Trotter-Kato in verschiedenen Versionen. Es folgen in §2 - Produktformeln vom Lie-Trotter-Typ und Approximation durch diskrete Halbgruppen- die allgemeine Produktformel für Halbgruppen von Kontraktionen von P.Chernoff und einige Anwendungen, weiter, die damit eng verbundene Approximation stetiger Halbgruppen durch diskrete Halbgruppen und schließlich die Entwicklung in Störungsreihen (Hilfssatz 2.10) . In § 3 - Approximation teilbarer Operatoren durch einbettbare Operatoren - wenden wir die vorher genannten Resultate an, indem wir folgende Situation betrachten : $\mathfrak{N}$ sei eine konvexe Halbgruppe von linearen Operatoren auf einem Banachraum $\mathcal{B}$, T sei ein (verallgemeinert) unendlich oft teilbarer Operator (Definition 3.1), wann kann man T durch Operatoren approximieren, die in stetige Operatorhalbgruppen einbettbar sind, beziehungsweise, wann kann man T in eine solche Halbgruppe einbetten ? Dabei setzen wir zumeist voraus, daß T und $\mathfrak{N}$ zusätzliche Kompaktheitsvoraussetzungen erfüllen.

In § 4 - Halbgruppen invarianter Operatoren. Der Satz von F.Hirsch- betrachten wir Operatoren auf dem Banachraum $C_o(\mathcal{G})$, wobei $\mathcal{G}$ eine lokalkompakte Halbgruppe ist und wobei die Operatoren invariant unter $\mathcal{G}$ sind. Sie lassen sich daher als Faltungsoperatoren von Maßen darstellen. Entscheidend für die folgenden Überlegungen ist ein Satz von F.Hirsch, Satz 4.1, der Bedingungen angibt, unter denen ein invarianter, dicht definierter Operator sich zu einem Generator einer Halbgruppe von invarianten Kontraktionen abschließen läßt. Die Bedingungen sind so beschaffen, daß sie auf die Generatoren von Faltungsoperatoren von stetigen Halbgruppen von Wahrscheinlichkeitsmaßen auf lokalkompakten Gruppen anwendbar sind.(Satz 4.2). Anschließend ziehen wir einige unmittelbare Folgerungen aus dem Satz von F.Hirsch im Zusammenhang mit den Konvergenzsätzen in § 1-3 , darüberhinaus geben wir Anwendungen der in § 3 genannten Resultate auf Wahrscheinlichkeitsmaße auf lokalkompakten (Halb-) Gruppen. Diese werden zum Teil im folgenden Text nicht mehr verwendet, geben aber ein interessantes Bild, inwieweit sich Teilbarkeitseigenschaften von Maßen rein operatorentheoretisch beschreiben lassen.

§ 1 Kontraktionshalbgruppen und ihre Erzeuger

$\mathbb{B}$ bezeichne stets einen Banachraum, $\mathcal{L}(\mathbb{B})$ den Raum der beschränkten linearen Operatoren auf $\mathbb{B}$. Mit τ_{st} werde die starke Operatorentopologie bezeichnet.

Definition 1.1 Eine Familie $(T_t, t \geq 0, T_o = I) \subseteq \mathcal{L}(\mathbb{B})$ - kurz (T_t) - heißt stetige Kontraktionshalbgruppe, falls (i) $[0,\infty) \ni t \longrightarrow T_t$ τ_{st}-stetig ist, (ii) $T_{s+t} = T_s T_t$ für $s,t \geq 0$ und (iii) $\|T_t\| \leq 1$ für $t \geq 0$. Der infinitesimale Generator von (T_t) ist definiert durch

$$Uf := \lim_{t \searrow o} \frac{1}{t}(T_t - I)f \quad , \; f \in D(U) := \{ f \in \mathbb{B}, \text{ sodaß } Uf \text{ existiert}\}.$$

D(U) heißt der Definitionsbereich von U. Schließlich sei für $\lambda > 0$

$$I_\lambda := \int_{[0,\infty)} e^{-\lambda t} \; T_t \, dt \quad (\text{als } \tau_{st}\text{- Integral}).$$

Dann gelten bekanntlich :

Hilfssatz 1.1 a) (T_t) und $(U, D(U))$ entsprechen einander eineindeutig. Es ist $I_\lambda = (I - \lambda^{-1} U)^{-1}, \lambda > 0$, also ist $(T_t)_{t \geq o}$ durch $(I_\lambda)_{\lambda > o}$ eindeutig bestimmt. D(U) ist dicht in $\mathbb{B}$ und es ist $I_\lambda \mathbb{B} = D(U)$ für $\lambda > 0$.

b) Ist $\mathbb{B}$ ein (reeller) Vektorverband, dann gilt $T_t \geq 0$ für alle $t \geq 0$ genau dann, wenn $I_\lambda \geq 0$ für alle $\lambda > 0$.

[a) ist eine schwache Version des Satzes von Hille-Yosida. b) Aus $T_t \geq 0$ für $t \geq 0$ folgt natürlich $I_\lambda = \int e^{-\lambda t} T_t dt \geq 0$, die Umkehrung folgt aus der im Beweis des Satzes von Hille-Yosida verwendeten Relation

$$T_t = \lim_{n \to \infty} [(I - (t/n)U)^{-1}]^n = \lim_{n \to \infty} I^n_{t/n} \quad . \;]$$

Die Hille-Yosida Theorie wird im folgenden stets stillschweigend als bekannt vorausgesetzt, s.z.B. [70,41].

Definition 1.2 Ein (nicht notwendig beschränkter) linearer Operator U mit Definitionsbereich D(U) heißt dissipativ, falls für ein Semiskalarprodukt, i.e. eine Abbildung $\mathbb{B} \times \mathbb{B} \ni (f,g) \longrightarrow [f,g] \in \mathbb{C}$ mit $[af+bg, .] = a[f,.] + b[g,.]$, $a,b \in \mathbb{C}$, $f,g \in \mathbb{B}$ und $[f,f] = \|f\|^2$, $f \in \mathbb{B}$, gilt : $\operatorname{Re}[Uf,f] \leq 0$ für alle $f \in D(U)$.

Ist $\mathbb{B} = C_o(X)$, X lokalkompakt, dann setzt man $[f,g] := f(x_g)$, wobei $x_g \in X$ so gewählt ist, daß $g(x_g) = \|g\|$; in diesem Fall erhält man : U ist dissipativ genau dann, wenn aus $f(x) = \|f\|$, $f \in D(U)$ folgt

$\operatorname{Re}(Uf(x)) \leq 0$.

Hilfssatz 1.2 a) (U, D(U)) sei der Generator einer Kontraktionshalbgruppe (T_t), dann ist U dissipativ und für alle $\lambda > 0$ ist $(I - \lambda U) D(U) = \mathbb{B}$. Sei umgekehrt U ein dicht definierter linearer Operator mit Definitionsbereich D(U), sei U dissipativ und sei für ein $\lambda > 0$ $(U - \lambda I)D(U) = \mathbb{B}$, dann ist U der Generator einer Kontraktionshalbgruppe (T_t).

Dies ist die Charakterisierung der Generatoren von Kontraktionshalbgruppen nach Lumer und Phillips , s.z.B. [70,41]

Eine wesentliche Rolle spielen im folgenden Grenzwertsätze für Operatorhalbgruppen, die wichtigsten werden nun in Form von Hilfssätzen bereitgestellt. Der natürliche Konvergenzbegriff ist der der kompakt-offenen Topologie, wir definieren daher

Definition 1.3 Seien $I = (\alpha)$ eine gerichtete Menge, $(T_t^{(\alpha)})$ ein Netz von Kontraktionshalbgruppen, dann heißt $(T_t^{(\alpha)})$ konvergent gegen die Halbgruppe (T_t), symbolisch $(T_t^{(\alpha)}) \longrightarrow (T_t)$, falls für alle kompakten Mengen $K \subseteq [0,\infty)$ und für alle $f \in \mathbb{B}$ gilt

$$\sup\left\{ \| T_t^{(\alpha)} f - T_t f \| : t \in K \right\} \longrightarrow 0.$$

(Wegen $\| T_t^{(\alpha)} \| \leq 1$ genügt es, diese Relation für alle f aus einem dichten Teilraum von $\mathbb{B}$ vorauszusetzen).

Seien $U^{(\alpha)}$ resp. U die Generatoren von $(T_t^{(\alpha)})$ resp. (T_t), dann heißt $U^{(\alpha)}$ konvergent gegen U im verallgemeinerten Sinne, wenn $(T_t^{(\alpha)}) \longrightarrow (T_t)$, symbolisch : $U^{(\alpha)} \rightsquigarrow U$.

Hilfssatz 1.3 a) Aus $U^{(\alpha)} \rightsquigarrow U$ resp. $(T_t^{(\alpha)}) \longrightarrow (T_t)$ folgt :

$$I_\lambda^{(\alpha)} := \int_{[0,\infty)} e^{-\lambda t}\, T_t^{(\alpha)}\, dt \xrightarrow{\tau_{st}} I_\lambda := \int_{[0,\infty)} e^{-\lambda t}\, T_t\, dt$$

für alle $\lambda > 0$.

b) Falls $I_\lambda^{(\alpha)} \longrightarrow I_\lambda$ für $\lambda > 0$, dann folgt $(T_t^{(\alpha)}) \longrightarrow (T_t)$ (Satz von Trotter-Kato)

c) Falls für ein $\lambda_0 > 0$ $I_{\lambda_0}^{(\alpha)} \longrightarrow I_{\lambda_0}$,dann folgt $(T_t^{(\alpha)}) \longrightarrow (T_t)$.

d) Falls das Netz (α) eine abzählbare Basis besitzt, i.e. falls eine konfinale Folge existiert, dann folgt aus $T_t^{(\alpha)} f \longrightarrow T_t f$ für $t \geq 0$, $f \in \mathbb{B}$ die Konvergenz $(T_t^{(\alpha)}) \longrightarrow (T_t)$ resp. $U^{(\alpha)} \rightsquigarrow U$.

e) Genau dann gilt $U^{(\alpha)} \rightsquigarrow U$, wenn es zu jedem $f \in D(U)$ ein Netz $(f^{(\alpha)}) \subseteq \mathbb{B}$ gibt, sodaß (i) $f^{(\alpha)} \in D(U^{(\alpha)})$, $\alpha \in I$, (ii) $\sup \| f^{(\alpha)} \| < \infty$ (iii) $f^{(\alpha)} \longrightarrow f$, (iv) $U^{(\alpha)} f^{(\alpha)} \longrightarrow Uf$.

Beweis : a) folgt unmittelbar aus der kompakt-offenen Konvergenz,
b) ist eine Version des Satzes von Trotter-Kato, s.z.B. [41]
c) Es genügt nach b) zu zeigen, daß $I_\lambda^{(\alpha)} \longrightarrow I_\lambda$ für alle $\lambda > 0$.
Sei zunächst die Resolvente definiert durch $R_\lambda := \lambda^{-1} I_\lambda = \int_{[0,\infty)} e^{-\lambda t} T_t dt$, analog sei $R_\lambda^{(\alpha)} = \lambda^{-1} I_\lambda^{(\alpha)}$ definiert. Dann gilt für die Resolventen $\| R_\lambda \| \leq \lambda^{-1}$, $\| R^{(\alpha)} \| \leq \lambda^{-1}$. Nun wähle man $\lambda > 0$, sodaß $|\lambda_0 - \lambda| < \lambda_0$, dann lassen sich $R_\lambda^{(\alpha)}$ und R_λ in folgender Reihenentwicklung darstellen:

$$R_\lambda^{(\alpha)} = R_{\lambda_0}^{(\alpha)} \left(I + \sum_{k \geq 1} (\lambda_0 - \lambda)^k R_{\lambda_0}^{(\alpha)\,k} \right)$$

$$R_\lambda = R_{\lambda_0} \left(I + \sum_{k \geq 1} (\lambda_0 - \lambda)^k R_{\lambda_0}^{k} \right) . \text{ s. } [41] .$$

Aus der absoluten Konvergenz dieser Reihen und wegen $R_{\lambda_0}^{(\alpha)\,k} \to R_{\lambda_0}^{k}$ in τ_{st} für alle $k \geqslant 1$ folgt $R_\lambda^{(\alpha)} \to R_\lambda$ für alle λ mit $|\lambda_0 - \lambda| < \lambda_0$. Setzt man dieses Verfahren fort, dann erhält man $R_\lambda^{(\alpha)} \to R_\lambda$ für alle $\lambda > 0$ und daher auch $I_\lambda^{(\alpha)} \to I_\lambda$ für $\lambda > 0$.

d) Es genügt nach c) für ein $\lambda > 0$ die Konvergenz $I_\lambda^{(\alpha)} \to I_\lambda$ nachzuweisen. Aus den Voraussetzungen folgt aber mit Hilfe des Satzes von Lebesgue über dominierte Konvergenz für $f \in \mathbb{B}$ und $\lambda > 0$:

$$\| I_\lambda^{(\alpha)} f - I_\lambda f \| = \| \int_{[0,\infty)} e^{-\lambda t} \lambda \left(T_t^{(\alpha)} - T_t \right) f \, dt \| \leqslant$$

$$\leqslant \lambda \int_{[0,\infty)} e^{-\lambda t} \| (T_t^{(\alpha)} - T_t) f \| \, dt \longrightarrow 0 \text{, wegen } (T_t^{(\alpha)} - T_t) f \to 0$$

und wegen $\| (T_t^{(\alpha)} - T_t) f \| \leqslant 2 \| f \|$.

e) 1. Sei $U^{(\alpha)} \rightsquigarrow U$, sei $f \in D(U)$ und sei $f^{(\alpha)} := I_1^{(\alpha)}(I-U)f$.
Dann gelten: (i) $f^{(\alpha)} \in D(U^{(\alpha)})$, da $I_1^{(\alpha)} \mathbb{B} = D(U^{(\alpha)})$,
(ii) $\|f^{(\alpha)}\| \leqslant \| I_1^{(\alpha)} \| \, \| (I-U)f \| \leqslant \| (I-U)f \|$ für alle α,
(iii) $\| f^{(\alpha)} - f \| = \| (I_1 - I_1^{(\alpha)})(I-U) f \| \to 0$, da $I_1^{(\alpha)} \xrightarrow{\tau_{st}} I_1$ nach a), (iv) $\| U^{(\alpha)} f^{(\alpha)} - Uf \| = \| U^{(\alpha)} (I-U^{(\alpha)})^{-1} (I-U)f - Uf \|$

$= \| [(I-U^{(\alpha)})^{-1} - I](I-U)f - Uf \| = \| I_1^{(\alpha)} (I-U) f - f \| \to 0$, da $I_1^{(\alpha)} \to I_1 = (I-U)^{-1}$.

2. Nun seien (i)-(iv) erfüllt, es sei $f \in D(U)$, $f^{(\alpha)}$ das zugehörige Netz, das (i)-(iv) erfüllt, so folgt mit $g^{(\alpha)} := (I-U^{(\alpha)})f^{(\alpha)}$, $g := (I-U)f$: $\| g^{(\alpha)} - g \| \to 0$ und daher

$$\| I_1^{(\alpha)} g - I_1 g \| \leqslant \| (I-U^{(\alpha)})^{-1} g^{(\alpha)} - (I-U)^{-1} g \| + \| (I-U^{(\alpha)})^{-1} (g - g^{(\alpha)}) \|$$

Der zweite Summand konvergiert gegen 0, da $\| I_1^{(\alpha)} \| = \| (I-U^{(\alpha)})^{-1} \| \leqslant 1$ und $g^{(\alpha)} - g \to 0$, weiter ist

$$(I-U^{(\alpha)})^{-1} g^{(\alpha)} - (I-U)^{-1} g = (I-U^{(\alpha)})^{-1} (I-U^{(\alpha)}) f^{(\alpha)} -$$
$$- (I-U)^{-1} (I-U) f = f^{(\alpha)} - f \longrightarrow 0.$$

Beachtet man schließlich, daß die Menge aller $\{g := (I-U)f,\ f \in D(U)\}$ mit $\mathbb{B}$ übereinstimmt, so folgt daraus die Behauptung. □

Einfache Beweise für Versionen des Satzes von Trotter-Kato wurden von J.Kisyński [42] und, im Zusammenhang mit verallgemeinerter Konvergenz von Generatoren, von T.G.Kurtz [43,44] angegeben.

Aus dem Hilfssatz 1.3 e) erhält man leicht das

Korollar Es sei D ein dichter linearer Teilraum von $\mathbb{B}$, es sei (i) $D \subsetneq D(U) \cap \bigcap_\alpha D(U^{(\alpha)})$, (ii) die kleinste abgeschlossene Fortsetzung von der Restriktion (U,D) stimme mit (U,D(U)) überein, (iii) $U^{(\alpha)} f \to Uf$ für alle $f \in D$, dann gilt $(T_t^{(\alpha)}) \to (T_t)$.

Man sieht leicht, daß (ii) äquivalent ist zu (ii') $(I-\lambda U)$ D ist dicht in $\mathbb{B}$ für ein- und damit alle- $\lambda>0$.

Dieses Korollar ist im folgenden Text wesentlich, da man im Zusammenhang mit Halbgruppen von Maßen und den zugehörigen Operatorhalbgruppen stets solche ausgezeichnete Teilräume D finden kann. In diesem Zusammenhang sei auch der folgende Konvergenzsatz von M.Hasegawa [22] hervorgehoben :

Hilfssatz 1.4 (M.Hasegawa) Es seien $(T_t^{(\alpha)})$, (T_t), $U^{(\alpha)}$, U wie in Hilfssatz 1.3 gegeben, weiter sei D ein dichter linearer Teilraum von $\mathbb{B}$, sodaß $D \subsetneq D(U) \cap \bigcap_\alpha D(U^{(\alpha)})$ und sodaß

(A) $U^{(\alpha)} f \longrightarrow Uf$ für alle $f \in D$.

Man betrachte folgende Aussagen :

(A_1) Es gibt ein $\lambda > 0$ sodaß I_λ D dicht in $\mathbb{B}$ ist

(B_1) Für alle $t,s \geq 0$ sind die $T_t^{(\alpha)}$ approximativ vertauschbar, i.e.

$$\lim_{\alpha,\beta} (T_t^{(\alpha)} T_s^{(\beta)} - T_s^{(\beta)} T_t^{(\alpha)})f = 0 \text{ , } f \in \mathbb{B} .$$

(B_2) Für alle $\lambda, \mu > 0$ sind die $I_\lambda^{(\alpha)}$ approximativ vertauschbar, i.e.

$$\lim_{\alpha,\beta} (I_\lambda^{(\alpha)} I_\mu^{(\beta)} - I_\mu^{(\beta)} I_\lambda^{(\alpha)})f = 0, \quad f \in \mathbb{B}$$

(B_3) Für alle $t \geq 0$ konvergiert $T_t^{(\alpha)} \longrightarrow T$ in τ_{st}

(B_4) Für alle $\mu > 0$ konvergiert $I_\mu^{(\alpha)}$ gegen einen Grenzwert I_μ in τ_{st}

(C) Es gibt eine dichte Teilmenge $\mathfrak{C} \subsetneq \mathbb{B}$ mit $I_\mu \mathfrak{C} \subseteq D$ für ein $\mu > 0$.

Es wird zunächst nicht vorausgesetzt, daß die Limiten T_t eine Halbgruppe bilden und daß U Generator einer Halbgruppe ist. Dann gelten :
a) Aus (A) und (B_1) folgt (B_3) und die Limiten T_t bilden eine Kontraktionshalbgruppe. Der Generator der Halbgruppe (T_t) stimmt auf D mit U überein. Die Bedingungen (A),(B_1) sind äquivalent zu (A),(B_i),i=2,3,4.
b) Aus (A),(A_1) folgen (A),(B_i) und (A),(A_1) ist äquivalent zu (A),(C). Aus (A),(A_1) folgt, daß die kleinste abgeschlossene Fortsetzung von (U,D) mit dem Generator von (T_t) übereinstimmt.

[s.M.Hasegawa [22] .]

Der folgende Konvergenzsatz von P.Chernoff [10] kann aus dem Hilfssatz 1.3 resp. 1.4 abgeleitet werden, wir geben ihn ebenfalls ohne Beweis an :

Hilfssatz 1.5 $(T_t^{(\alpha)})$, $U^{(\alpha)}$, D seien wie in Hilfssatz 1.4 gegeben, wiederum sei D dicht und $\lim_\alpha U^{(\alpha)} f = Uf$ existiert für alle $f \in D$. Es gebe ein $\lambda > 0$, sodaß $(I - \lambda^{-1} U)^{-1}$ ein beschränkter Operator ist.
Es sei $E := (I-\lambda^{-1}U)\, D$, dann konvergiert $I_\lambda^{(\alpha)} f \longrightarrow (I - \lambda^{-1}U)f$ für $f \in E$.
Ist E dicht in $\mathbb{B}$, dann folgt aus Hilfssatz 1.4 die Existenz einer Kontraktionshalbgruppe (T_t) mit $(T_t^{(\alpha)}) \longrightarrow (T_t)$, sodaß der Generator von (T_t) der Abschluß des Operators (U,D) ist

[(zum Beweis s. P.Chernoff[10],Beweis von Lemma 1).]

Hilfssatz 1.6 $(T_t^{(\alpha)})$, $U^{(\alpha)}$ seien wie vorhin gegeben. D sei ein dichter linearer Unterraum von $\mathbb{B}$, der Vereinigung endlichdimensionaler invarianter Teilräume ist, i.e. $D = \bigcup_\beta H^\beta$, $T_t^{(\alpha)} H^\beta \subseteq H^\beta$ für alle t,α,β. Es gelte wieder $U^{(\alpha)}f \longrightarrow Uf$, $f \in D$ .Dann gibt es eine stetige Kontraktionshalbgruppe (T_t) mit $(T_t^{(\alpha)}) \longrightarrow (T_t)$, deren Generator der Abschluß von (U,D) ist.

Beweis : Die Restriktionen $(T_t^{(\alpha)}|_{H^\beta})$ bilden für jedes feste α und β eine gleichmäßig stetige Halbgruppe auf H^β , da H^β endliche Dimension hat. Der Generator dieser Halbgruppe ist beschränkt, nämlich $=U^{(\alpha)}|_{H^\beta}$ und es konvergiert $U^{(\alpha)}|_{H^\beta} \to U|_{H^\beta}$ gleichmäßig auf H^β . Aus der Stetigkeit der Exponentialabbildung auf einem endlichdimensionalen Raum folgt $\exp t\, U^{(\alpha)}|_{H^\beta} \longrightarrow \exp t\, U|_{H^\beta}$ kompakt-gleichmäßig in t und es ist für alle $\lambda > 0$ $(I_{H^\beta} - \lambda U|_{H^\beta})H^\beta = H^\beta$. Daher ist $(I-U)D = D$ und da

$T_t^{(\alpha)}|_{H^\beta} = \exp t\, U^{(\alpha)}|_{H^\beta}$ sowie $\|T_t^{(\alpha)}\| \leq 1$ läßt sich für jedes

$t \geq 0$ der auf D definierte Operator T_t : $f \in H^\beta \longrightarrow (\exp t\, U|_{H^\beta})\, f$ zu einer eindeutig definierten Kontraktion fortsetzen, $t \to T_t$ ist eine stetige Halbgruppe und deren Generator ist eine Fortsetzung von (U,D). Schließlich ist wegen $(I-U)H^\beta = H^\beta$ auch $(I-U)D = D$ und daher stimmt die kleinste abgeschlossene Fortsetzung von (U,D) mit dem Generator von (T_t) überein. □

§ 2 Produktformeln vom Lie-Trotter Typ und Approximation durch diskrete Halbgruppen

Wir stellen nun wie in §1 einige wichtige Abschätzungen und Approximationsformeln als Hilfssätze zusammen. $\mathbb{B}$ sei wieder ein Banachraum.

Hilfssatz 2.1 a) T sei eine lineare Kontraktion auf $\mathbb{B}$, dann gelten

$$\|\exp(n(T-I)) - T^n\| \leq \sqrt{n}\, \|T-I\| \ , \quad n \in \mathbb{N},$$

$$\|(\exp(n(T-I)) - T^n)\, f\| \leq \sqrt{n}\, \|(T-I)f\| \ , \quad n \in \mathbb{N},\ f \in \mathbb{B} \ ,$$

$$\|\exp(T-I)\| \leq 1 \ , \quad t \geq 0 \ .$$

b) $[0,\infty) \ni t \longrightarrow F(t)$ sei eine τ_{st}-stetige Abbildung in die linearen Kontraktionen auf $\mathbb{B}$ mit $F(0) = I$. $D \subseteq \mathbb{B}$ sei ein dichter linearer Teilraum, sodaß F(t)f differenzierbar ist für $f \in D, t= 0$ und sodaß

$$\left(\frac{d^+}{dt} F(t)\Big|_{t=0}\right) f := \lim_{t \searrow 0} (1/t)(F(t)-I)f$$ für $f \in D$ mit Uf übereinstimmt,

wobei U der Generator einer Kontraktionshalbgruppe (T_t) ist mit $D \subseteq D(U)$ und $(I-U)D$ dicht in $\mathbb{B}$. Dann gilt die (Chernoffsche) Produktformel:

$T_t = \lim_{k\to\infty} F(t/k)^k$, der Limes existiert in $\mathcal{T}_{st}$, kompakt -gleichmäßig in t. Wenn U beschränkt ist, dann existiert der Limes in der Normtopologie.

[Beweis : s. P.Chernoff[10] Lemma 2, Theorem.]

Die Abschätzungen in a) dienen natürlich dem Beweis von b), sie sind aber darüberhinaus von Interesse, wie später gezeigt wird. Die nächsten beiden Hilfssätze sind einfache Folgerungen aus der Chernoff-Produktformel :

Hilfssatz 2.2 $U^{(1)}, \dots U^{(n)}$ seien Generatoren von Kontraktionshalbgruppen $(T_t^{(k)})$, $k=1,\dots n$. $D \subseteq \bigcap_{k=1}^{n} D(U^{(k)})$ sei ein dichter linearer Teilraum von $\mathbb{B}$, $a_1,\dots a_n$ seien nicht negative Zahlen. Weiter sei der Abschluß des auf D definierten Operators $a_1U^{(1)}+ \dots a_nU^{(n)}$ Generator einer Kontraktionshalbgruppe (T_t). Dann gelten die folgenden Produktformeln :

$$T_t = \lim_{j\to\infty} \Big(\prod_{k=1}^{n} T^{(k)}_{a_k t/j} \Big)^j \quad \text{in } \mathcal{T}_{st} \text{ , kompakt gleichmäßig in t,}$$

$$T_t = \lim_{j\to\infty} \Big((1/n) \sum_{k=1}^{n} T^{(k)}_{a_k t/j} \Big)^{j\cdot n} = \lim_{j\to\infty} \Big((1/n) \sum_{k=1}^{n} T^{(k)}_{a_k tn/j} \Big)^j$$

die Limiten existieren wieder in $\mathcal{T}_{st}$, kompakt-gleichmäßig in t.

Beweis : Man setzt in Hilfssatz 2.1 $F(t) := T^{(1)}_{a_1 t} \dots T^{(n)}_{a_n t}$ resp. $:= (1/n) \big(\sum_{k=1}^{n} T^{(k)}_{a_k t} \big)^n$ resp. $:=(1/n)\big(\sum_{k=1}^{n} T^{(k)}_{a_k t} \big)^n$. □

Die erste Produktformel werden wir Lie-Trotter Formel oder geometrisches Mittel, die zweite , die erstmals von J.T.Chambers [9] angegeben wurde, arithmetisches Mittel nennen.

Hilfssatz 2.3 (T_t) sei eine Kontraktionshalbgruppe auf einem Banachraum $\mathbb{B}$, $E: \mathbb{B} \to \mathbb{B}_1$ sei eine surjektive Projektion , $\|E\| = 1$. D sei ein dichter linearer Teilraum in $\mathbb{B}$ sodaß $D_1 := E(D) \subseteq D$ dicht ist in $\mathbb{B}_1$ .Es existiere eine Kontraktionshalbgruppe (S_t) auf $\mathbb{B}_1$, deren Generator auf D_1 mit EUE — U sei der Generator von (T_t)—übereinstimmt und gleich dem Abschluß von (EUE,D_1) ist. Dann gilt :

$$S_t = \lim_{j\to\infty} (E\, T_{t/j}\, E)^j \quad \text{in } \mathcal{T}_{st} .$$

[Man setze in Hilfssatz 2.1 b) $F(t) := E\, T_t\, E$, s. Ch.N.Friedmann[21].]

Korollar : Sei U eine Kontraktion, $a > 0$, sei $E = E^2$, $\|E\| = 1$, dann gilt mit $T_t := \exp at(U-I)$, $S_t := \exp_E at(EUE-E) := e^{-at}(E+ EUE^2\frac{t^2a^2}{2}+\dots)$

$$S_t = \lim_{j\to\infty}(ET_{t/j}E)^j .$$

Wir betrachten nun die Approximation von Kontraktionshalbgruppen durch gleichmäßig stetige Kontraktionshalbgruppen, i.e. durch Halbgruppen deren Generator beschränkt ist.(Diese Halbgruppen sind dann von der Gestalt $T_t = \exp tU$, $t \geq 0$). Jede stetige Kontraktionshalbgruppe läßt sich durch gleichmäßig stetige Halbgruppen approximieren, wenn $\mathbb{B}$ ein (reeller) Vektorverband ist, dann können zu einer Halbgruppe positiver Operatoren (T_t) auch die approximierenden Halbgruppen positiv gewählt werden :

Hilfssatz 2.4 Sei (T_t) eine stetige Kontraktionshalbgruppe auf $\mathbb{B}$, dann gelten :

$$T_t = \lim_{s \searrow 0} \exp (t((1/s)(T_s-I)))$$

sowie

$$T_t = \lim_{s \searrow 0} \exp (t(s(I_s -I))) .$$

Beide Limiten existieren in des Topologie τ_{st}, kompakt-gleichmäßig in t.

Beweis : Dies sind unmittelbare Folgerungen aus dem Satz von Trotter-Kato (Korollar zu Hilfssatz 1.3.e) : Für $f \in D = D(U)$ ist ja $(1/s)(T_s-I)f \longrightarrow Uf$ und $s(I_s-I)f \longrightarrow Uf$. □

Die zweite Approximation wird beim Beweis des Satzes von Hille-Yosida verwendet, sie ist u.a. deshalb interessant, da in diesem Fall die genaue Approximationsgeschwindigkeit bekannt ist, s.Z.Ditzian[15] .

Es gilt das folgende Korollar zum Satz von Trotter-Kato, das sich auch leicht direkt beweisen läßt :

Hilfssatz 2.5 A_k sei eine Folge von Kontraktionen, a_k eine Folge positiver reeller Zahlen, sodaß $A_k \longrightarrow A$ in τ_{st} und $a_k \longrightarrow a$. Dann setze man $T_t^{(k)} := \exp ta_k(A_k-I)$, $T_t := \exp ta(A-I)$ und man erhält : $(T_t^{(k)}) \longrightarrow (T_t)$.

[Zum Beweis ist bloß zu beachten, daß die Exponentialreihen absolut konvergieren und daß aus den Voraussetzungen folgt, daß

$$a_k(A_k-I)^j \longrightarrow a(A-I)^j \quad \text{für alle } j \geq 0.$$]

Für gleichmäßig stetige Halbgruppen läßt sich eine Lie-Trotter-Produktformel für unendlich viele Summanden angeben :

Hilfssatz 2.6 Sei (B_n) eine Folge von Kontraktionen auf einem Banachraum B, sei a_n eine Folge positiver Zahlen mit $\sum a_n < \infty$ .Dann ist

$$B := \sum_{n=1}^{\infty} a_n(B_n-I) = \sum a_nB_n - (\sum a_n)I$$

wohldefiniert, beschränkt und es ist $\| \exp tB \| \leq 1$ und

$$\exp tB = \lim_{N\to\infty} \lim_{k\to\infty} \left[\prod_{n=1}^{N} \exp ta_nk^{-1}(B_n-I) \right]^k =$$

$$= \lim_{k\to\infty} \lim_{N\to\infty} \left[\prod_{n=1}^{N} \exp ta_nk^{-1}(B_n-I) \right]^k = \lim_{k\to\infty} \left[\lim_{N\to\infty} \prod_{n=1}^{N} \exp ta_nk^{-1}(B_n-I) \right]^k .$$

Beweis: Man setzt abkürzend $T_t^{(n)} := \exp t(B_n-I)$, $T_t = \exp tB$, $C_N := \sum_{n=1}^{N} a_n(B_n-I)$ und $F_N(t) := \prod_{n=1}^{N} T_{a_nt}^{(n)}$.

Dann ist $\frac{d^+}{dt} F_N(t)\Big|_{t=0} = C_N$, es konvergiert $\| C_N - B \| \longrightarrow 0$ und nach

Hilfssatz 2.2 ist $\exp t C_N = \lim_{k\to\infty} [F_N(t/k)]^k$, somit
$\exp tB = \lim_{N\to\infty} \lim_{k\to\infty} [F_N(t/k)]^k$. Damit ist der erste Teil der Aussage bewiesen.(Die Limiten existieren nunmehr natürlich in der Normtopologie).

Auf der anderen Seite ist für $M > N$ wegen $\| F_j(t) \| \leqslant 1$:

$$\| F_N(t) - F_M(t) \| \leqslant \| I - T^{(N+1)}_{a_{N+1}t} \| + \| \sum_{n=N+2}^{M} \Big(\prod_{k=N+1}^{n-1} T^{(k)}_{a_k t} - \prod_{k=N+1}^{n} T^{(k)}_{a_k t} \Big) \| \leqslant$$

$$\sum_{n=N+1}^{M} \| I - T_{a_n t} \| \leqslant 4t \sum_{n=N+1}^{M} a_n \leqslant 4t \sum_{n=N+1}^{\infty} a_n$$ für genügend kleine t

und genügend große N. Also existiert eine Abbildung $t \longrightarrow G(t)$ in die Kontraktionen auf $\mathbb{B}$, sodaß $F_N(t) \longrightarrow G(t)$. Aus den Abschätzungen sieht man leicht, daß G(.) stetig ist und man zeigt analog, daß G(t) für t>0 differenzierbar ist und daß $\frac{d^+}{dt} G(t)\Big|_{t=0} = \lim_{N\to\infty} \frac{d^+}{dt} F_N(t)\Big|_{t=0} = B.$
Daher ist wieder nach Hilfssatz 2.2

$$\exp tB = \lim_{k\to\infty} G(t/k)^k = \lim_{k\to\infty} \Big[\lim_{N\to\infty} F_N(t/k)\Big]^k = \lim_{k\to\infty} \lim_{N\to\infty} [F_N(t/k)]^k . \square$$

Analoge Formeln lassen sich auch für das arithmetische Mittel beweisen. Darüberhinaus könnte man unter geeigneten Voraussetzungen die Lie-Trotter Formel für stark stetige Kontraktionshalbgruppen auch für unendlich viele Summanden beweisen.

Bis zum Schluß dieses §.2 betrachten wir nun "diskrete" Halbgruppen und Konvergenzsätze vom Trotter-Kato Typ, s. T.Kato IX §3. [41] .

Definition 2.1 Sei T eine Kontraktion, $\tau > 0$ eine Zahl , die Zeiteinheit. Dann heißt die Familie $(T(t))_{t=k\tau,\ k\in Z_+}$ mit $T(k\tau) := T^k$ eine diskrete Halbgruppe. Wir werden T(t) auf der ganzen Halbgeraden R_+ definieren, indem wir T(t) in den Intervallen [k , (k+1)) konstant setzen, also $T(t) := T([t/\tau])$, $t \geqslant 0$, somit $T(t) := T^{[t/\tau]}$.
Natürlich ist $(T(t))_{t\geqslant 0}$ keine Halbgruppe, aber $Z_+\tau \ni k\tau \longrightarrow T(k\tau)$ ist ein Homomorphismus. Wir interessieren uns nun für Approximation stetiger Halbgruppen durch diskrete Halbgruppen, wobei die Zeiteinheit gegen 0 konvergieren muß. Dazu bezeichnet man den Operator $\tau^{-1}(T(\tau)-I) = \tau^{-1}(T-I) =: U$ als den Generator der (diskreten)Halbgruppe (T(t)).
Es gelten Abschätzungen ähnlich denen in Hilfssatz 2.1 a) :

Hilfssatz 2.7 (T.Kato [41] IX §3. Lemma 3.1, Remark)

$$\|(\exp k\tau U - T(k\tau))f\| \leqslant 2^{-1} \tau^2 k \|U^2 f\| \quad , f\in\mathbb{B},\ k \geqslant 0, \text{ sowie}$$

$$\|(\exp tU - T(t))f\| \leqslant 2^{-1} \tau t \|U^2 f\| + \tau \|Uf\| \quad .$$

Definition 2.2 Seien $U^{(n)}$ Generatoren diskreter Halbgruppen $(T^{(n)}_{(t)})$ mit Zeiteinheiten τ_n, dann heißt $(T^{(n)}_{(t)})$ konvergent gegen eine stetige Halbgruppe (T_t) mit Generator U, symbolisch $U^{(n)} \rightsquigarrow U$ resp.

$(T^{(n)}_{(t)}) \longrightarrow (T_t)$, falls $T^{(n)}_{(t)} f \longrightarrow T_t f$, $f \in \mathbb{B}$, kompakt-gleichmäßig in t .(Dabei wird stets stillschweigend $\tau_n \to 0$ vorausgesetzt.)

Hilfssatz 2.8 $(T^{(n)}_{(t)}) \longrightarrow (T_t)$ gilt genau dann, wenn für ein - und damit für alle - $\lambda > 0$ die Resolventen $(I-\lambda U^{(n)})^{-1} \longrightarrow (I-\lambda U)^{-1}$ konvergieren. (s. T.Kato IX § 3, Theorem 3.6 [41]).

Daraus folgen als Korollare die angekündigten Resultate über die Konvergenz diskreter Halbgruppen gegen stetige, falls $\tau_n \longrightarrow 0$:

Korollar 1 Mit den Bezeichnungen des Hilfssatzes 2.8 gilt :
Sei D ein dichter linearer Teilraum, $D \subseteq D(U)$, sodaß der Abschluß von (U,D) mit (U,D(U)) übereinstimmt und sei $U^{(n)}f \longrightarrow Uf$ für alle $f \in D$. Dann folgt $U^{(n)} \rightsquigarrow U$, resp. $(T^{(n)}_{(t)}) \longrightarrow (T_t)$ und daher nach Hilfssatz 2.7 $(\exp tU^{(n)}) \longrightarrow (T_t)$.

Beweis : Man kann jeden der Operatoren $U^{(n)}$ als Generator der stetigen Halbgruppe $(\exp tU^{(n)})$ auffassen. Dann liefert der Satz von Trotter-Kato in der Version des Hilfssatzes 1.5, daß $(\exp tU^{(n)}) \longrightarrow (T_t)$, und daher $(I-U^{(n)})^{-1} \longrightarrow (I-U)^{-1}$. Der Hilfssatz 2.8 liefert die Behauptung. ▭

Korollar 2 Seien T, $(T^{(n)})_{n \in \mathbb{N}}$ Kontraktionen auf $\mathbb{B}$,sei (S_t) eine stetige Halbgruppe von Kontraktionen mit Erzeuger U. Es sei $(T^{(n)})^n \longrightarrow T$ und $U^{(n)} := n(T^{(n)}-I) \rightsquigarrow U$. Dann ist $T_1 = T$ und $(T^{(n)})^{[nt]} \longrightarrow S_t$ in der Topologie τ_{st}, kompakt gleichmäßig in t.
[Man wählt $T^{(n)}_{(t)} := (T^{(n)})^{[nt]}$ mit Generator $U^{(n)} = n(T^{(n)}-I)$.]

Beispiel : Sei (S_t) eine stetige Kontraktionshalbgruppe, dann wähle man $T^{(n)} := I_{1/n} = (I-n^{-1}U)^{-1}$, dann erhält man auf diese Weise die bekannte Approximation (die im Beweis des Satzes von Hille Yosida zur Definition von (S_t) bei gegebenem U verwendet wird):

$$S_t = \lim_{n\to\infty} \exp tn(I_{1/n} - I) = \lim_{n\to\infty} I_{1/n}^{[nt]} = \lim_{n\to\infty} (I-n^{-1}U)^{-n} .$$

Aus Hilfssatz 2.7 folgt noch allgemeiner

Hilfssatz 2.9 Seien $U^{(n)}$ Generatoren diskreter Halbgruppen $(T^{(n)}_{(t)})$ mit Zeiteinheiten $\tau_n \longrightarrow 0$. Es existiere ein dichter linearer Teilraum E mit $\sup_n \| U^{(n)\,2} f \| < \infty$ und $\sup_n \| U^{(n)} f \| < \infty$, $f \in E$. Dann folgt

$$\exp tU^{(n)} - T^{(n)}_{(t)} \longrightarrow 0 \text{ in } \tau_{st} .$$

[Aus den Abschätzungen in Hilfssatz 2.7 folgt zunächst wegen $\tau_n \longrightarrow 0$ und $\| T(\cdot) \| \le 1$, daß die Differenz aus stetiger und diskreter Halbgruppe für $f \in E$ gegen 0 konvergiert. Da aber die Normen gleichmäßig beschränkt sind, folgt die Behauptung.]

Bemerkung Korollar 2 kann man auch aus Hilfssatz 2.1a) ohne Verwendung von Hilfssatz 2.8 folgern : Aus dem Satz von Trotter Kato folgt ja $(\exp tU^{(n)}) \longrightarrow (S_t)$, die zweite Abschätzung in Hilfssatz 2.1 a) liefert dann die Behauptung.

Abschließend betrachten wir für eine spätere Anwendung (I. § 6) eine andere Darstellung für Halbgruppen, die von Summen von Generatoren erzeugt werden. Wenn einer der Summanden beschränkt ist, dann gilt neben der Lie-Trotter-Produktformel eine Entwicklung in Störungsreihen :

Hilfssatz 2.10 Sei A Generator einer Kontraktionshalbgruppe $(T_t) \subseteq \mathcal{L}(\mathbb{B})$, mit Definitionsbereich D(A). Sei $B \in \mathcal{L}(\mathbb{B})$, dann gelten :

(i) $C := A+B$, $D(A) \ni f \longrightarrow Af+Bf$, ist Generator einer stetigen Operatorhalbgruppe (U_t) mit $\|U_t\| \leq e^{\|B\| t}$, $t \geq 0$.

(ii) Sei $B_1 := B - \|B\| I$, dann erzeugt B_1 die Kontraktionshalbgruppe ($\exp tB_1$, $t \geq 0$) und die von $C_1 := A + B_1$ erzeugte Halbgruppe hat die Gestalt $V_t = e^{-\|B\| t} U_t$, $t \geq 0$, somit $\|V_t\| \leq 1$.

(iii) U_t läßt sich in Form einer Störungsreihe entwickeln:

$$U_t = \sum_{k \geq 0} W_k(t;A,B) \text{ mit } W_0(t;A,B) := T_t,\ W_{k+1}(t;A,B) :=$$

$$:= \int_{[0,t)} T_r\, B\, W_k(t-r;A,B)\, dr \quad (\text{als } \mathcal{T}_{st}\text{-Integral }).$$

Die Reihe ist konvergent in der Normtopologie .

[Zum Beweis s. Hille-Phillips [36] . (ii) ist offensichtlich, die Störungsreihenentwicklung findet man z.B. bei T. Kato [41] .

Eine analoge Entwicklung findet man natürlich auch für V_t. In O. § 5 geben wir eine unmittelbare Anwendung auf Störungen von Faltungshalbgruppen, in I. § 6 verwenden wir Störungsreihen, um einige tiefer liegende Eigenschaften von Faltungshalbgruppen zu untersuchen.]

§ 3 Approximation teilbarer Operatoren durch einbettbare Operatoren

Während bisher beliebige Kontraktionen auf $\mathbb{B}$ betrachtet wurden, setzen wir nun voraus, daß alle betrachteten Operatoren in einer konvexen, τ_{st}- abgeschlossenen Halbgruppe $\mathcal{N} \subseteq \mathcal{L}(\mathbb{B})$ liegen, der Einfachheit halber setzen wir zusätzlich voraus, daß alle Operatoren aus $\mathcal{N}$ Kontraktionen sind. Darüberhinaus werden wir fallweise weitere Zusatzbedingungen an $\mathcal{N}$ stellen.

Definition 3.1 T heißt unendlich teilbar (in $\mathcal{N}$), falls zu jedem natürlichen n ein $T_{1/n} \in \mathcal{N}$ existiert mit $T_{1/n}{}^{n} = T$.

T heißt verallgemeinert unendlich teilbar, wenn es eine Folge $(T^{(n)}) \subseteq \mathcal{N}$ gibt, sodaß $T^{(n)\,n} \longrightarrow T$.

T heißt rational einbettbar, falls es einen Homomorphismus von den positiven rationalen Zahlen in $\mathcal{N}$, $Q_{+} \ni r \longrightarrow T_r \in \mathcal{N}$ gibt mit $T_1 = T$.

Schließlich heißt T stetig einbettbar, wenn es eine stetige Halbgruppe von Kontraktionen $(T_t) \subseteq \mathcal{N}$ gibt, sodaß $T_1 = T$.

Wir wollen nun die Approximationssätze in §2. in Zusammenhang mit der Approximierbarkeit teilbarer Operatoren durch stetig einbettbare bringen. Zunächst im Anschluß an Hilfssatz 2.9(mit $\mathcal{N} := \{A \in \mathcal{L}(\mathbb{B}), \|A\| \le 1\}$).

Hilfssatz 3.1 Sei D ein dichter Teilraum von $\mathbb{B}$, T, $T^{(n)}$ seien Kontraktionen, sodaß $T^{(n)\,n} \longrightarrow T$, i.e. T ist verallgemeinert unendlich teilbar. Weiter sei $\sqrt{n}\,(T^{(n)}-I)f \longrightarrow 0$, $f \in D$ (z.B. $n(T^{(n)}-I)f$ beschränkt). Dann ist T approximierbar durch stetig einbettbare Operatoren, nämlich $\exp n(T^{(n)}-I) \longrightarrow T$ in τ_{st} .

[Aus Hilfssatz 2.1 a. folgt $\|(\exp n(T^{(n)}-I) - T)f\| \le \|(T-T^{(n)\,n})f\| + \|(\exp n(T^{(n)}-I) - T^{(n)\,n})f\| \le \|(T-T^{(n)\,n})f\| + \sqrt{n}\|(T^{(n)}-I)\,f\| \longrightarrow 0$.]

Ein analoges Resultat läßt sich für Approximierbarkeit in der Normtopologie angeben. Wenn darüberhinaus $n(T^{(n)}-I)$ gegen den Generator einer Halbgruppe strebt, dann folgt, wie in Korollar 2 zu Hilfssatz 2.8 gezeigt, daß T stetig einbettbar ist. Schließlich sei bemerkt, daß alle approximierenden Operatoren zu einer gegebenen Halbgruppe $\mathcal{N}$ gehören, wenn $T^{(n)} \in \mathcal{N}$, $n \in \mathbb{N}$.

Definition 3.2 $T \in \mathcal{N}$ heißt $\mathcal{N}$- wurzelkompakt, wenn für jedes natürliche k die Menge der k-ten Wurzeln $W_k(T) := \{S \in \mathcal{N} : S^k = T\}$ relativ τ_{st}-kompakt ist. $\mathcal{N}$ heißt wurzelkompakt, wenn jedes $T \in \mathcal{N}$ $\mathcal{N}$-wurzelkompakt ist.

$\mathcal{N}$ heißt stark wurzelkomapakt, wenn für jedes τ_{st}-kompakte $\mathcal{N}_1 \subseteq \mathcal{N}$ die Menge der k-ten Wurzeln $W_k(\mathcal{N}_1) := \bigcup_{T \in \mathcal{N}_1} W_k(T)$ τ_{st}-relativ kompakt ist, k=1,2... .

(Diese Begriffsbildung stammt aus der Wahrscheinlichkeitstheorie [3]).

<u>Hilfssatz 3.2</u> a) Sei $T \in \mathcal{N}$, $\mathcal{N}$-wurzelkompakt und unendlich teilbar. Dann ist T rational einbettbar.

b) Wenn $\mathcal{N}$ stark wurzelkompakt ist, dann gilt : Sei D ein dichter Teilraum von $\mathbb{B}$, sei $T \in \mathcal{N}$ verallgemeinert unendlich teilbar und es sei $T^{(n)}$ eine Folge in $\mathcal{N}$ mit $T^{(n)\,n} \longrightarrow T$ und $\sqrt{n}\,(T^{(n)}-I)f \longrightarrow 0$, $f \in D$, dann ist T rational einbettbar und der Homomorphismus $Q_+ \ni r \longrightarrow T_r$ kann so gewählt werden, daß jedes T_r durch stetig einbettbare Operatoren in $\mathcal{N}$ approximiert werden kann, genauer, durch Operatoren der Gestalt $\exp(rn\,(T^{(n)}-I))$.

Beweis: a) wurde zuerst für Halbgruppen von Wahrscheinlichkeitsmaßen bewiesen, s.W.Böge [3] § 5. Wir geben hier nur eine Beweisskizze : Für jedes $k \in \mathbb{N}$ wähle man ein $T^{(k!)} \in W_{k!}(T)$ und setze $S_N^{(k!)} := T^{(k!)}$ falls $N < k$, $:= (T^{(N!)})^{N!/k!}$ falls $N \geq k$. Offensichtlich ist $S_N^{(k!)} \in$ $\in W_{k!}(T)$ und da die Wurzelmengen $W_{k!}$ kompakt sind, kann man ein Netz natürlicher Zahlen finden, sodaß $S^{(k!)} \longrightarrow S^{(k!)} \in W_{k!}(T)$. Dann ist nach Konstruktion $(S^{(k!)})^k = S^{((k-1)!)}$, $k \in \mathbb{N}$, daher kann man einen Homomorphismus $Q_+ \ni r \longrightarrow S_r$ angeben, sodaß $S_{1/k!} = S^{(k!)}$, $S_1 = T$.

b) Nach Hilfssatz 3.1 konvergiert $\exp(n(T^{(n)}-I)) \longrightarrow T$, daher ist $\mathcal{N}_1 := \{T, \exp n(T^{(n)}-I),\ n \in \mathbb{N}\}$ τ_{st}-kompakt. Da $\mathcal{N}$ stark wurzelkompakt ist, ist $W_k(\mathcal{N}_1)$ kompakt für alle $k \in \mathbb{N}$. Insbesondere ist daher für jedes $m \in \mathbb{N}$ die Menge $\{\exp(n/m)(T^{(n)}-I), n \geq 1\}$ τ_{st}-relativkompakt, also gibt es ein Netz (n') natürlicher Zahlen, sodaß $\exp\,(n/m!)(T^{(n)}-I) \xrightarrow[(n')]{}$ $\longrightarrow D_{1/m!} \in W_{m!}(\mathcal{N}_1)$. Offensichtlich ist dann $D_{1/(m+1)!}^{\;m+1} = D_{1/m!}$ und $(D_{1/m!})^{m!} = \lim \exp n(T^{(n)}-I) = T$. Daher existiert ein Homomorphismus $Q_+ \ni r \longrightarrow D_r$ mit $D_1 = T$. □

<u>Hilfssatz 3.3</u> a) $\mathcal{N} \subseteq \mathcal{L}(\mathbb{B})$ sei eine τ_{st}-abgeschlossene konvexe Halbgruppe von Kontraktionen auf $\mathbb{B}$. τ sei eine lokalkonvexe Hausdorff Topologie auf $\mathcal{L}(\mathbb{B})$, die durch ein System von Halbnormen $\mathcal{L}(\mathbb{B}) \ni A \longrightarrow p(Af)$, $p \in \mathcal{P}$, $f \in \mathbb{B}$ beschrieben wird, wobei $\mathcal{P}$ ein System stetiger Halbnormen auf $\mathbb{B}$ ist. $\mathcal{N}$ sei τ-relativkompakt und der Abschluß bezüglich τ werde mit $\mathcal{N}^-$ bezeichnet.

$(T_t^{(\alpha)})$ sei ein Netz τ_{st}-stetiger Halbgruppen $\subseteq \mathcal{N}$ mit Generatoren $U^{(\alpha)}$. $\mathbb{D} \subseteq \bigcap_\alpha D(U^{(\alpha)})$ sei ein dichter linearer Teilraum und es sei $\sup \| U^{(\alpha)} f \| < \infty$, $f \in \mathbb{D}$. Dann gibt es eine τ-stetige Abbildung $R_+ \ni t \longrightarrow T(t) \in \mathcal{N}^-$ und ein Teilnetz (α'), sodaß $T_t^{(\alpha')} \longrightarrow T(t)$ in der Topologie τ, kompakt gleichmäßig in t.

b) Falls $(\mathcal{N}^-, \tau)$ eine topologische Halbgruppe ist, dann ist $(T(t))$ eine τ- stetige Halbgruppe.

c) Falls $\mathbb{B}$ von der Gestalt $\mathbb{B} = C_o(X)$, X lokalkompakt, ist, und falls durch die Halbnormen $A \longrightarrow |Af(x)|$, $f \in C_o(X)$, $x \in X$ beschrieben wird, dann ist (T(t)) τ_{st}-stetig.

d) Falls $\mathcal{N}$ selbst τ_{st}- kompakt ist und falls für alle $f \in D$ $U^{(\alpha)} f \longrightarrow Uf$ dann ist (T(t)) eine τ_{st}-stetige Halbgruppe und die Restriktion des Generators von (T(t)) auf D stimmt mit U überein.

Beweis : Für alle $f \in D$ ist

$$\left\| \frac{d}{dt} T_t^{(\alpha)} f \right\| = \| T_t^{(\alpha)} U^{(\alpha)} f \| \leq \| U^{(\alpha)} f \| \leq \sup_{\alpha} \| U^{(\alpha)} f \| .$$

Außerdem ist $T_t^{(\alpha)} = I + \int_0^t T_s^{(\alpha)} U^{(\alpha)} f \, ds$ und daher für $t,r \geqslant 0$:

$$\| (T_{t+r}^{(\alpha)} - T_t^{(\alpha)}) f \| \leqslant r \sup \| U^{(\alpha)} f \| , \quad f \in D.$$

Da $\mathcal{N}$ τ- relativ kompakt ist, findet man ein Teilnetz (α') und eine Abbildung $Q_+ \ni r \longrightarrow T(r) \in \mathcal{N}^-$, sodaß $T_r^{(\alpha)} \xrightarrow[(\alpha')]{} T(r)$ in τ und wegen der oben angegbenen Abschätzungen ist für alle Halbnormen $p \in \mathcal{P}$

$$p((T(t+r) - T(t))f) \leqslant r. \|p\| \sup_{\alpha} \| U^{(\alpha)} f \| , \quad f \in D.$$

Da $\mathcal{N}^-$ τ- kompakt ist, läßt sich diese Abbildung zu einer τ-stetigen Abbildung $R_+ \ni t \longrightarrow T(t) \in \mathcal{N}^-$ fortsetzen und wegen des gemeinsamen Stetigkeitsmoduls erhält man, daß $T_t^{(\alpha')} \longrightarrow T(t)$ in für alle $t \in R_+$ kompakt-gleichmäßig konvergiert.

b) Wenn $(\mathcal{N}^-, \tau)$ eine topologische Halbgruppe ist, dann folgt aus a) offensichtlich, daß $t \longrightarrow T(t)$ ein Homomorphismus von $R_+ \longrightarrow \mathcal{N}^-$ ist.

c) Ist nun $\mathbb{B} = C_0(X)$, dann folgt aus a) $|(T(t+r)-T(t))f \, (x)| \leqslant r.\mathrm{const}(f)$ für alle $f \in \mathbb{D}$, $x \in X$. Geht man zum Supremum über $x \in X$ über und beachtet daß $\mathbb{D}$ dicht liegt, dann folgt, daß $t \longrightarrow T(t)$ τ_{st}-stetig ist.

d) Ist $\mathcal{N}$ · τ_{st}-kompakt und konvergieren die Generatoren $U^{(\alpha)} f \longrightarrow Uf$ für alle $f \in \mathbb{D}$, dann liegen die Resolventen $I_\lambda^{(\alpha)} = \int_0^\infty e^{-\lambda t} T_t^{(\alpha)} dt$ in $\mathcal{N}$. Es gibt daher ein Teilnetz (α'') ,sodaß $I_\lambda^{(\alpha)} \longrightarrow I_\lambda$ in τ_{st}. Aus dem Konvergenzsatz von Hasegawa , Hilfssatz 1.4, folgt die Existenz einer Kontraktionshalbgruppe (T_t), deren Erzeuger eine Fortsetzung von U ist, sodaß $(T_t^{(\alpha'')}) \longrightarrow (T_t)$. □

<u>Hilfssatz 3.4</u> Sei $\mathcal{N}$ eine τ_{st}-abgeschlossene konvexe Halbgruppe von Kontraktionen auf $\mathbb{B}$, $\mathcal{N}$ sei stark wurzelkompakt. Es existiere eine weitere Topologie τ auf $\mathcal{L}(\mathbb{B})$, die durch Halbnormen $\mathcal{P}$ wie in Hilfssatz 3.3 beschrieben wird. Die Operatorenmultiplikation $(A,B) \longrightarrow AB$ sei getrennt stetig bezüglich τ, für $A,B \in \mathcal{N}$ simultan stetig und $\mathcal{N}$ sei τ-relativkompakt. $\mathcal{N}^-$ bezeichne wieder die τ Hülle von $\mathcal{N}$, dann ist $\mathcal{N}$ eine halbtopologische Halbgruppe und es werde zusätzlich vorausgesetzt, daß $\mathcal{N}^- \setminus \mathcal{N}$ ein Ideal in $\mathcal{N}^-$ ist.

Es sei $T \in \mathcal{N}$ verallgemeinert unendlich teilbar, es existiere eine Folge $(T^{(n)}) \subseteq \mathcal{N}$ mit $T^{(n)\,n} \longrightarrow T$ in τ_{st} und es existiere ein dichter Teilraum $D \subseteq \mathbb{B}$, sodaß für $f \in D$ $\sup_n n \| (T^{(n)} - I) f \| < \infty$.

Dann existiert ein τ- stetiger Homomorphismus $R_+ \ni t \longrightarrow T(t) \in \mathcal{N}$

mit $T(1) = T$, sodaß jedes $T(t)$ durch Operatoren der Gestalt $\exp tn(T^{(n)}-I)$ approximierbar ist.

Beweis : Aus Hilfssatz 3.2 folgt die Existenz eines Homomorphismus $Q^+ \ni r \longrightarrow T(r) \in \mathcal{N}$ mit $T(r) = \lim\limits_{(n')} \exp rn\,(T^{(n)}-I)$. Andererseits sind mit $(\alpha) = (n')$, $T_t^{(n)} := \exp tn(T^{(n)}-I)$, die Voraussetzungen des Hilfssatzes 3.3 erfüllt, also gibt es eine τ-stetige Abbildung $R^+ \ni t \longrightarrow T(t) = \lim T_t^{(n)} \in \mathcal{N}^-$ und diese Abbildung ist eine Erweiterung der oben definierten Abbildung $Q_+ \ni r \longrightarrow T(r)$.
Wir erhalten also insbesondere, daß $T(r) \in \mathcal{N}$ für alle $r \in Q^+$. Da aber $\mathcal{N}^- \setminus \mathcal{N}$ ein Ideal ist, folgt daraus $T(t) \in \mathcal{N}$ für alle $t \geq 0$. Schließlich ist $(\mathcal{N}, \tau)$ eine topologische Halbgruppe und $Q^+ \ni r \longrightarrow T(r)$ ein Homomorphismus, daher ist auch $R^+ \ni t \longrightarrow T(t)$ ein Homomorphismus. □

§ 4 Halbgruppen invarianter Operatoren. Der Satz von F.Hirsch

$\mathcal{G}$ sei eine lokalkompakte Halbgruppe mit Einheit e. Weiter setze man voraus, daß die Einpunktkompaktifizierung $\mathcal{G}_\infty$ mit ∞ als Nullelement eine halbtopologische Halbgruppe ist, i.e. für jedes Netz $x_\alpha \longrightarrow \infty$ und jedes $x \in \mathcal{G}$ ist $x\,x_\alpha \longrightarrow \infty$ und $x_\alpha\, x \longrightarrow \infty$. (Dies ist insbesondere erfüllt, wenn, wie in den folgenden Kapiteln stets vorausgesetzt, $\mathcal{G}$ eine lokalkompakte Gruppe ist).

Als Banachraum $\mathbb{B}$ wählt man den Raum $C_o(\mathcal{G})$ der stetigen Funktionen, die im Unendlichen verschwinden. $M(\mathcal{G})$ sei die Algebra der regulären Maße auf $\mathcal{G}$, $M^1(\mathcal{G})$ die Faltungshalbgruppe der Wahrscheinlichkeitsmaße.

Hilfssatz 4.1 Zu $\mu \in M(\mathcal{G})$ definiere man zwei lineare Operatoren

$R_\mu : f \in C_o(\mathcal{G}) \longrightarrow \int_{\mathcal{G}} f(.y)d\mu(y)$, $S_\mu : f \in C_o(\mathcal{G}) \longrightarrow \int_{\mathcal{G}} f(y.)d\mu(y)$.

Anders ausgedrückt : $R_{\varepsilon_x} f = f_x$, $S_{\varepsilon_x} f = {}_x f$ und $R_\mu f(x) = \mu(S_{\varepsilon_x} f)$, $S_\mu f(x) = \mu(R_{\varepsilon_x} f)$.

Wegen der an $\mathcal{G}_\infty$ gestellten Bedingung ist natürlich $R_\mu C_o(\mathcal{G}) \subseteq C_o(\mathcal{G})$ und $S_\mu C_o(\mathcal{G}) \subseteq C_o(\mathcal{G})$ für alle $\mu \in M(\mathcal{G})$. Überdies gelten :

$M(\mathcal{G}) \ni \mu \longrightarrow R_\mu \in \mathcal{L}(C_o(\mathcal{G}))$ und $\mu \longrightarrow S_\mu \in \mathcal{L}(C_o(\mathcal{G}))$ sind Vektorraumhomomorphismen, weiter ist $\mu \longrightarrow R_\mu$ beziehungsweise $\mu \longrightarrow S_\mu$ ein Homomorphismus beziehungsweise Antihomomorphismus bezüglich der Faltung, i.e. $R_{\mu\nu} = R_\mu R_\nu$, $S_{\mu\nu} = S_\nu S_\mu$, schließlich sind die Abbildungen $\mu \longrightarrow R_\mu$ und $\mu \longrightarrow S_\mu$ injektiv und $\|R_\mu\| \leq \|\mu\|$, $\|S_\mu\| \leq \|\mu\|$. Überdies gelten die Vertauschungsrelationen $R_\mu S_\nu = S_\nu R_\mu$ für alle $\mu, \nu \in M(\mathcal{G})$.
[[unmittelbar einzusehen.]]

Versieht man $M(\mathcal{G})$ mit der vagen und $\mathcal{L}(C_o(\mathcal{G}))$ mit der schwachen Operatorentopologie, dann erhält man leicht, daß die Abbildungen $\mu \longrightarrow R_\mu$

und $\mu \to S_\mu$ auf normbeschränkten Teilmengen von $M(\mathcal{G})$ stetig sind. Darüberhinaus gelten

Hilfssatz 4.2 a) Es sei $\mathcal{G}$ eine lokalkompakte topologische Halbgruppe, deren Verhalten im Unendlichen durch folgende stärkere Bedingung beschrieben wird : Für alle kompakten $M,N \subseteq \mathcal{G}$ sind $\{z \ : xz \in N,\ x \in M\}$ und $\{z \ : zx \in N, x \in M\}$ relativ kompakt. (Dies gilt zum Beispiel, wenn $\mathcal{G}$ eine Gruppe ist).

Es sei $(\mu^{(\alpha)})$ ein Netz in $M(\mathcal{G})$, $\sup \|\mu^{(\alpha)}\| < \infty$, sodaß $\mu^{(\alpha)} \to \mu$ vage und $\|\mu^{(\alpha)}\| \to \|\mu\|$. Dann konvergieren $R_{\mu^{(\alpha)}} \to R_\mu$ und $S_{\mu^{(\alpha)}} \to S_\mu$ in der starken Operatorentopologie τ_{st}.

b) Folgerung : Wenn $(\mu^{(\alpha)}) \subseteq M^1(\mathcal{G})$ und $\mu^{(\alpha)} \to \mu \in M^1(\mathcal{G})$ schwach konvergiert, dann sind die Voraussetzungen von a) erfüllt, also $R_{\mu^{(\alpha)}} \to R_\mu$, $S_{\mu^{(\alpha)}} \to S_\mu$.

c) Aus $(\mu^{(\alpha)}), (\nu^{(\alpha)}) \subseteq M^1(\mathcal{G})$, $\mu^{(\alpha)} \to \mu$, $\nu^{(\alpha)} \to \nu$ schwach, folgt daß die Faltungsprodukte $\mu^{(\alpha)}\nu^{(\alpha)} \to \mu\nu$ schwach konvergieren; also ist $M^1(\mathcal{G})$ versehen mit der schwachen Topologie eine topologische Halbgruppe.

(Dies gilt für beliebige vollständig reguläre topologische Halbgruppen).

[[Zum Beweis s. E.Siebert [63]. Die Sätze sind dort nur für Wahrscheinlichkeitsmaße auf lokalkompakten resp. topologischen Gruppen behauptet, die Beweise lassen sich jedoch fast wortwörtlich auf den allgemeinen Fall übertragen.Zum Beweis von c) (für Gruppen) s.auch I.Csiszár [13].]]

Definition 4.1 Ein auf einem dichten Teilraum definierter linearer Operator $A : D \subseteq C_o(\mathcal{G}) \longrightarrow C_o(\mathcal{G})$ heißt invariant, falls

(i) $S_{\varepsilon_x} D \subseteq D$ für alle $x \in \mathcal{G}$, (ii) $S_{\varepsilon_x} A = A S_{\varepsilon_x}$ für alle $x \in \mathcal{G}$.

Sei $A : D \longrightarrow C_o(\mathcal{G})$ ein linearer Operator, sei B das lineare Funktional $D \ni f \longrightarrow B(f) := Af(e)$, dann heißt A vom Faltungstyp, falls $Af(x) = B(S_{\varepsilon_x} f) = B(f_x)$, $x \in \mathcal{G}$, $f \in D$. Wir setzen dann auch $A := R_B$.

Hilfssatz 4.3 $A : D \longrightarrow C_o(\mathcal{G})$ ist invariant genau dann, wenn A vom Faltungstyp ist . Ist überdies $D = C_o(\mathcal{G})$, dann ist B ein beschränktes lineares Funktional, wenn A abgeschlossen ist. Also : Falls A beschränkt und invariant ist, dann gibt es ein $\mu \in M(\mathcal{G})$, $\mu = B$, sodaß $A = R_\mu$ im Sinne der oben eingeführten Bezeichnung ist.

[[Der Beweis ist wieder unmittelbar einzusehen .]]

Definition 4.2 Eine Familie $(\mu_t, t \geq 0) \subseteq M(\mathcal{G})$ heißt Faltungshalbgruppe, falls die Abbildung $R_+ \ni t \longrightarrow \mu_t$ schwach stetig ist und falls für alle $s,t \geq 0$ $\mu_t \mu_s = \mu_{t+s}$. Dann ist $\mu_o = \jmath$ ein idempotentes Maß.

In den folgenden Abschnitten beschäftigen wir uns fast ausschließlich mit Faltungshalbgruppen in $M^1(\mathcal{G})$ für die überdies $\mu_o = \varepsilon_e$. Dennoch formulieren wir den für die folgenden Anwendungen fundamentalen Satz von F.Hirsch (Satz 4.1) möglichst allgemein. Zuvor jedoch geben wir noch eine Charakterisierung der Generatoren von Halbgruppen der Gestalt $(R_{\mu_t}$

<u>Hilfssatz 4.4</u> Sei ($\mu_t, t \geq 0, \mu_0 = \mathfrak{j}$) eine Faltungshalbgruppe in $M(\mathcal{G})$, alle Maße seien kontraktiv, i.e. $\|\mu_t\| \leq 1$, dann bilden die Operatoren $(R_{\mu_t})_{t \geq 0}$ eine stetige Kontraktionshalbgruppe auf $\mathbb{B} := R_{\mathfrak{j}}\, C_0(\mathcal{G})$.
Der Generator dieser Halbgruppe erfüllt folgende Bedingungen :

(i) U ist invariant, also vom Faltungstyp mit Definitionsbereich D(U).
Setzt man also $A : D(U) \ni f \longrightarrow A(f) := Uf(e)$, so gelten

(S) $S_{\varepsilon_x} D(U) \subseteq D(U)$, $x \in \mathcal{G}$,

(F) $U = R_A \quad : D(U) \longrightarrow \mathbb{B}$

(D) U ist dissipativ, i.e. für $f \in D(U)$, $f = R_{\mathfrak{j}} f$, $f(x) = \| f\|$ folgt $\mathrm{Re}(Uf(x)) = \mathrm{Re}(A(S_x f)) \leq 0$.

(ii) $(I-U)\, D(U) = \mathbb{B}$.

Beweis : $t \longrightarrow R_{\mu_t}$ ist sicher ein Homomorphismus in die Kontraktionen (man beachte Hilfssatz 4.1), weiter ist nach der Bemerkung vor Hilfssatz 4.2 $t \longrightarrow R_{\mu_t}$ stetig bezüglich der schwachen Operatorentopologie. Da aber schwach stetige Kontraktionshalbgruppen bereits stark stetig sind, folgt die erste Behauptung. Die übrigen Aussagen folgen nun unmittelbar aus der Charakterisierung der Generatoren nach Lumer- Phillips (Hilfssatz 1.2) □

Der folgende Satz gibt eine partielle Umkehrung an, s. F.Hirsch [37] Theorem 9, F.Hirsch. J.P.Roth [38], s.auch [27] 5.8 :

<u>Satz 4.1</u> (Satz von F.Hirsch) Sei $\mathbb{D} \subseteq C_0(\mathcal{G})$ ein linearer Teilraum $\mathfrak{j} \in M(\mathcal{G})$ sei ein idempotentes Maß mit $\|\mathfrak{j}\| = 1$, sodaß $R_{\mathfrak{j}}\mathbb{D} = \mathbb{D}$, $\mathbb{D}^- = R_{\mathfrak{j}} C_0(\mathcal{G})$.
$\mathbb{D}$ sei invariant gegenüber links- und rechts Verschiebungen, i.e.
(R) $R_{\mathfrak{j}}\, R_{\varepsilon_x} \mathbb{D} \subseteq \mathbb{D}$, (S) $S_{\varepsilon_x}\, \mathbb{D} \subseteq \mathbb{D}$ für alle $x \in \mathcal{G}$.
$U : \mathbb{D} \longrightarrow C_0(\mathcal{G})$ sei ein linearer Operator, invariant und dissipativ, i.e. (F) $U = R_A$ mit $A(f) := Uf(e)$, (D) aus $f(x) = \| f \|$ folgt $\mathrm{Re}Uf(x) \leq 0$.
Dann ist für jedes $\lambda > 0$ $(I- \lambda U)\mathbb{D}$ dicht in $R_{\mathfrak{j}} C_0(\mathcal{G}) =: \mathbb{B}$ und daher ist die kleinste abgeschlossene Fortsetzung von $(U,\mathbb{D})$ Generator einer Kontraktionshalbgruppe auf $\mathbb{B}$. Die Halbgruppe besteht aus invarianten Operatoren, daher gibt es eine stetige Halbgruppe (μ_t, $t \geq 0, \mu_0 = \mathfrak{j}$) von kontraktiven Maßen, sodaß $(U,\mathbb{D})^-$ der Generator von (R_{μ_t}) ist.

Beweis : Man sieht leicht, daß alle übrigen Aussagen folgen, sobald die Relation $(I-U)\mathbb{D}^- = (R_{\mathfrak{j}}-U)\mathbb{D}^- = \mathbb{B}$ nachgewiesen ist.
Man führt die Bezeichnung $\langle f, \nu\rangle := \int f d\nu$, $f \in C_0(\mathcal{G})$, $\nu \in M(\mathcal{G})$ ein.
Dann gelten : $\langle f, \mu\nu\rangle = \langle R_\mu f, \nu\rangle = \langle S_\nu f , \mu\rangle = \langle R_{\mu\nu} f, \varepsilon_e\rangle = \langle S_{\nu\mu} f, \varepsilon_e\rangle$.
Sei $f \in \mathbb{D}$, dann zeigt man, indem man ν durch Maße mit endlichem Träger approximiert, daß $S_\nu f$ im Definitionsbereich des Abschlusses von $(U,\mathbb{D})$ liegt. Dieser Abschluß werde wieder mit U bezeichnet, dann erhält man $U S_\nu f = S_\nu U f$.

Der Dualraum von $(R_j\, C_o(\mathcal{G}))$ stimmt mit der Menge der Maße $\{\nu j : \nu \in M(\mathcal{G})\}$ überein. Es sei nun $\mu = \nu j$ orthogonal zu $(R_j - U)D$. Es genügt zu zeigen, daß dann $\mu = 0$ sein muß.

Sei $f \in D$ und man wähle $x = x(f, \nu)$ sodaß $|S_\nu f(x)| = \| S_\mu f \|$, weiter setze man $c := (\text{sign}\, S_\nu f(x))^{-1}$. Dann ist wegen (R) $g := c.R_j R_{\varepsilon_x} f \in D$.

Damit erhält man : $0 = \langle (R_j - U)g, \nu\rangle = c \langle R_j R_{\varepsilon_x} f, \nu\rangle - c\langle UR_j R_{\varepsilon_x} f, \nu\rangle$
$= c\langle R_{\varepsilon_x} f, \nu j\rangle - c\langle U R_j R_{\varepsilon_x} f, \nu\rangle = c\langle S_\nu R_{\varepsilon_x} f, \varepsilon_e\rangle - c\langle S_\nu U R_{j\varepsilon_x} f, \varepsilon_e\rangle$
$= c\langle R_{\varepsilon_x} S_\nu f, \varepsilon_e\rangle - c\langle U R_j R_{\varepsilon_x} S_\nu f, \varepsilon_e\rangle =$
$= \| S_\nu f \| - c\langle U R_j R_{\varepsilon_x} S_\nu f, \varepsilon_e\rangle$. Nun ist aber nach Wahl von c

$$c\,(R_j R_{\varepsilon_x} S_\nu f)(e) = c\,(S_\nu f)(x) = \| S_\nu f \| = c \| R_j R_{\varepsilon_x} S_\nu f \| ;$$

da U dissipativ ist, folgt weiter $\mathrm{Re}(c\langle U R_j R_{\varepsilon_x} S f, \varepsilon_e\rangle) \leq 0$, daher muß $S_\nu f = 0$ sein.

Da aber $f \in D$ beliebig gewählt war und da $D^- = R_j C_o(\mathcal{G})$, folgt $\nu = 0$. Also ist $(R_j - U)\, D^{\perp} = (0)$, somit $(R_j - U)\, D$ dicht. □

Bemerkung. A heißt dissipativ, wenn $f(e) = \|f\| \Longrightarrow \mathrm{Re}\, A(f) \leq 0$. Offenbar ist $U = R_A$ dissipativ genau dann, wenn A dissipativ ist.

Einige Anwendungen :

A. Sei $\mathcal{G}$ eine Liegruppe der Dimension $d > 0$. Mit $\mathcal{D}(\mathcal{G})$ werde der Raum der unendlich oft differenzierbaren Funktionen mit kompaktem Träger bezeichnet. Weiter sei j ein idempotentes Maß folgender Gestalt : Es sei $K \subseteq \mathcal{G}$ eine kompakte Untergruppe, $\chi : K \longrightarrow T$ ein stetiger Charakter und $j := \chi \cdot \omega_K$, also ein bezüglich des Haarschen Maßes ω_K absolutstetiges Maß mit Dichte χ. Wir zeigen später (in IV), daß dies gerade die kontraktiven Idempotenten in $M(\mathcal{G})$ sind. Nun sei $D := R_j\, \mathcal{D}(\mathcal{G})$, dann sieht man leicht ein, daß (R) und (S) erfüllt sind.

Wir heben insbesondere den Spezialfall $j = \varepsilon_e$, somit $D = \mathcal{D}(\mathcal{G})$ hervor : Jeder invariante dissipative Operator $U : \mathcal{D}(\mathcal{G}) \longrightarrow C_o(\mathcal{G})$ ist so beschaffen, daß die kleinste abgeschlossene Fortsetzung $(U, \mathcal{D}(\mathcal{G}))^-$ der Generator einer invarianten Halbgruppe ist.

B. Allgemeiner : Sei $\mathcal{G}$ eine lokalkompakte Gruppe und sei $\mathcal{D}(\mathcal{G})$ der Raum der Testfunktionen im Sinne von F.Bruhat [5] .(Dieser Raum läßt sich auf folgende Weise beschreiben : Sei $\mathcal{G}_1$ eine offene Lie-projektive Untergruppe und sei $\mathcal{K}$ das System aller kompakten Normalteiler von $\mathcal{G}_1$, sodaß $\mathcal{G}_1/K$ Liegruppe ist für $K \in \mathcal{K}$. Es sei $\mathcal{D}(\mathcal{G}_1) := \varinjlim \mathcal{D}(\mathcal{G}_1/K)$, wobei K das System $\mathcal{K}$ durchläuft und der Raum der Testfunktionen auf der Lieschen Faktorgruppe $\mathcal{D}(\mathcal{G}_1/K)$ in kanonischer Weise in $C_c(\mathcal{G}_1)$ eingebettet wird. Schließlich ist $\mathcal{D}(\mathcal{G})$ der von den Translationen $\{ f_x : f \in \mathcal{D}(\mathcal{G}_1), x \in \mathcal{G} \}$ aufgespannte Teilraum von $C_c(\mathcal{G})$.)

Nun sei j wie in A. definiert, dann genügt $R_j\mathcal{D}(\mathcal{G})$ wiederum den Invarianzbedingungen (R) und (D) . Insbesondere erhalten wir für den Fall $j = \varepsilon_e$ die selbe Schlußfolgerung wie in A.

Eine weitere Spezialisierung liefert : Seien nun die Funktionenräume als reell vorausgesetzt, es sei A ein lineares Funktional auf $\mathcal{D}^r(\mathcal{G})$, mit folgender Eigenschaft : $f \in \mathcal{D}^r_+(\mathcal{G})$, $f(e) = 0 \Longrightarrow A(f) \geq 0$ - ein solches Funktional heißt fast positiv - und so beschaffen, daß für jede Funktion $u \in \mathcal{D}^r_+(\mathcal{G})$, $u \equiv 1$ in einer Umgebung von e, $0 \leq u \leq 1$, gilt :

$\sup\{A(f) : 0 \leq u \leq f \leq 1 , f \in \mathcal{D}(\mathcal{G})\} = 0$ (A heißt dann normiert).

Dann ist, wie man leicht nachprüft R_A- oder genauer die Fortsetzung von R_A auf den komplexen Raum $\mathcal{D}(\mathcal{G})$ - dissipativ und es gibt daher eine eindeutig bestimmte Halbgruppe von kontraktiven Maßen ($\mu_t, t \geq 0, \mu_0 = \varepsilon_e$) sodaß der Abschluß von R_A die Halbgruppe (R_{μ_t}) erzeugt.

Andererseits aber ist jedes solche A die erzeugende Distribution einer Halbgruppe von Wahrscheinlichkeitsmaßen ($\tilde{\mu}_t$) (s.E.Siebert [60], H.Heyer [35]), aus der Eindeutigkeit folgt, daß $\tilde{\mu}_t = \mu_t$,$t \geq 0$. (Erzeugende Distributionen und ihre Eigenschaften werden später in I. genauer behandelt, für den Augenblick halten wir nur fest : A heißt erzeugende Distribution von (μ_t), falls A ein auf $\mathcal{D}(\mathcal{G})$ definiertes lineares Funktional ist (- daher'Distribution' -) , falls (μ_t) und A einander eineindeutig entsprechen und falls $A(f) = \frac{d^+}{dt}\mu_t(f)\Big|_{t=0}$).

Analog sprechen wir von dissipativen Distributionen.

Zusammenfassend erhalten wir also :

Satz 4.2 Sei $\mathcal{G}$ eine lokalkompakte topologische Gruppe, $\mathcal{D}(\mathcal{G})$ sei der Raum der Testfunktionen im Sinne von F.Bruhat. Dann gibt es zu jedem dissipativen Funktional A auf $\mathcal{D}(\mathcal{G})$ genau eine stetige Halbgruppe kontraktiver komplexer Maße ($\mu_t, t \geq 0, \mu_0 = \varepsilon_e$), sodaß der Abschluß des Operators (R_A, $\mathcal{D}(\mathcal{G})$) der infinitesimale Generator der Operatorhalbgruppe (R_{μ_t}) auf $C_0(\mathcal{G})$ ist.

Insbesondere folgen daraus, daß für $\alpha > 0$ $(I - \alpha R_A)\mathcal{D}(\mathcal{G})$ dicht in $C_0(\mathcal{G})$ liegt , sowie, daß $A(f) = \lim_{t \searrow 0} (1/t)(\mu_t(f) - \varepsilon_e(f))$, $f \in \mathcal{D}(\mathcal{G})$.

Ist A fast positiv und normiert, dann ist $(\mu_t =: \mathcal{E}_{\mathcal{X}}(tA) ; t \geq 0)$ eine stetige Halbgruppe von Wahrscheinlichkeitsmaßen auf $\mathcal{G}$.
(Mit anderen Methoden wurde dieses Resultat von M.Duflo [16],[17] bewiesen, Spezialfälle wurden u.a. von J.Faraut [18] und J.Faraut,K.Harzallah [19] behandelt.)

C. Mit Hilfe des Satzes 4.2 lassen sich einige unmittelbare Folgerungen aus den in §1-3 genannten Hilfssätzen über Operatorhalbgruppen gewinnen :

Folgerung 1 (1.Version des Konvergenzsatzes) Sei (α) eine gerichtete Menge, A, A_α seien dissipative Distributionen auf $\mathcal{D}(\mathcal{G})$, weiter seien $(\mu_t =: \mathcal{E}x(tA))$, $(\mu_t^{(\alpha)} =: \mathcal{E}x(tA_\alpha))$ die von A resp. A_α erzeugten Maßhalbgruppen. Es konvergiere für alle $f \in \mathcal{D}(\mathcal{G})$

$$\| R_{A_\alpha} f - R_A f \| \longrightarrow 0 .$$

Dann gilt $(R_{\mu_t^{(\alpha)}}) \longrightarrow (R_{\mu_t})$ beziehungsweise $\mu_t^{(\alpha)} \longrightarrow \mu_t$ schwach, kompakt-gleichmäßig in t.

Folgt unmittelbar aus Satz 4.2 und aus dem Korollar zu Hilfssatz 1.3.e Siehe auch [27]. Wie eingangs vereinbart (Def. 1.3) bedeutet dies

$(R_{A_\alpha})^- \rightsquigarrow (R_A)^-$. □

Folgerung 2 Seien $A_1,\dots A_n$ dissipative Distributionen auf $\mathcal{D}(\mathcal{G})$, weiter seien $c_1,\dots c_n > 0$ und $A := c_1A_1 + \dots + c_nA_n$. Es seien $(\mu_t = \mathcal{E}x(tA))$ $(\mu_t^{(i)} = \mathcal{E}x(tA_i))$ die zugehörigen Maßhalbgruppen. Dann gelten :

(a)(Lie-Trotter-Produktformel)

$$\mu_t = \mathcal{E}x(t \sum_{i=1}^{n} c_iA_i) = \lim_{j\to} \Big[\prod_{k=1}^{n} \mu^{(k)}_{a_k t/j} \Big]^j = \lim_{j\to\infty} \prod_{k=1}^{n} \mathcal{E}x(\frac{ta_k}{j} A_k)^j$$

$$\text{(b) } \mu_t = \lim_{j\to\infty} \Big[(1/n)\sum_{i=1}^{n} \mu^{(k)}_{a_k t/j} \Big]^{jn} = \lim_{j\to\infty} \Big[(1/n)\sum_{k=1}^{n} \mathcal{E}x(\frac{ta_k}{j} A_k) \Big]^{jn}$$

$$\mu_t = \lim_{j\to\infty} \Big[(1/n)\sum_{k=1}^{n} \mu^{(k)}_{ta_k n} \Big]^{j} = \lim_{j\to\infty} \Big[(1/n) \sum_{k=1}^{n} \mathcal{E}x(\frac{ta_k n}{j} A_k) \Big]^{j}$$

Unmittelbare Folgerungen auf Satz 4.2 und Hilfssatz 2.2, s. [27], für Liegruppen s. [24] .

Folgerung 3.a. Sei $\lambda^{(n)}$ eine Folge von Wahrscheinlichkeitsmaßen, τ_n sei eine Folge positiver Zahlen mit $\alpha_n \longrightarrow 0$. Weiter sei $(\mu_t, t \geq 0, \mu_0 = \varepsilon_e)$ eine stetige Halbgruppe von Wahrscheinlichkeitsmaßen mit erzeugender Distribution A, sodaß

$$\| (1/\tau_n)(R_{\lambda(n)} - R_{\varepsilon_e}) f - R_A f \| \longrightarrow 0 , \; f \in \mathcal{D}(\mathcal{G}) .$$

Dann konvergiert $\lambda^{(n)[t/\tau_n]} \longrightarrow \mu_t$ schwach, kompakt-gleichmäßig in t . Ebenso $\exp((t/\tau_n)(\lambda^{(n)} - \varepsilon_e)) \longrightarrow \mu_t$.

b. Sei insbesondere $\tau_n := 1/n$, $n \in \mathbb{N}$, also $n\,(R_{\lambda(n)} - R_{\varepsilon_e})f \longrightarrow R_A f$, überdies sei $\mu \in M^1(\mathcal{G})$ mit $\lambda^{(n)\,n} \longrightarrow \mu$.

Dann ist $\mu = \mu_1$ und $\lambda^{(n)[nt]} \longrightarrow \mu_t$.

Dieses Resultat läßt sich auf folgende Weise formulieren : Sei $\mathcal{N} := \{ R_\mu : \mu \in M^1(\mathcal{G}) \}$. R_μ sei verallgemeinert unendlich teilbar, es existiere also eine Folge von Wahrscheinlichkeitsmaßen $\lambda^{(n)}$ mit $\lambda^{(n)\, n} \longrightarrow \mu$. Weiter existiere eine stetige Halbgruppe $(\mu_t) \subseteq M^1(\mathcal{G})$ mit erzeugender Distribution A und es konvergiere

$$\| (R_{n(\lambda^{(n)} - \varepsilon_e)} - R_A)f \| \longrightarrow 0, \; f \in \mathcal{D}(\mathcal{G}) .$$

Dann ist $\mu = \mu_1$, also μ stetig einbettbar, überdies gilt

$$\lambda^{(n)\,[nt]} \longrightarrow \mu_t \text{ , schwach, kompakt-gleichmäßig in t.}$$

(Dabei vereinbart man : $\mathcal{R} := \{ R_\mu , \mu \in M^1(\mathcal{G}) \}$ und man nennt ein Maß μ unendlich teilbar, verallgemeinert unendlich teilbar, ..., wenn der zugehörige Faltungsoperator diese Eigenschaft besitzt, s.Definition 3.1, 3.2).

[Unmittelbare Folgerung aus Satz 4.2, Hilfssatz 4.2 a) und aus Korollar 2 zu Hilfssatz 2.8 .]

<u>Bemerkung</u> Wir werden später (I.§2.Satz 2.3) die Aussage über die Konvergenz von Halbgruppen wesentlich verbessern : Wir zeigen, daß aus $A_\alpha(g) \longrightarrow A(g)$ für alle $g \in \mathcal{E}(\mathcal{G})$ (dem Raum der Funktionen, die lokal zu $\mathcal{D}(\mathcal{G})$ gehören)folgt $\|(R_{A_\alpha} - R_A)f\| \to 0, f \in \mathcal{D}(\mathcal{G})$.

Entsprechend genügt es dann, in Folgerung 3 a)

$$\tau_n^{-1}(\lambda^{(n)} - \varepsilon_e) (g) \longrightarrow A(g) \text{ , } g \in \mathcal{E}(\mathcal{G}) \text{ resp.}$$

in Folgerung 3 b)

$$n(\lambda^{(n)} - \varepsilon_e)(g) \longrightarrow A(g) \text{ , } g \in \mathcal{E}(\mathcal{G}) \text{ zu fordern.}$$

§ 5 Weitere unmittelbare Folgerungen aus §1 - §4

<u>5.1</u> $\mathcal{G}$ sei eine lokalkompakte topologische Halbgruppe. Es sei $\mathcal{R} := \{ R_\mu : \mu \in M^1(\mathcal{G}) \}$, τ sei die Topologie auf $\mathcal{R}$, die durch die schwache Topologie auf $M^1(\mathcal{G})$ induziert wird, i.e. $R_{\mu_\alpha} \to R_\mu$ in τ, genau dann, wenn $\mu_\alpha \longrightarrow \mu$ schwach konvergiert. Dann ist $\mathcal{R}$ eine τ-abgeschlossene , konvexe, topologische Halbgruppe von Kontraktionen auf dem Banachraum $C(\mathcal{G})$.

<u>Definition 5.1</u> (K.H.Hofmann [39]). $\mathcal{G}$ heißt darstellbar, falls es ein punktetrennendes System von endlichdimensionalen invarianten Teilräumen $H_\beta \subseteq C(\mathcal{G})$, $R_{\varepsilon_x} H_\beta \subseteq H_\beta$ für $x \in \mathcal{G}$, gibt.

$\mathcal{G}$ besitzt die Peter-Weyl-Eigenschaft, falls man die Räume H_β in $C_o(\mathcal{G})$ wählen kann und falls $\bigcup_\beta H_\beta$ dicht in $C_o(\mathcal{G})$ liegt.

Beispiele : 1. Maximal fastperiodische Gruppen sind darstellbar.

2. Kompakte Gruppen besitzen überdies die Peter-Weyl-Eigenschaft (Satz von Peter-Weyl).

3. Kompakte totalunzusammenhängende topologische Halbgruppen sind profinit, i.e. darstellbar als projektive Limiten endlicher Halbgruppen

und besitzen daher die Peter-Weyl-Eigenschaft.

4. Sei $\mathcal{G}_1$ eine Halbgruppe mit Peter-Weyl-Eigenschaft, es existiere ein stetiger injektiver Homomorphismus $\varphi : \mathcal{G} \longrightarrow \mathcal{G}_1$, dann ist $\mathcal{G}$ darstellbar. Insbesondere : Lokalkompakte topologische Halbgruppen, die sich stetig injektiv in eine profinite Halbgruppe einbetten lassen, sind darstellbar.

Offensichtlich gilt :

Hilfssatz 5.1 Sei H ein endlichdimensionaler invarianter Teilraum von $C(\mathcal{G})$, dann ist auch $R_\mu\ H \subseteq H$ für alle $\mu \in M(\mathcal{G})$.

Nun wendet man den Hilfssatz 1.6 an : Man setzt $\mathbb{D} := \bigcup H_\beta$, H_β invariant in $C(\mathcal{G})$, $\mathbb{B} := \mathbb{D}^-$ - der Abschluß von $\mathbb{D}$. Dann ist jeder Faltungsoperator R_μ definiert als beschränkter Operator $R_\mu : \mathbb{B} \longrightarrow \mathbb{B}$. Es gelten daher die Analoga zu den Folgerungen 1-3 aus Satz 4.2, wobei nun $\mathcal{D}(\mathcal{G})$ durch $\mathbb{D}$ zu ersetzen ist. Wir verzichten darauf, diese Folgerungen nun nochmals explizit zu formulieren.

5.2 Als Anwendung des Hilfssatzes 2.6 erhält man sofort :

Satz 5.1 Sei $\mathcal{G}$ eine vollständig reguläre topologische Halbgruppe, alle Maße seien als straff vorausgesetzt. Es sei j ein idempotentes Wahrscheinlichkeitsmaß, (λ_n) sei eine Folge von Wahrscheinlichkeitsmaßen mit $j\ \lambda_n\ j = \lambda_n$, $n \in \mathbb{N}$. Weiter sei (a_n) eine Folge positiver Zahlen mit $\sum a_n =: a$. Es sei $\lambda := a^{-1} \sum a_n\ \lambda_n$.

Dann gilt : $\exp_j\ ta(\lambda - \varepsilon_e) =$

$$= \lim_{N\to\infty} \left[\lim_{k\to\infty} \prod_{n=1}^{N} \exp_j\ t\ a_n(\lambda_n - \varepsilon_e) \right]^k = \lim_{k\to\infty} \left[\lim_{N\to\infty} \ \ldots\ldots \right]^k =$$

$$= \lim_{k\to\infty} \left[\lim_{N\to\infty} \ \ldots \right]^k .$$ Wir nenen $\exp_j ta(\lambda - j)$ j-Poissonmaß, $a(\lambda - j)$ j-Poissongenerator.

Analoge Formeln gelten für das "arithmetische Mittel ".

(Da nur die Normtopologie verwendet wird, kann man auf die Lokalkompaktheit von $\mathcal{G}$ verzichten.)

5.3 Schließlich erhalten wir aus Hilfssatz 2.3 sofort den

Satz 5.2 Sei wiederum $\mathcal{G}$ eine lokalkompakte topologische Halbgruppe (- es genügt wiederum vollständig regulär vorauszusetzen -), seien j, j_1 Idempotente in $M^1(\mathcal{G})$ und $\lambda \in M^1(\mathcal{G})$ mit $j\ \lambda\ j = \lambda$. Man setze $\bar\lambda := j_1\ \lambda\ j_1$ dann erhält man für die j_1-Poissonmaße folgende Approximation :

$$\exp_{j_1}\ t\ (\bar\lambda - j_1) = \lim_{k\to\infty} \left[j_1\ \exp_j\ (t/k)(\lambda - j)\ j_1 \right]^k .$$

Weitere Approximationsformeln dieser Art für Faltungshalbgruppen auf lokalkompakten Gruppen und homogenen Räumen werden im Anhang betrachtet.

Betrachtet man den Spezialfall einer lokalkompakten Gruppe $\mathcal{G}$, so sind $\mathfrak{j}, \mathfrak{j}_1$ Haarsche Maße auf kompakten Untergruppen, also $\mathfrak{j} = \omega_H$, $\mathfrak{j}_1 = \omega_K$ und es gilt $\mathfrak{j}\,\mathfrak{j}_1 = \mathfrak{j}_1\mathfrak{j} = \mathfrak{j}_1$ genau dann, wenn $H \subseteq K$. In diesem Fall gilt für $t \geq 0$, $\lambda \in M^1(\mathcal{G})$, $\lambda = \omega_H\,\lambda\,\omega_H$, $\bar{\lambda} := \omega_K\,\lambda\,\omega_K$

$$\exp_K t(\bar{\lambda} - \omega_K) = \lim_{k\to\infty} \left[\omega_K \exp_H(t/k)(\lambda - \omega_H)\ \omega_K\right]^k$$

in der Normtopologie.

<u>5.4</u> Wie bereits vorhin eingeführt, sei $\mathcal{N} := \{ R_\mu : \mu \in M^1(\mathcal{G}) \}$ aufgefaßt als Operatoren über $C_o(\mathcal{G})$. Dabei setzen wir nun stets voraus, <u>daß $\mathcal{G}$ die in Hilfssatz 4.2 a) formulierte Bedingung erfüllt</u>. Dies ist insbesondere der Fall, wenn $\mathcal{G}$ eine lokalkompakte Gruppe oder eine kompakte topologische Halbgruppe (mit Einheit) ist. Damit kann man die Faltungsoperatoren als Operatoren auf $C_o(\mathcal{G})$ auffassen und die durch die schwache Konvergenz auf $M^1(\mathcal{G})$ induzierte Topologie stimmt mit der starken Operatorentopologie τ_{st} auf $\mathcal{N}$ überein.

<u>Definition 5.2</u> $\mu \in M^1(\mathcal{G})$ heißt unendlich teilbar / verallgemeinert unendlich teilbar / stetig einbettbar / rational einbettbar / falls R_μ diese Eigenschaft (bez. $\mathcal{N}$) besitzt.(s.Definition 3.1). Anstelle von " rational einbettbar " wird vielfach auch "sukzessiv unendlich teilbar" verwendet, s. W.Böge [3] .

$\mu \in M^1(\mathcal{G})$ heißt R-wurzelkompakt, wenn R_μ wurzelkompakt in $\mathcal{N}$ ist, $\mathcal{G}$ heißt R-wurzelkompakt [stark R-wurzelkompakt], wenn $\mathcal{N}$ wurzelkompakt [stark wurzelkompakt] ist, s. Definition 3.2. (Dabei steht " R- " für den Faltungsoperator).

Es ist also $\mathcal{G}$ R-wurzelkompakt, wenn für jedes $k \in \mathbb{N}$ $W_k(\mu) := \{\nu \in M^1(\mathcal{G})$ mit $\nu^k = \mu\}$ kompakt ist, $\mathcal{G}$ ist R-wurzelkompakt, wenn jedes $\mu \in M^1(\mathcal{G})$ R-wurzelkompakt ist und $\mathcal{G}$ ist stark R-wurzelkompakt, wenn für jede relativ kompakte (i.e. gleichmäßig straffe) Teilmenge $A \subset M^1(\mathcal{G})$ und für jedes $k \in \mathbb{N}$ die Wurzelmengen $W_k(A) := \{\nu \in M^1(\mathcal{G}) : \nu^k \in A\}$ relativ kompakt sind.

Wenn $\mathcal{G}$ kompakt ist, dann ist (trivialerweise) G stark R-wurzelkompakt. Wenn $\mathcal{G}$ eine lokalkompakte Gruppe ist, die im Sinne von W.Böge wurzelkompakt ist (s. E.Siebert [62], H.Heyer [35]), dann ist $\mathcal{G}$ auch stark R-wurzelkompakt. Es gibt also eine große Klasse von Gruppen (und Halbgruppen) für die der folgende Satz von Interesse ist :

<u>Satz 5.3</u> $\mathcal{G}$ sei stark R-wurzelkompakt , $\mathbb{D} \subseteq C_o(\mathcal{G})$ sei ein dichter linearer Teilraum (z.B. sei $\mathcal{G}$ eine lokalkompakte, wurzelkompakte Gruppe und $\mathbb{D} := \mathcal{D}(\mathcal{G})$). $\mu \in M^1(\mathcal{G})$ sei verallgemeinert unendlich teilbar, es gebe also eine Folge $\lambda^{(n)}$ in $M^1(\mathcal{G})$ mit $\lambda^{(n)\,n} \to \mu$. Überdies sei $\sqrt{n}\,(R_{\lambda^{(n)}} - R_{\varepsilon_e})\,f \longrightarrow 0$ für alle $f \in \mathbb{D}$.

Dann ist μ rational einbettbar, es gibt also einen Homomorphismus von den positiven rationalen Zahlen $Q^+ \ni r \longrightarrow \mu_r \in M^1(\mathcal{G})$ mit $\mu_1 = \mu$. Überdies kann dieser Homomorphismus so gewählt werden, daß jedes μ_r durch Poissonmaße der Gestalt $\exp rn(\lambda^{(n)} - \varepsilon_e)$ approximiert werden kann.

Setzt man weiter voraus, daß $\sup\{n\|(R_{\lambda(n)} - R_{\varepsilon_e})f\|,\ n \in \mathbb{N}\} < \infty$ für alle $f \in \mathbb{D}$, dann ist μ stetig einbettbar.

Beweis : $\mathcal{N} = \{R_\mu\ ,\mu \in M^1(\mathcal{G})\}$ ist eine konvexe, bezüglich der starken Operatorentopologie τ_{st} abgeschlossene topologische Halbgruppe $\subseteq \mathcal{L}(C_o)$, weiter stimmen auf $\mathcal{N}$ τ_{st} und die durch die schwache Konvergenz in $M^1(\mathcal{G})$ induzierte Topologie überein. Es sei τ^* die durch die vage Konvergenz induzierte Topologie in $\{R_\mu\ :\mu \in M^+(\mathcal{G})\}$, i.e. die durch die Halbnormen $R_\mu \longrightarrow |R_\mu f(x)|,\ x \in \mathcal{G},\ f \in C_o(\mathcal{G})$, beschriebene lokalkonvexe Topologie. Dann ist τ^* schwächer als τ_{st}, $\mathcal{N}$ ist τ^*-relativ kompakt, der Abschluß $\mathcal{N}^-$ ist eine bezüglich τ^* halbtopologische Halbgruppe (nämlich gleich $\{R_\mu : \mu \in M^+(\mathcal{G}),\ \mu(\mathcal{G}) \leq 1\}$). Weiter stimmt τ^* auf $\mathcal{N}$ mit τ_{st} überein also ist $(\mathcal{N}, \tau^*)$ eine topologische Halbgruppe und schließlich ist $\mathcal{N}^- \setminus \mathcal{N} = \{R_\mu\ : \mu \in M^+(\mathcal{G}),\ \mu(\mathcal{G}) < 1\}$ ein (zweiseitiges) Ideal in $\mathcal{N}^-$. Aus den Hilfssätzen 3.2.b) und 3.4 folgen nun unmittelbar die Behauptungen : Aus Hilfssatz 3.2.b) folgt die Existenz des Homomorphismus $Q^+ \ni r \longrightarrow \mu_r$ sowie die Approximierbarkeit durch Poissonmaße, aus Hilfssatz 3.4 folgt unter der zusätzlichen Voraussetzung $\sup\{n\|(R_{\lambda(n)} - R_{\varepsilon_e})f\|\} < \infty$ daß man den Homomorphismus $Q^+ \longrightarrow M^1(\mathcal{G})$ zu einem stetigen Homomorphismus $R^+ \longrightarrow M^1(\mathcal{G})$ fortsetzen kann. □

Im folgenden Satz formulieren wir ein mit Satz 5.3 verwandtes Resultat über Grenzwerte von stetigen Faltungshalbgruppen.

<u>Satz 5.4</u> Sei $\mathcal{G}$ eine kompakte Gruppe oder eine topologische kompakte Halbgruppe mit Einheit e, die darstellbar ist im Sinne von Definition 5.1. Es sei $\mathbb{D} = \bigcup H_\beta$ die Vereinigung der endlichdimensionalen Teilräume von $C(\mathcal{G})$. Weiter sei $(\mu_t^{(\alpha)},\ t \geq 0, \mu_o^{(\alpha)} = \varepsilon_e)$ ein Netz von stetigen Faltungshalbgruppen in $M^1(\mathcal{G})$, mit $U^{(\alpha)}$ werde die Einschränkung des Generators der Halbgruppe $(R_{\mu_t^{(\alpha)}})$ auf $\mathbb{D}$ bezeichnet. Für alle $f \in \mathbb{D}$ sei

$$\sup \| U^{(\alpha)} f \| < \infty \quad .$$

Dann gibt es ein Teilnetz (α') und eine stetige Halbgruppe $(\mu_t, t \geq 0, \mu_o = \varepsilon_e)$ in $M^1(\mathcal{G})$ mit $(\mu_t^{(\alpha)}) \xrightarrow{(\alpha')} (\mu_t)$.

Beweis : Sei $\rho^{(\alpha)} := \int_{R_+} e^{-t} \mu_t^{(\alpha)}\, dt$, also $R_{\rho(\alpha)} = (I - U^{(\alpha)})^{-1}$.

Dann gibt es wegen der Kompaktheit von $\mathcal{N}$ ein Teilnetz (α') und ein $\rho \in M^1(\mathcal{G})$, mit $\rho^{(\alpha')} \longrightarrow \rho$ resp. $R_{\rho(\alpha')} \longrightarrow R_\rho$.

Nun sei $H^{(\beta)}$ ein fester endlichdimensionaler Teilraum von $C(\mathcal{G})$, dann ist $\sup_\alpha\{\|U^{(\alpha)}|_{H_\beta}\|\}<\infty$, weiter konvergieren die Einschränkungen $(I-U^{(\alpha')})^{-1}|_{H_\beta} \longrightarrow R_\varrho|_{H_\beta}$ und daraus folgt, daß $R_\varrho|_{H_\beta}$ injektiv ist. Also gibt es einen linearen Operator $U|_{H_\beta} : H_\beta \longrightarrow H_\beta$, dessen Resolvente $(I - U|_{H_\beta})^{-1}$ mit $R_\varrho|_{H_\beta}$ übereinstimmt. Dieser Operator ist für jedes β definiert und läßt sich daher in eindeutiger Weise zu einem Operator $U : D \longrightarrow D$ fortsetzen. Man zeigt nun wie in Hilfssatz 1.3.e., daß der Abschluß von U Generator einer Kontraktionshalbgruppe ist und daß $U^{(\alpha')} \rightsquigarrow U$. Daher ist diese Kontraktionshalbgruppe eine Halbgruppe von Faltungsoperatoren (R_{μ_t}) mit $(R_{\mu_t}(\alpha')) \longrightarrow (R_{\mu_t})$, beziehungsweise $\mu_t(\alpha') \longrightarrow \mu_t$ schwach, kompakt-gleichmäßig in t.

Das folgende Beispiel zeigt, daß die an die Generatoren gestellte Bedingung $\sup_\alpha\{\|U^{(\alpha)} f\|\}<\infty$, $f \in D$, notwendig war :

Sei $\mathcal{G} := Q^\wedge$ die (solenoidale) Dualgruppe der (diskreten) Gruppe der rationalen Zahlen. Dann ist die Vereinigung der Einparameter Untergruppen dicht in $\mathcal{G}$, füllt aber nicht ganz $\mathcal{G}$ aus. Sei $x\in\mathcal{G}$, sodaß x auf keiner Einparameter Untergruppe liegt, sei $(x_t^{(n)})$ eine Folge von Einparameter Untergruppen mit $x_1^{(n)} \longrightarrow x$, also $\varepsilon_{x_1^{(n)}} =: \mu_1^{(n)} \rightarrow \mu := \varepsilon_x$.
Dann ist das nicht stetig einbettbare Maß μ also darstellbar als Grenzwert von stetig einbettbaren Maßen.

Der einfache Beweis des Satzes 5.4 stützte sich wesentlich auf die Tatsache, daß $\mathcal{G}$ darstellbar war und daß die Einschränkungen der Halbgruppen (R_{μ_t}) auf endlichdimensionale invariante Teilräume gleichmäßig stetig sind. Tatsächlich gilt ein etwas allgemeinerer Satz für wurzelkompakte Gruppen. Der Einfachheit halber setzen wir voraus, daß $\mathcal{G}$ das zweite Abzählbarkeitsaxiom erfüllt:

Satz 5.5 Sei $\mathcal{G}$ eine wurzelkompakte topologische Gruppe, die das zweite Abzählbarkeitsaxiom erfüllt. $(\mu_t^{(n)}, t\geq 0, \mu_0^{(n)} = \varepsilon_e)$ sei eine Folge von stetigen Halbgruppen $\subseteq M^1(\mathcal{G})$, deren erzeugende Distributionen mit $A^{(n)}$ bezeichnet werden. Es sei wiederum

$$\sup\{\|R_A(n) f\| , n\in\mathbb{N}\}<\infty \quad \text{für } f\in \mathcal{D}(\mathcal{G}),$$

außerdem sei $\{\mu_1^{(n)} , n\in\mathbb{N}\}$ gleichmäßig straff.
Dann gibt es eine stetige Halbgruppe $(\mu_t, t\geq 0, \mu_0 = \varepsilon_e)$ und eine Teilfolge natürlicher Zahlen (n_k), sodaß

$$(\mu_t^{(n_k)}) \longrightarrow (\mu_t) .$$

Beweis : $\{\mu_1^{(n)}\}$ ist schwach relativ kompakt, daher gibt es eine Teilfolge (n_k) und einen Häufungspunkt $\mu\in M^1(\mathcal{G})$ mit $\mu_1^{(n_k)} \longrightarrow \mu$.
μ ist verallgemeinert unendlich teilbar, es ist nämlich

$$(\mu_{1/k}^{(n_k)})^k \ (=\mu_1^{(n_k)}) \xrightarrow{k\to\infty} \mu .$$

Außerdem ist für jedes $f \in \mathcal{D}(\mathcal{G})$ $\quad R_{(1/n)(\mu_{1/n}^{(n_k)} - \varepsilon_e)} f \xrightarrow{n\to\infty} R_A(n_k) f$

also $\limsup_{n\to\infty} \| R_{(1/n)(\mu_{1/n}^{(n)} - \varepsilon_e)} f \| \leq \sup_n \| R_A(n) \ f \| < \infty.$

Eine geringfügige Änderung des Beweises des Satzes 5.3 liefert, daß μ stetig einbettbar ist mit $(\mu_t^{(n_k)}) \longrightarrow (\mu_t)$. □

Weiter beschäftigen wir uns mit der Charakterisierung von Poissonhalbgruppen : Bisher hatten wir nach Bedingungen gesucht, unter denen ein gegebenes Maß Grenzwert von stetig einbettbaren Maßen , insbesondere von Poisssonmaßen ist. Nun suchen wir nach Bedingungen, unter denen der Grenzwert selbst wieder Poissonmaß ist.

<u>Satz 5.6</u> $\mathcal{G}$ sei eine lokalkompakte Halbgruppe mit Einheit e, $\mathfrak{j}$ sei ein idempotentes Wahrscheinlichkeitsmaß und $\mu \in M^1(\mathcal{G})$. μ ist $\mathfrak{j}$-Poissonmaß genau dann, wenn

(i) μ verallgemeinert unendlich teilbar ist mit approximativen Wurzeln $\mu^{(n)}, \ \mu^{(n)\,n} \longrightarrow \mu$,

(ii) $\mathfrak{j}\,\mu^{(n)}\,\mathfrak{j} = \mu^{(n)}$ für alle n,

(iii) ein Maß $b := \alpha(\lambda - \mathfrak{j})$, $\alpha \geq 0, \lambda \in M^1(\mathcal{G})$, $\mathfrak{j}\lambda\mathfrak{j} = \lambda$, existiert, sodaß für ein Teilnetz (n') $R_{n(\mu^{(n)} - \mathfrak{j})} \xrightarrow{(n')} R_b$ in $\mathcal{T}_{st}$.

[[Sei $\mu_t := \exp_{\mathfrak{j}} t\alpha(\lambda - \mathfrak{j})$, $\mu = \mu_1$, $\mu^{(n)} := \exp_{\mathfrak{j}} n^{-1}\alpha(\lambda - \mathfrak{j})$, $n \in \mathbb{N}$, dann gelten offensichtlich (i)-(iii), tatsächlich gilt sogar

(iii') $n(\mu^{(n)} - \mathfrak{j}) \longrightarrow b := \alpha(\lambda - \mathfrak{j})$ in der Normtopologie .

Nun seien andererseits (i)-(iii) erfüllt, dann folgt aus den Konvergenzsätzen über Operatorhalbgruppen (deren Voraussetzungen nun trivialerweise erfüllt sind), daß $(R_{\exp_{\mathfrak{j}} tn(\mu^{(n)} - \mathfrak{j})}) \longrightarrow (R_{\exp_{\mathfrak{j}} tb})$.

Für t = 1 erhält man dann (z.B. aus Satz 4.2,Folgerung 3), daß $R_{\mu^{(n)\,n}} \xrightarrow{(n')} R_{\exp_{\mathfrak{j}} b}$, somit $\exp_{\mathfrak{j}} b = \mu$. Also ist μ $\mathfrak{j}$-Poissonmaß, wie behauptet.]]

<u>Korollar</u> Sei $\mathcal{G}$ eine kompakte Halbgruppe mit Einheit e, $\mu \in M^1(\mathcal{G})$. μ ist (ε_e-) Poissonmaß genau dann, wenn

(i) eine Folge approximativer Wurzeln existiert $\mu^{(n)\,n} \longrightarrow \mu$, sodaß

(ii) $n(\mu^{(n)} - \varepsilon_e) \xrightarrow{(n')} b := \alpha(\lambda - \varepsilon_e)$, $\alpha \geq 0, \lambda \in M^1(\mathcal{G})$ für ein Teilnetz natürlicher Zahlen (n') .

Abschließend greifen wir nun nochmals die in O.§ 2 definierten Störungsreihen auf :

Satz 5.7 Sei $\mathcal{G}$ eine lokalkompakte topologische Halbgruppe mit Einheit e, die den zu Beginn des § 5 formulierten Bedingungen genügt. $j \in M^1(\mathcal{G})$ sei ein idempotentes Wahrscheinlichkeitsmaß und $(\mu_t, t \geq 0, \mu_0 = j)$ sei eine stetige Halbgruppe von Wahrscheinlichkeitsmaßen. Schließlich sei $\lambda = j\,\lambda\, j \in M^1(\mathcal{G})$ und $\alpha \geq 0$. Dann gelten :

(i) Durch $(\nu_t := \sum_{k \geq 0} w_k(t),\ t \geq 0,\ \nu_0 = j)$ mit $w_0(t) := \mu_t$,

$$w_{k+1}(t) := \int_{[0,t)} \mu_r\, \alpha\, (\lambda - j)\, w_k(t-r)\, dr \quad \text{(als schwaches Integral)}$$

ist eine stetige Halbgruppe von Wahrscheinlichkeitsmaßen gegeben, wobei die Störungsreihe $\sum w_k(t)$ in der Normtopologie konvergiert, kompaktgleichmäßig in t.

(ii) Es gilt auch folgende Darstellung :

$$\nu_t = e^{-\alpha t} \sum_{k \geq 0} v_k(t), \quad v_0(t) := \mu_t, \quad v_{k+1}(t) :=$$

$$:= \int_{[0,t)} \mu_r \alpha \lambda\, v_k(t-r)\, dr .$$

Diese Darstellung hat den Vorteil, daß sämtliche Reihenglieder in $M_+(\mathcal{G})$ liegen. Wir werden dies entscheidend in I §6 verwenden.

(iii) Ist U der Generator von (R_{μ_t}), dann ist der Generator der Halbgruppe (R_{ν_t}) durch $U + \alpha(R_\lambda - I)$ gegeben, also geht (ν_t) aus (μ_t) hervor, indem man den Generator von (μ_t) durch einen Poissongenerator stört.

[[Der Beweis folgt unmittelbar aus 0. §2 , Hilfssatz 2.10, wobei nun $\mathbb{B} := R_j\, C_0(\mathcal{G})$ zu setzen ist .]]

In den folgenden Kapiteln ist $\mathcal{G}$ zumeist eine lokalkompakte Gruppe. Es werden Methoden entwickelt, die über die rein operatorentheoretische Beschreibung hinausgehen. Insbesondere wird die Kenntnis der Struktur der zugrundeliegenden Gruppe ausgenützt, um die genaue Gestalt der erzeugenden Distributionen zu beschreiben. Eine wesentliche Rolle spielt dabei die Tatsache, daß $\mathcal{G}$ durch Lie Gruppen approximiert werden kann, daß somit ein "natürlicher" Definitionsbereich für die Generatoren von Faltungshalbgruppen angegeben werden kann (s. Satz von F. Hirsch, Satz 4.1, Anwendung B), sowie, daß man die erzeugenden Distributionen stets zerlegen kann in einen Poissonanteil und einen Anteil, der in der Nähe der Einheit konzentriert ist (Zerlegungssatz, Satz I. 2.2, Korollar).

Für lokalkompakte Halbgruppen sind keine entsprechenden Hilfsmittel bekannt, daher ist es gerechtfertigt, von nun an sich unter Verzicht auf größere Allgemeinheit stets auf die Betrachtung von Maßen auf lokalkompakten Gruppen zu beschränken.

I : Struktur der erzeugenden Distributionen

§ 1 Homomorphismen von Maßalgebren

X und Y seien lokalkompakte topologische Halbgruppen. Es wird wie in 0.§ 4 stets vorausgesetzt, daß die Einpunktkompaktifizierungen X_∞ und Y_∞ halbtopologische Halbgruppen sind. (Diese Einschränkung ist nicht einschneidend, da in den folgenden Punkten ausschließlich lokalkompakte Gruppen bzw. die additive Halbgruppe $[0,\infty)$ betrachtet werden.)

Es werden nun Beispiele für Algebrahomomorphismen $M(X) \longrightarrow M(Y)$ betrachtet:

Hilfssatz 1.1: a) Sei $\varphi: X \longrightarrow Y$ ein stetiger Homomorphismus, dann wird dadurch ein schwach stetiger Homomorphismus von $M(X) \longrightarrow M(Y)$ induziert, der $M^1(X)$ in $M^1(Y)$ abbildet: Man definiert

$$\overline{\varphi}(\mu)\ (f) := \int_Y f(y)\ d\overline{\varphi}(\mu)\ (y) := \int_X f(\varphi(x))\ d\mu\ (x) := \mu\ (f\circ\varphi).$$

b) Sei $\varphi: C_o(Y) \longrightarrow C_o(X)$ ein stetiger (Vektorraum) Homomorphismus, dann wird dadurch ein (schwach) stetiger Vektorraumhomomorphismus $\varphi' : M(X) \longrightarrow M(Y)$ definiert, nämlich $\varphi'(\mu)\ (f) := \mu(\varphi\ (f))$.

c) Sei $\varphi: X \longrightarrow M(Y)$ ein bez. der schwachen Topologie stetiger Homomorphismus von X in die Faltungshalbgruppe M(Y), dann wird dadurch ein Algebrenhomomorphismus $\hat{\varphi}: M(X) \longrightarrow M(Y)$ induziert, nämlich $\hat{\varphi}(\mu)(f) := \int_X \int_Y f(y) d\varphi(x)(y) d\mu(x)$. Insbesondere ist $\varphi(x) = \hat{\varphi}(\varepsilon_x)$ für alle $x \in X$.

Wenn $\varphi(x) \in M^1(Y)$ (resp. $\varphi(x) \in Q(Y) := \{\lambda : \|\lambda\| \leq 1\}$), dann ist auch $\hat{\varphi}(M^1(X)) \subseteq M^1(Y)$ (resp. $\hat{\varphi}\ (Q(X)) \subseteq Q(Y)$).

[Der Beweis ist trivial.]

Beispiel 1.1: a) Sei T der eindimensionale Torus, $T = \{ z : |z| = 1\}$. Sei Y eine lokalkompakte Halbgruppe und $X := Y \times T$. Nun definiere man $\varphi: C_o(Y) \longrightarrow C_o(X)$ durch $\varphi(f)(x,z) := z.f(x)$. Dann ist φ ein Vektorraumhomomorphismus, induziert daher einen Homomorphismus $\varphi' : M(X) \longrightarrow M(Y)$. Man prüft leicht nach, daß φ' sogar ein Algebrenhomomorphismus ist

[[$\varphi'(\mu\nu)(f) = \int_X \varphi(f)((x,z))d(\mu\nu)(x,z) =$

$$= \int_X \int_X f((x,z)(x',z'))d\mu(x,z)d\nu(x',z') =$$

$$= \int_X \int_X zz'f(xx')d\mu(x,z)d\nu(x',z') = \int_X z'\Big[\int_X zf(xx')d\mu(x,z)\Big]d\nu(x',z')$$

$$= \int_X z'\Big[\int_Y f(xx')d\varphi'(\mu)(x)\Big]d\nu(x',z') = \int_Y \int_Y f(xx')d\varphi'(\mu)(x)d\varphi'(\nu)(x') =$$

$$= \int_Y f(x)d\varphi'(\mu)\varphi'(\nu)(x). \quad \Big]$$

Dieser Homomorphismus wird im vierten Teil dieser Arbeit bei der Untersuchung von Halbgruppen komplexer Maße entscheidend verwendet. (s. auch Faraut [18], Hirsch [37])

b) Sei $(\mu_t, t\geq 0, \mu_o = j)$ eine stetige Halbgruppe von Wahrscheinlichkeitsmaßen. Man definiere $\varphi: R_1^+ := [0,\infty) \ni t \longrightarrow \mu_t \in M^1(X)$. Dann wird dadurch ein stetiger Homomorphismus φ' : $M(R_1^+) \longrightarrow M(X)$ mit $\varphi'(M^1(R_1^+)) \subseteq M^1(X)$ erklärt: Sei $F \in M(R_1^+)$, so ist $\varphi'(F)$ definiert durch $\varphi'(F)(f) := \int_o^\infty \mu_t(f)dF(t)$.

Sei nun $(F_t, t\geq 0)$ eine stetige Halbgruppe in $M^1(R_1^+)$, dann ist $\varphi'(F_t)$ eine stetige Halbgruppe in $M^1(X)$ mit $\varphi'(F_o) = j$. Diese Halbgruppe nennt man eine der Halbgruppe (μ_t) mittels des Subordinators (F_s) untergeordnete Halbgruppe. Solche Halbgruppen wurden vielfach studiert. (s. z.B. Feller [20] .Zur Subordination von Gauß und Poisson-Halbgruppen s. [6], [29])

c) Seien (μ_t) und φ wie in b) gegeben. Unter Resolventen von (μ_t) verstehe man die Maße

$$\rho_\lambda := \lambda \int_o^\infty e^{-\lambda t} \mu_t \, dt \ \ (\text{i.e. } \rho_\lambda(f) = \lambda \int_o^\infty e^{-\lambda t} \mu_t(f)dt;\ \lambda > 0). \text{ Dann}$$

gibt es zu jedem festen $\lambda>0$ eine Subordinationshalbgruppe $(F_s^\lambda) \subseteq M^1(R_1^+)$, so daß $\varphi'(F_1^\lambda) = \rho_\lambda$. Man wählt nämlich für F_s eine verallgemeinerte Γ -Verteilung mit der Dichte $r_{\lambda,s}(t)=e^{-\lambda t}\lambda^s\, t^{s-1}/\Gamma(s)$ (s. Feller [20] , II.2, s. auch Prabhu [52]).

Die Bedeutung der Resolventen im Zusammenhang mit der Approximation von Halbgruppen ist wohlbekannt. Für Poisson-Maße soll hier noch eine weitere Darstellung angegeben werden:

Seien $\alpha>0$, $\nu \in M^1(X)$. j sei ein idempotentes Maß in $M^1(X)$ und es sei

$j\nu j = \nu$, sowie $\mu_t := \exp_j(t\alpha(\nu - j))$ eine j-Poissonhalbgruppe. Dann ist bekanntlich $\rho_\lambda = \lambda\int_0^\infty e^{-\lambda t}\mu_t dt = \lambda(\lambda j - \alpha(\nu - j))^{-1} =$

$= (\lambda/\lambda+\alpha)(j-(\alpha/\lambda+\alpha)\nu)^{-1}$ - wobei das Inverse bezüglich j zu bilden ist - und man erhält daher für $\lambda > 0$ wegen $\| \frac{\alpha}{\lambda+\alpha}\nu \| < 1$ eine Darstellung mit Hilfe der von Neumannschen Reihe $\rho_\lambda = \frac{\lambda}{\lambda+\alpha}\sum_{k=1}^{\infty}(\frac{\alpha}{\lambda+\alpha})^k \nu^k$, also eine randomisierte geometrische Verteilung. (Für $X = R_1$ s. Feller [20]).

Nun überlegt man sich noch leicht, daß Subordinationen von Subordinationen wieder Subordinationen ergeben, allgemeiner:

Hilfssatz 1.2: Seien X,Y,Z lokalkompakte Halbgruppen, es seien $\beta : X \longrightarrow M^1(Y)$ und $\gamma : Y \longrightarrow M^1(Z)$ stetige Homomorphismen und es sei $\alpha = \gamma' \circ \beta$ (wobei γ' den induzierten Homomorphismus $\gamma' : M(Y) \longrightarrow M(Z)$ bezeichnet). Dann ist α ein stetiger Homomorphismus und es gilt für den induzierten Homomorphismus α' von $M(X) \xrightarrow{\alpha'} M(Z)$: $\alpha' = (\gamma' \circ \beta)' = \gamma' \circ \beta'$

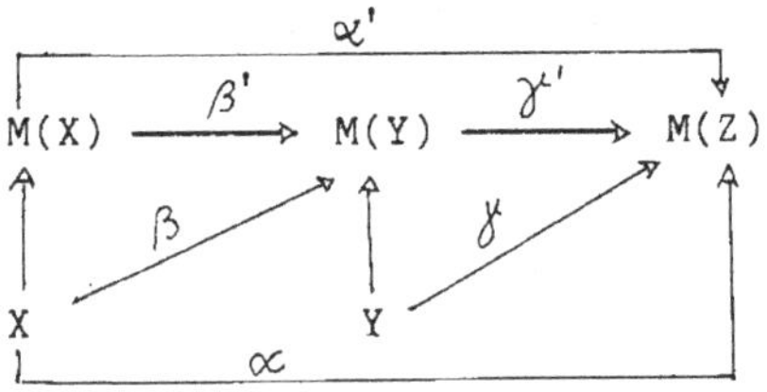

Korollar: Sei $(\mu_t, t \geq 0, \mu_0 = j)$ eine stetige Halbgruppe in $M^1(X)$, weiter seien $(F_s, s \geq 0)$ und $(G_r, r \geq 0)$ stetige Halbgruppen in $M^1(R_1^+)$ und es sei

$H_t = \int_0^\infty F_s \, dG_t(s)$. Dann ist $(H_t, t \geq 0)$ eine stetige Halbgruppe in

$M^1(R_1^+)$ und es ist $\int_0^\infty \int_0^\infty \mu_t \, dF_s(t)\, dG_r(s) = \int_0^\infty \mu_t \, dH_r(t)$.

[Daraus und aus Beispiel 1.1 c) folgt insbesondere, daß Resolventen von untergeordneten Halbgruppen sich wieder in untergeordnete Halbgruppen einbetten lassen.]

Beweis: Sei $f \in C_0(Z)$, $x \in X$. Dann ist $\beta(x) \in M^1(Y)$ und $\gamma'\beta(x) \in M^1(Z)$, mit $\gamma'\beta(x)(f) = \int_Y \int_Z f(z) d\gamma(y)(z) d\beta(x)(y)$. Daher ist für jedes

$\lambda \in M(X)$: $(\gamma'\beta)'(\lambda)(f) = \int_X \int_Y \int_Z f(z)d\gamma(y)(z)d\beta(x)(y)d\lambda(x)$.

Andererseits ist $\gamma'\beta'(\lambda)(f) = \int_Y \int_Z f(z)d\gamma(y)(z)d\beta'(\lambda)(y) =$

$= \int_X \int_Y \int_Z f(z)d\gamma(y)(z)d\beta(x)(y)d\lambda(x)$. □

Eine besondere Rolle spielen die einparametrigen Halbgruppen und Gruppen in X : Sei $\varphi : t \longrightarrow x_t$ ein stetiger Homomorphismus von R_1^+ in X resp. von R_1 in X. Dann sind dadurch Homomorphismen φ' von $M(R_1^+)$ in M(X) resp. von $M(R_1)$ in M(X) erklärt mit $\varphi'(\varepsilon_t) = \varepsilon_{x_t}$.

Insbesondere werden stetige Halbgruppen aus $M^1(R_1)$ resp. $M^1(R_1^+)$ auf stetige Halbgruppen in $M^1(X)$ abgebildet. Solche Halbgruppen werden im folgenden noch mehrmals verwendet werden.

In den folgenden Abschnitten wird stets vorausgesetzt werden, daß $Y = \mathcal{G}$ eine lokalkompakte Gruppe und $j = \varepsilon_e$, sowie daß $X = R_+ = [0,\infty)$ ist.

Später, in II § 2 werden wir im Zusammenhang mit Mischungen erzeugender Distributionen verwandte, in einem gewissen Sinn allgemeinere Resultate ableiten.

§ 2 Erzeugende Distributionen

2.1: Es sei $\mathcal{G}$ eine lokalkompakte Gruppe, mit $\mathcal{D}(\mathcal{G})$ werde der Raum der unendlich oft differenzierbaren Funktionen mit kompaktem Träger und mit $\mathcal{D}'(\mathcal{G})$ resp $\mathcal{D}^*(\mathcal{G})$ werde der algebraische resp. topologische Dualraum von $\mathcal{D}$ bezeichnet. (zur Definition s. Bruhat [5].) Es sei $\mathcal{M}(\mathcal{G})$ der konvexe Kegel aller $F \in \mathcal{D}'$ mit folgenden Eigenschaften:

(i) F ist reell und fast positiv, i.e. für alle $f \in \mathcal{D}^r_+(\mathcal{G})$ mit $f(e) = 0$ folgt $F(f) \geq 0$.

(ii) F ist normiert in folgendem Sinne: Sei $u \in \mathcal{D}^r_+(\mathcal{G})$, $u \equiv 1$ in einer Umgebung von e und $H_u := \{ f \in \mathcal{D}^r_+(\mathcal{G})$ mit $0 \leq u \leq f \leq 1\}$. Dann ist $\sup\{ F(f) : f \in H_u\} = 0$.

Unter einer Lévy-Abbildung versteht man nach Siebert [60] eine lineare Abbildung $\Gamma : \mathcal{D}(\mathcal{G}) \to \mathcal{D}(\mathcal{G})$, so daß

(i) für alle primitiven $F \in \mathcal{M}(\mathcal{G})$ und alle $f \in \mathcal{D}(\mathcal{G})$ ist $F(f - \Gamma f) = 0$,

(ii) für alle $f \in \mathcal{D}(\mathcal{G})$ ist $\Gamma(f)^* = -\Gamma f$ (wobei f^* definiert ist durch $f^*(x) := f(x^{-1})$),

(iii) für alle $x \in \mathcal{G}$ ist $f \longrightarrow T_x(f) := (\Gamma f)(x)$ primitiv.

Dabei heißt eine Distribution $F \in \mathcal{M}(\mathcal{G})$ primitiv, falls für alle $f,g \in \mathcal{D}^r(\mathcal{G})$ $F(f g^*) = F(f)g(e) - f(e) F(g)$.

Weiter heißt $F \in \mathcal{M}(\mathcal{G})$ quadratisch, falls für alle $f,g \in \mathcal{D}^r(\mathcal{G})$

$$F(fg) + F(fg^*) = 2(F(f)\, g(e) + f(e)F(g)).$$

Ein nicht negatives Radonmaß η auf $\mathcal{G} \setminus (e)$ heißt Lévy-Maß, falls

$$\int_{\mathcal{G}\setminus(e)} f\, d\eta < \infty \text{ für alle } f \in \mathcal{D}^r_+(\mathcal{G}) \text{ mit } f(e) = 0 \quad \text{und} \quad \int_{\mathcal{G}\setminus U} d\eta < \infty$$

für alle Umgebungen U von e.

Eine erzeugende Distribution F ist C_0-beschränkt (i.e. $|F(f)| \leq$ const. $\|f\|_0$ für alle $f \in \mathcal{D}(\mathcal{G})$) genau dann, wenn $F|_{\mathcal{D}(\mathcal{G})}$ die Einschränkung eines beschränkten Maßes der Gestalt $F = \alpha(\nu - \varepsilon_e)$, $\alpha \geq 0$, $\nu \in M^1(\mathcal{G})$ ist.

F heißt dann "Poissonsche Distribution" oder "Poisson-Generator".

Ein Poisson-Generator F heißt "elementar", wenn $\nu = \varepsilon_x$, also $F = \alpha(\varepsilon_x - \varepsilon_e)$, $\alpha > 0$, $x \neq e$.

Wenn $\mathcal{G}$ nun eine Lie-Gruppe ist, dann gilt (s. Hunt [40], Siebert [60]): Sei $X_1,\ldots,X_d$ eine Basis der Lie-Algebra $\mathcal{Y}$ - jedes Element von $\mathcal{Y}$ wird als invarianter Differentialoperator aufgefaßt -, seien $\xi_1,\ldots \xi_d$ lokale Koordinaten und sei Ψ eine zweimal stetig differenzierbare Funktion, die sich in einer Umgebung von e wie $\sum \xi_i^2$ verhält, $0 \leq \Psi \leq 1$, $\Psi(e) = 0$ $\lim\limits_{x \to \infty} \Psi(x) = 1$. (Dann heißt Ψ "Hunt-Funktion".)

Zu jeder Lévy-Abbildung Γ kann man eine Basis $X_1,\ldots,X_d$ und lokale Koordinaten $\xi_1,\ldots,\xi_d$ so wählen, daß $\Gamma f(x) = \sum \xi_i(x)\, X_i f(e)$ (die (ξ_i) bilden ein K-System im Sinne von Siebert [60]).

Jede primitive Distribution F ist von der Form $F(f) = X f(e)$, $X \in \mathcal{Y}$ - oder, bei fester Basis $F(f) = \sum a_i X_i f(e)$, $a_1,\ldots,a_d$ reell.

Jede quadratische Distribution F ist von der Form $F(f) = \sum a_{ij} X_i X_j f(e)$, (a_{ij}) ist dabei eine reelle positiv semidefinite Matrix.

Ein Maß $\eta \geq 0$ auf $\mathcal{G} \setminus (e)$ ist Lévy-Maß, falls $\eta(\Psi) < \infty$ für eine Hunt-Funktion.

Satz 2.1: a) (Lévy-Hinčin-Formel) Zu jeder stetigen Halbgruppe von Wahrscheinlichkeitsmaßen $(\mu_t,\ t \geq 0,\ \mu_o = \varepsilon_e)$ gibt es genau ein $F \in \mathcal{M}(\mathcal{G})$, so daß

$$F(f) = \frac{d^+}{dt} \mu_t(f) \Big|_{t=0} \quad \text{für alle } f \in \mathcal{D}(\mathcal{G}).$$

Umgekehrt gibt es zu jedem $F \in \mathcal{M}(\mathcal{G})$ genau eine stetige Halbgruppe von Wahrscheinlichkeitsmaßen $(\mu_t,\ t \geq 0, \mu_o = \varepsilon_e)$ mit $\frac{d^+}{dt} \mu_t(f)\Big|_{t=0} = F(f)$, $f \in \mathcal{D}$.

Die Elemente $F \in \mathcal{M}(\mathcal{G})$ sind außerdem Distributionen im Sinne von Bruhat [5], i.e. $\mathcal{M}(\mathcal{G}) \subseteq \mathcal{D}^*(\mathcal{G})$, sie werden daher im folgenden "<u>erzeugende Funktionale</u>" oder "<u>erzeugende Distributionen</u>" genannt.

b) Darüberhinaus gilt: Für jedes $F \in \mathcal{M}(\mathcal{G})$ definiert man den Faltungsoperator R_F : $R_F f(x) = F({}_x f)$ für $f \in \mathcal{D}(\mathcal{G})$, $x \in \mathcal{G}$ (dabei ist ${}_x f(y) :=$ $= f(xy)$). Dann ist $R_F \mathcal{D}(\mathcal{G}) \subseteq C_o(\mathcal{G})$ und für jedes $\lambda > 0$ ist $(R_F - \lambda I)\mathcal{D}(\mathcal{G})$ dicht in $C_o(\mathcal{G})$; daher ist die kleinste abgeschlossene Fortsetzung von $(R_F, \mathcal{D}(\mathcal{G}))$ der infinitesimale Generator einer (ein-

deutig bestimmten) Halbgruppe von Faltungsoperatoren (R_{μ_t}, $t \geq 0$), wobei (μ_t) eine stetige Halbgruppe von Wahrscheinlichkeitsmaßen ist.
(Es ist wieder $R_{\mu_t} f(x) = \int_{\mathcal{G}} f(xy)\, d\mu_t(y) = \mu_t({}_x f)$.) (s.o.§ 4)

[Dies ist eine Neuformulierung des Satzes 4.2 von 0.§4.

a) wurde erstmals in [25],

b) erstmals in (dem unveröffentlichten Manuskript) [27] bewiesen.]

Damit erhält man als Korollar unmittelbar aus 0. § 4, Satz 4.2, Folgerung 2:

Korollar. (Lie-Trotter-Produktformel).
Seien $A_1, \ldots A_n \in \mathcal{MD}(\mathcal{G})$, $a_1, \ldots a_n > 0$,
so ist $\sum a_i A_i \in \mathcal{MD}(\mathcal{G})$ und es ist

$$\mathcal{E}x(t\sum a_i A_i) = \lim_{k\to\infty} \left[\prod_{i=1}^{n} \mathcal{E}x(\tfrac{t}{k}\, a_i A_i) \right]^k = \lim \left[\frac{1}{n} \sum_{i=1}^{n} \mathcal{E}x(a_i \tfrac{t}{ik} A_i) \right]^{nk}$$

$$= \lim \left[\frac{1}{n} \sum_{i=1}^{n} \mathcal{E}x(\tfrac{t}{k}\, a_i n A_i) \right]^k$$

Von großer Bedeutung ist der folgende Darstellungssatz:

Satz 2.2 (s. Siebert [60]): Γ sei eine fest gewählte Lévy-Abbildung. Dann gibt es zu jedem $F \in \mathcal{MD}(\mathcal{G})$ eine eindeutige Zerlegung $F = P + Q + L$, wobei P primitiv, Q quadratisch ist und

$$L(f) = \int_{\mathcal{G}\setminus(e)} (f(x) - f(e) - \Gamma f(x))\, d\eta(x) \quad \text{ist.}$$

Dabei ist $\eta = \eta_F$ ein Lévy-Maß (das Lévy-Maß von F), das durch F eindeutig festgelegt ist.(s. auch E. Siebert, Arch.Math. 28(1977) 139-148).

Korollar (Zerlegungssatz): Sei $F \in \mathcal{MD}(\mathcal{G})$, U sei eine offene Umgebung von e, dann gibt es eine eindeutige Zerlegung von $F: F = F_1 + F_2$, so daß

(i) $F_i \in \mathcal{MD}(\mathcal{G})$,
(ii) F_2 C_0-beschränkt (also Poisson-Generator) ist,
(iii) $Tr(F_2) \subseteq (\mathcal{G}\setminus U) \cup \{e\}$,
(iv) $Tr(F_1) \subseteq U^-$ und
(v) der Rand $U^- \setminus U$ Nullmenge bezüglich des Lévy-Maßes von F_1 ist.

(Dieses Resultat ist für die folgenden Untersuchungen von entscheidender Bedeutung: Es versetzt uns in die Lage, erzeugende Distributionen so zu zerlegen, daß sie - abgesehen von einem Poissonterm - auf einer Lie projektiven Gruppe definiert sind.)

Beweis: Sei η das Lévy-Maß der Distribution F, dann definiert man $\eta_U := \eta|_{\mathcal{G}\setminus U}$ (die Einschränkung auf $\mathcal{G}\setminus U$) und setzt $F_2 := \eta_U - \eta(\mathcal{G}\setminus U)\varepsilon_e$. Da η_U ein nicht negatives beschränktes Radonmaß ist, ist F_2 ein Poisson-Generator, und die Trägerrelation $Tr(F_2) \subseteq (\mathcal{G}\setminus U)\cup\{e\}$ ist offensichtlich.

Es ist also zu zeigen, daß $F_1 := F - F_2$ in $\mathcal{M}\mathcal{D}(\mathcal{G})$ liegt (die Trägerrelation $Tr(F_1) \subseteq U^-$ ist wieder offensichtlich).

Sei nun F = P + G + L gemäß Satz 2.2 zerlegt, dann ist für alle $f \in \mathcal{D}(\mathcal{G})$:

$$F(f) = P(f)+G(f)+\int_U (f(x)-f(e)-f(x))d\eta(x)+\int_{\mathcal{G}\setminus U} -\Gamma f(x)d\eta(x)+ \int_U (f(x)-f(e))d\eta(x).$$

Es ist $F_2(f) = \int_{\mathcal{G}\setminus U}(f(x)-f(e))d\eta(x)$. Außerdem ist $f \to -\Gamma f(x)$ eine primitive Distribution (Form) und somit ist auch

$f \longrightarrow P'(f) := -\int_{\mathcal{G}} \Gamma f(x)d\eta_U(x)$ eine primitive Distribution. Setzt man $P'' := P + P'$, so erhält man

$$F(f) = P''(f)+G(f)+\int (f(x)-f(e)-\Gamma f(x))d(\eta-\eta_U)(x)+F_2(f),$$

also $F_1(f) = P''(f)+G(f)+\int_{\mathcal{G}\setminus\{e\}}(f(x)-f(e)-\Gamma f(x))d\eta_1(x)$ mit

$\eta_1 := \eta - \eta_U = \eta|_U$, daher ist $F_1 \in \mathcal{M}\mathcal{D}(\mathcal{G})$. □

Für die Konvergenz eines Netzes von stetigen Halbgruppen (μ_t^α) genügt es (s.O.Satz 4.2,Folgerung 1),daß die Operatoren R_{F^α} (wobei F^α die erzeugenden Distributionen von (μ_t^α) bezeichnet) für alle $f \in \mathcal{D}$ stark konvergieren. Analog zu der bekannten Tatsache, daß schwache Konvergenz einer Folge von Maßen die starke Konvergenz der Faltungsoperatoren nach sich zieht, wird nun im folgenden gezeigt, daß die punktweise Konvergenz von erzeugenden Distributionen bereits die starke Konvergenz der Faltungsoperatoren impliziert. Zunächst benötigt man den einfachen

Hilfssatz 2.1: Sei $\mathcal{E}(\mathcal{G})$ der Raum aller beschränkten stetigen Funktionen $f \in C(\mathcal{G})$, die lokal in $\mathcal{D}$ liegen, i.e. für die $fg \in \mathcal{D}(\mathcal{G})$ für alle $g \in \mathcal{D}(\mathcal{G})$. Dann kann man jede erzeugende Distribution $F \in \mathcal{M}\mathcal{D}(\mathcal{G})$ in eindeutiger Weise zu einem linearen Funktional auf $\mathcal{E}(\mathcal{G})$ fortsetzen:
$F(f) := F(gf) + F((1-g)f)$

Dabei ist $g \in \mathcal{D}(\mathcal{G})$, $0 \leq g \leq 1$, $g \equiv 1$ in einer Umgebung von e, und $F((1-g)f)$ ist für positive f definiert durch
$F((1-g)f) = \sup\{ F((1-g)f.h) : 0 \leq h \leq 1, h \in \mathcal{D}(\mathcal{G})\}$.

Beweis: F(gf) ist wohldefiniert, da aber 1-g in einer Umgebung von e verschwindet, und $1-g \geq 0$ ist, stimmt die Definition von $F((1-g)f)$ mit der Definition von $\eta((1-g)f)$ überein, wobei η das Lévy-Maß von F bezeichnet.
Daher ist $F((1-g)f)$ wohldefiniert und aus der Definition folgt, daß F(f) unabhängig von der Wahl von g ist. □

Man darf also $\mathcal{M}(\mathcal{G})$ als Kegel in dem algebraischen Dualraum $\mathcal{E}'(\mathcal{G})$ betrachten.

Definition 2.1: Es sei $\sigma(\mathcal{D})$ [resp. $\sigma(\mathcal{E})$] jene lokalkonvexe Topologie auf $\mathcal{E}'(\mathcal{G})$, die durch die Halbnormen $F \longrightarrow F(f)$; $f \in \mathcal{D}(\mathcal{G})$ [resp. $f \in \mathcal{E}(\mathcal{G})$] beschrieben wird.

Eine Menge von Distributionen in $\mathcal{E}'(\mathcal{G})$ heißt gleichmäßig straff, wenn es zu jedem $\varepsilon > 0$ eine kompakte Menge $K = K_\varepsilon$ in $\mathcal{G}$ gibt, so daß für alle f mit $0 \leq f \leq 1$ und $\mathrm{Tr}(f) \subseteq \mathcal{G} \setminus K$ gilt: $|F(f)| < \varepsilon$ für alle F in dieser Menge.

Satz 2.3: Sei $\{F^\alpha\}$ ein Netz in $\mathcal{M}(\mathcal{G})$ und sei $F \in \mathcal{M}(\mathcal{G})$. Weiter sei $\sup_\alpha |F^\alpha(f)| < \infty$ für alle $f \in \mathcal{E}(\mathcal{G})$.

a) Es konvergiere F^α gegen F in $\sigma(\mathcal{E})$, dann konvergiert für jedes $f \in \mathcal{D}(\mathcal{G})$ $\| R_{F^\alpha} f - R_F f \| \longrightarrow 0$.

b) Es sei $\{F^\alpha\}$ gleichmäßig straff und es konvergiere $F^\alpha \longrightarrow F$ in $\sigma(\mathcal{D})$, dann folgt $F^\alpha \longrightarrow F$ in $\sigma(\mathcal{E})$.

c) Seien (μ_t^α), (μ_t) die von F^α resp. F erzeugten Halbgruppen, dann gilt unter den Voraussetzungen a): $\mu_t^\alpha \longrightarrow \mu_t$ kompakt-gleichmäßig in t.

[Dieses Ergebnis wird in der Folge als "Konvergenzsatz" bezeichnet. Es stellt eine wesentliche Verbesserung von O.§ 4, Satz 4.2, Folgerung 1 dar.]

Beweis: a) Nach Voraussetzung konvergiert $R_{F^\alpha} f(x) \longrightarrow R_F f(x)$ für alle $f \in \mathcal{D}(\mathcal{G})$ und für alle $x \in \mathcal{G}$, weiter sind $R_{F^\alpha} f$ und $R_F f \in C_0(\mathcal{G})$.

Sei $\mathcal{G}_1$ eine offene Lie-projektive Untergruppe von $\mathcal{G}$ und $U \subseteq \mathcal{G}_1$ sei eine kompakte Umgebung der Einheit. Mit Hilfe des Zerlegungssatzes erhält man eine Darstellung $F^\alpha = F_1^\alpha + F_2^\alpha$, $F = F_1 + F_2$, mit $\mathrm{Tr}(F_2^\alpha) \subseteq \mathcal{G} \setminus U \cup (e)$ sowie $\mathrm{Tr}(F_2) \subseteq \mathcal{G} \setminus U \cup \{e\}$.

Wählt man ein $f \in \mathcal{E}(\mathcal{G})$, $0 \leq f \leq 1$, $f \equiv 0$ in einer Umgebung $V \subseteq U$, $e \in V$

und $f \equiv 1$ außerhalb U, dann folgt aus den Voraussetzungen, daß das Netz $\{F_2^{\alpha}\}$ schwach (als beschränkte Maße!) gegen F_2 konvergiert und daß $\sup_{\alpha} | F^{\alpha}(f) | < \infty$.

Daraus folgt aber, daß $R_{F_2^{\alpha}} \longrightarrow R_{F_2}$ in der starken Operatortopologie konvergiert. (Bisher war dies nur für gleichmäßig straffe Netze bekannt, s. z.B. [26], kürzlich wurde von Siebert [63] gezeigt, daß diese Aussage allgemein gilt.)

Man darf also annehmen, daß die Träger aller F^{α} in einer gemeinsamen kompakten Umgebung liegen und daß $\mathcal{G} = \mathcal{G}_1$ Lie-projektiv ist:

Sei nun $\mathcal{G}$ eine Lie-Gruppe. Eine weitere Anwendung des Zerlegungssatzes und der vorigen Überlegungen zeigt, daß man voraussetzen darf, daß alle Distributionen F^{α} und F in einer fest gewählten, relativ kompakten Einheitsumgebung U konzentriert sind. Die Faltungsoperatoren $R_{F^{\alpha}}$, R_F sind stetige Operatoren zwischen den Banachräumen $C^2(\mathcal{G})$ - der zweimal stetig differenzierbaren Funktionen - und $C_0(\mathcal{G})$ (s. Hunt [40], 4.2, s. auch [25]).

Nach Voraussetzung konvergiert für alle $f \in \mathcal{D}(\mathcal{G})$

$\varphi_{\alpha}(.) := R_{F^{\alpha}} f(.) \longrightarrow R_F f(.) =: \varphi(.)$ punktweise und es liegen die Träger $\mathrm{Tr}\,(\varphi_{\alpha})$ in der kompakten Menge $U^{-}.\mathrm{Tr}(f)$. Das Funktionensystem (φ_{α}) besitzt einen gemeinsamen Stetigkeitsmodul, dies zeigt die folgende

<u>Hilfsüberlegung:</u> Sei $|||\, R_{F^{\alpha}} \,|||$ die Norm des Operators $R_F : C^2(\mathcal{G}) \longrightarrow C_0(\mathcal{G})$. Dann folgt aus der Voraussetzung

$$(\ast) \qquad \sup_{\alpha} | F^{\alpha}(f) | < \infty \qquad \text{für alle } f \in \mathcal{D}(\mathcal{G})$$

daß $\qquad \sup_{\alpha} |||\, R_{F^{\alpha}} \,||| < \infty$.

[[Sei $X_1, \ldots, X_d$ eine Basis der Lie-Algebra $\mathfrak{g}$, seien $\xi_1, \ldots, \xi_d$, lokale Koordinaten und sei ψ eine Hunt-Funktion, Γ sei die zugehörige Lévy-Abbildung (s. 2.1).

Dann gibt es reelle a_i^{α}, $1 \leq i \leq d$, (a_{ij}^{α}) $(1 \leq i,j \leq d)$, so daß

$$F^{\alpha} = \sum a_i^{\alpha} \; X_i + \sum a_{ij}^{\alpha} \; X_i X_j + L^{\alpha}$$

mit $\quad L^{\alpha}(f) = \int_{\mathcal{G}\setminus(e)} (f(x) - f(e) - \Gamma f(x)) d\eta_{F^{\alpha}}(x)$.

Sei λ^{α} definiert durch $\lambda^{\alpha}(f) := \int f(x)\psi(x) d\eta_{F^{\alpha}}(x)$, dann ist $\lambda^{\alpha} \in M_+(\mathcal{G})$.

Aus der Voraussetzung $(*)$ folgen

(i) $\sup_\alpha |a_i^\alpha| < \infty$

(ii) $\sup_\alpha |a_{ij}^\alpha| < \infty$, $1 \leq i,j \leq d$

(iii) $\sup_\alpha \|\lambda^\alpha\| < \infty$.

Daher ist für alle $f \in C^2(\mathcal{G})$:

$$|F^\alpha(f)| = \Big| \sum a_i^\alpha \, X_i \, f(e) + \sum a_{ij}^\alpha \, X_i X_j \, f(e) +$$

$$+ \int_{\mathcal{G}\setminus(e)} \frac{f(x)-f(e)-\Gamma f(x)}{\Psi(x)} \, d\lambda^\alpha(x) \Big| \leq \sum |a_i^\alpha| \, \|f\|_{C^2} +$$

$$+ \sum |a_{ij}^\alpha| \, \|f\|_{C^2} + \|\lambda^\alpha\| \, \Big\| \frac{f-f(e)-\Gamma f}{\Psi} \Big\| \leq \text{const.} \, \|f\|_{C^2},$$

da ja $\Big\| \frac{f-f(e)- \ \ f}{\Psi} \Big\| \leq \text{const} \, \|f\|_{C^2}$.

(s. z.B. [25], Beweis des Hilfssatzes 3.1)]] Daraus folgt a).

b) wird einfach unter Verwendung des Zerlegungssatzes bewiesen.

c) folgt aus 0. § 4, Satz 4.2 Folgerung 1. □

Es werden nun einige Teilkegel in $\mathcal{MD}(\mathcal{G})$ betrachtet:

<u>Definition 2.2:</u> $\mathbb{P}$ sei die Menge der primitiven Distributionen.
$\mathbb{G}$ sei die Menge der reellen, fast positiven quadratischen Distributionen.
$\mathbb{L}$ sei die Menge der erzeugenden Distributionen ohne Gauß'schen Anteil.
(F aus $\mathbb{L}$ genau dann, wenn es eine Lévy-Abbildung Γ gibt, so daß
$F(f) = \int (f(x)-f(e)-\Gamma f(x)) d\eta(x)$, wobei η ein Lévy-Maß auf $\mathcal{G}\setminus(e)$ ist.)
$\mathbb{PO}$ sei die Menge der Poisson-Generatoren (=Poisson-Distributionen)
$\mathbb{PO} = \{ \alpha(\nu-\varepsilon_e), \ \nu \in M^1(\mathcal{G}), \alpha \geq 0\}$.
$\mathbb{EP}$ sei die Menge der elementaren Poisson-Generatoren, $\mathbb{EP} = \{\alpha(\varepsilon_x-\varepsilon_e)\}$.

$\mathbb{P}$ ist ein linearer Raum isomorph zu der Lie-Algebra von $\mathcal{G}$, (s. Lashof [47]), $\mathbb{G}$, $\mathbb{L}$, $\mathbb{G}+\mathbb{P}$ und $\mathbb{PO}$ sind konvexe Kegel in $\mathcal{MD}(\mathcal{G})$. Weiter ist $\mathbb{EP} \subseteq \mathbb{PO} \subseteq \mathbb{L}+\mathbb{P}$ sowie $(\mathbb{P}+\mathbb{G}) \cap \mathbb{L} = \mathbb{P}$, $\mathbb{P} \cap \mathbb{G} = (0)$, $\mathbb{G} \cap (\mathbb{P}+\mathbb{L}) = (0)$.

$\mathbb{P}$ ist die Menge der erzeugenden Distributionen von Punktmaßhalbgruppen, $\mathbb{G}$ besteht aus den erzeugenden Distributionen von Halbgruppen symmetrischer Gauß-Maße (s. [60]).

<u>Satz 2.4:</u> a) $\mathbb{P}$, $\mathbb{G}$, $\mathbb{P}+\mathbb{G}$ sind abgeschlossen in $\mathcal{D}'$ bezüglich der Topologie $\sigma(\mathcal{D})$.

b) Zu jedem $F \in \mathbb{P}$ gibt es eine Folge $\{F_n\} \subseteq \mathbb{E}\mathbb{P}$, so daß $F_n \longrightarrow F$ in $\mathcal{G}(\mathcal{E})$.

c) $\mathbb{P}\mathbb{O}$ ist dicht in $\mathcal{M}\mathcal{D}(\mathcal{G})$ bezüglich $\mathcal{G}(\mathcal{E})$.

d) $\mathcal{M}\mathcal{D}(\mathcal{G}) \cap (-\mathcal{M}\mathcal{D}(\mathcal{G})) = \mathbb{P}$.

e) Sei $\mathbb{E}$ die Menge der mod. $\mathbb{P}$ extremalen Strahlen in $\mathcal{M}\mathcal{D}(\mathcal{G})$. Dann gilt: $\mathbb{E} \subseteq (\mathbb{P}+\mathbb{G}) \cup (\mathbb{P}+\mathbb{E}\mathbb{P})$

Beweis: a) Sei $\{F^\alpha\}$ ein Netz von Distributionen in $\mathbb{P}$ resp. $\mathbb{G}$ resp. $\mathbb{P}+\mathbb{G}$, das in $\mathcal{G}(\mathcal{D})$ gegen F konvergiert. Dann ist natürlich auch F fast positiv und in e konzentriert, i.e. $Tr(F) \subseteq \{e\}$.
Sei $F^\alpha = F_1^\alpha + F_2^\alpha$, $F_1^\alpha \in \mathbb{P}$, $F_2^\alpha \in \mathbb{G}$ und sei analog $F = F_1 + F_2$ zerlegt.
Weiter sei $\Lambda := \{ f \in \mathcal{D}_+^r \text{ mit } f(e) = 0 \}$.
Dann ist $P(f) = 0$ für alle $P \in \mathbb{P}$, somit konvergiert $F_1^\alpha(f) \longrightarrow F_1(f)$ für alle $f \in \Lambda$. Da aber $\mathbb{G}$ durch Λ bereits eindeutig festgelegt ist, folgt daraus $F_2^\alpha \longrightarrow F_2$ und $F_1^\alpha \longrightarrow F_1$ in $\mathcal{G}(\mathcal{D})$.
Schließlich überlegt man sich leicht, daß der Grenzwert primitiver resp. quadratischer Distributionen wieder primitiv resp. quadratisch ist, daraus folgt die Behauptung.

b) Sei $P \in \mathbb{P}$ und sei $(\mathcal{E}_{x_t}, t \geq 0)$ die von P erzeugte Halbgruppe. Dann konvergiert $n(\mathcal{E}_{x_{1/n}} - \mathcal{E}_e) \longrightarrow P$ in $\mathcal{G}(\mathcal{E})$ (s. [25], Hilfssatz 1.22).

c) Sei $F \in \mathcal{M}\mathcal{D}(\mathcal{G})$, η_F sei das Lévy-Maß, $F = P + Q + L$ eine kanonische Zerlegung (Satz 2.2) bei fester Lévy-Abbildung Γ.
Sei $\mathcal{U}(e)$ der Umgebungsfilter der Einheit e und sei
$r_U := \eta_F|_{\mathcal{G}\setminus U} - \eta_F(\mathcal{G}\setminus U)\,\mathcal{E}_e$.
Weiter sei C_U definiert durch $C_U(f) := \int_{\mathcal{G}\setminus U} f(x)\,d\eta_F(x)$.
Dann ist nach Satz 2.3 b) offenbar

$$P + Q + C_U + r_U \xrightarrow[U \in \mathcal{U}(e)\downarrow\{e\}]{} F \text{ in } \mathcal{G}(\mathcal{E}).$$

r_U ist Poisson-Maß, $P + Q + C_U$ ist von lokalem Charakter (i.e. $\in \mathbb{G}+\mathbb{P}$).
Es gilt also zu zeigen: Sei $A \in \mathbb{G}+\mathbb{P}$, dann gibt es eine Folge von Poisson-Generatoren γ_n, so daß $\gamma_n \longrightarrow A$ in $\mathcal{G}(\mathcal{E})$.
Sei (v_t) die von A erzeugte Halbgruppe, dann ist $(n(v_{1/n} - \mathcal{E}_e)) \longrightarrow A$ in $\mathcal{G}(\mathcal{D})$, weiter ist für alle $f \in C(\mathcal{G})$, die in einer Umgebung von e verschwinden, $n(v_{1/n} - \mathcal{E}_e)(f) \longrightarrow 0$.

Daraus folgt: $n(v_{1/n} - \varepsilon_e) \longrightarrow A$ in $\mathcal{G}(\mathcal{E})$.

e) Zunächst zieht man unmittelbar aus dem Zerlegungssatz die Folgerung:

Sei $F \in \mathcal{MD}(\mathcal{G})$ und es gebe mindestens drei verschiedene Punkte $x,y,e \in Tr(F)$, dann gibt es eine Zerlegung $F = F_1 + F_2$ mit $F_1, F_2 \in \mathcal{MD}(\mathcal{G})$ und $F_1 \notin \{ t F_2 + P;\ t \geq 0,\ P \in \mathbb{P}\}$.

Man wählt nämlich F_1 und F_2 so, daß $x \in Tr(F_1)$, $x \notin Tr(F_2)$, $y \in Tr(F_1)$, $y \notin Tr(F_2)$

Daraus folgt aber, daß die Träger der mod. $\mathbb{P}$ extremalen Distributionen höchstens aus zwei Punkten bestehen, also in $(\mathbb{E}\mathbb{P} + \mathbb{P}) + (\mathbb{G} + \mathbb{P})$ liegen. Da man jedes $F \in (\mathbb{E}\mathbb{P} + \mathbb{P}) + (\mathbb{G} + \mathbb{P})$ wieder in Summanden aus $\mathbb{P}$, $\mathbb{G}$, $\mathbb{L}$ zerlegen kann, folgt die Behauptung. □

Es wurde bisher gezeigt, daß die Struktur der erzeugenden Distributionen, abgesehen von einem Poinsson'schen Anteil, durch das "Verhalten in der Nähe der Einheit" bestimmt ist. Um dies genauer beschreiben zu können, betrachten wir zunächst das Verhalten des Kegels $\mathcal{MD}(\mathcal{G})$ unter Homomorphismen $\varphi: \mathcal{G} \longrightarrow \mathcal{G}_1$ und unter allgemeineren Abbildungen.

Definition 2.3: $\tilde{\mathcal{D}} = \tilde{\mathcal{D}}(\mathcal{G})$ sei der lineare Raum aller stetigen beschränkten Funktionen, der von allen Funktionen $f \in C(\mathcal{G})$ aufgespannt wird, zu denen es einen Homomorphismus $\varphi: \mathcal{G} \longrightarrow \mathcal{G}^{\varphi}$ in eine lokalkompakte Gruppe $\mathcal{G}^{\varphi}$ und ein $g \in \mathcal{D}(\mathcal{G}^{\varphi})$ gibt, so daß $f = g \circ \varphi$. Weiter sei $\tilde{C}(\mathcal{G})$ der Abschluß von $\tilde{\mathcal{D}}(\mathcal{G})$ bezüglich der Supremumsnorm. Offensichtlich ist jedes $f \in \tilde{C}(\mathcal{G})$ gleichmäßig stetig bezüglich der linken und der rechten uniformen Struktur. Weiter gilt der

Hilfssatz 2.2: Sei $(\mu_t,\ t \geq 0,\ \mu_0 = \varepsilon_e)$ eine stetige Halbgruppe in $M^1(\mathcal{G})$ mit erzeugender Distribution F. Dann ist die Halbgruppe der Faltungsoperatoren (R_{μ_t}) eine stark stetige Operatorhalbgruppe auf $\tilde{C}(\mathcal{G})$ und der infinitesimale Generator ist zumindest auf $\tilde{\mathcal{D}}(\mathcal{G})$ definiert und stimmt auf $\tilde{\mathcal{D}}(\mathcal{G}) \cap \mathcal{D}(\mathcal{G}) = \mathcal{D}(\mathcal{G})$ mit R_F überein.

F läßt sich daher auf $\mathcal{D}(\mathcal{G})$ fortsetzen, und zwar auf folgende Weise:

Sei $\varphi: \mathcal{G} \longrightarrow \mathcal{G}^{\varphi}$ ein stetiger Homomorphismus, sei $g \in \mathcal{D}(\mathcal{G}^{\varphi})$ und $f = g \circ \varphi \in \tilde{\mathcal{D}}(\mathcal{G})$. Weiter sei $\bar{\varphi}(\mu_t)$ die Projektion von μ_t in $M^1(\mathcal{G}^{\varphi})$, dann ist $(\varphi(\mu_t))_{t \geq 0}$ eine stetige Halbgruppe in $M^1(\mathcal{G}^{\varphi})$, es sei F^{φ} die erzeugende Distribution. Dann definiert man $F(f) := F^{\varphi}(g)$.

Der Beweis ist einfach und braucht nicht ausgeführt zu werden. Es genügt zu zeigen, daß für jede Funktion der Gestalt $f = g \circ \varphi$, $g \in \mathcal{D}(\mathcal{G}^{\varphi})$, $t \longrightarrow R_{\mu_t} f$ stark stetig ist und daß $R_{\mu_t} f \in \tilde{C}(\mathcal{G})$. □

Satz 2.5: Seien $\mathcal{G}$ und $\mathcal{G}_1$ lokalkompakte Gruppen, es sei $\varphi : \mathcal{G} \longrightarrow \mathcal{G}_1$ ein stetiger Homomorphismus. Dann wird dadurch ein Homomorphismus $\bar{\varphi} : M(\mathcal{G}) \longrightarrow M(\mathcal{G}_1)$ induziert, der $M^1(\mathcal{G})$ in $M^1(\mathcal{G}_1)$ abbildet, sowie ein Kegelhomomorphismus $\bar{\bar{\varphi}} : \mathcal{MD}(\mathcal{G}) \longrightarrow \mathcal{MD}(\mathcal{G}_1)$ gemäß $\bar{\bar{\varphi}}(F)(f) := F(f\circ\varphi^{-1})$.
Dann gilt: $\bar{\bar{\varphi}}(\mathbb{P}(\mathcal{G})) \subseteq \mathbb{P}(\mathcal{G}_1)$, $\bar{\bar{\varphi}}(\mathbb{G}(\mathcal{G})) \subseteq \mathbb{G}(\mathcal{G}_1)$, $\bar{\bar{\varphi}}(\mathbb{EP}(\mathcal{G})) \subseteq \mathbb{EP}(\mathcal{G}_1)$ und $\bar{\bar{\varphi}}(\mathbb{PO}(\mathcal{G})) \subseteq \mathbb{PO}(\mathcal{G}_1)$.

Der Beweis ist wieder offensichtlich. □

Definition 2.4: Zu jeder lokalkompakten Gruppe definiert man die Abbildung $\mathcal{E}x_{\mathcal{G}} : \mathcal{MD}(\mathcal{G}) \longrightarrow M^1(\mathcal{G})$ auf folgende Weise: Sei $F \in \mathcal{MD}(\mathcal{G})$ und sei (μ_t) die von F erzeugte Halbgruppe in $M^1(\mathcal{G})$. Dann sei $\mathcal{E}x_{\mathcal{G}}(F) := \mu_1$.
Daher ist für jedes $t \geq 0$: $\mathcal{E}x_{\mathcal{G}}(tF) = \mu_t$.

Bemerkung: Unter den Voraussetzungen des Satzes 2.5 gilt
$\mathcal{E}x_{\mathcal{G}_1}(t\bar{\bar{\varphi}}(F)) = \bar{\varphi}(\mathcal{E}x_{\mathcal{G}}(tF))$ für alle $t \geq 0$ und alle $F \in \mathcal{MD}(\mathcal{G})$.
In gewissem Sinne kann man $\mathcal{MD}(\mathcal{G})$ und $\mathcal{E}x$ als die Analoga der "Lie-Algebra" und der "Exponentialabbildung" für die topologische Halbgruppe $M^1(\mathcal{G})$ betrachten. Eine Vektorraum- oder Algebrenstruktur für $\mathcal{MD}(\mathcal{G})$ darf man natürlich nicht erwarten, da die einzigen invertierbaren Elemente von $M^1(\mathcal{G})$ die Punktmaße sind. Daher muß der größte Teilvektorraum in $\mathcal{MD}(\mathcal{G})$, nämlich $\mathbb{P} = \mathcal{MD}(\mathcal{G}) \cap (-\mathcal{MD}(\mathcal{G}))$, isomorph zur Lie-Algebra der zugrundeliegenden Gruppe sein. Die Produktformel bleibt richtig, s. Satz 2.1 c).

Diese Vorstellungen sollen im folgenden im Auge behalten werden. Es werden nun allgemeinere lokale Abbildungen zwischen zwei Gruppen studiert, die, kurz gesagt, die differenzierbaren Strukturen invariant lassen. Dann wird, wie im Fall Lie'scher Gruppen, gezeigt, daß, abgesehen von Poisson'schen Anteilen, die "Lie-Algebren" $\mathcal{MD}(\mathcal{G})$ und $\mathcal{MD}(\mathcal{G}_1)$ als Kegel isomorph sind:

Satz 2.6: Seien $\mathcal{G}$, $\mathcal{G}_1$ lokalkompakte Gruppen, U, V seien offene Umgebungen der Einheit in $\mathcal{G}$ resp. $\mathcal{G}_1$. Weiter sei $\varphi : U \longrightarrow V$ eine stetige Abbildung von U auf V mit der Eigenschaft, daß $f\circ\varphi^{-1} \in \mathcal{D}(\mathcal{G})$ ist für alle $f \in \mathcal{D}(\mathcal{G}_1)$, $Tr(f) \subseteq V$, und $\varphi(e) = e_1$.
Dann gilt: Es gibt Zerlegungen $\mathcal{MD}(\mathcal{G}) = \mathfrak{A} \oplus \mathcal{L}$, $\mathcal{MD}(\mathcal{G}_1) = \mathfrak{A}_1 \oplus \mathcal{L}_1$, so daß alle Distributionen aus $\mathcal{L}$ und $\mathcal{L}_1$ Poisson-Generatoren sind, deren Träger in $(\mathcal{G} \setminus U) \cup \{e\}$ resp. $(\mathcal{G}_1 \setminus V) \cup \{e_1\}$ liegen und so daß die Träger aller Distributionen aus $\mathfrak{A}$ resp. $\mathfrak{A}_1$ in U^- resp. V^- liegen.
Weiter definiert die Abbildung $\bar{\bar{\varphi}}$: $\bar{\bar{\varphi}}(F)(f) := F(f\circ\varphi^{-1})$ einen Kegel-

homomorphismus von $\mathfrak{A} \longrightarrow \mathfrak{A}_1$.

Wenn $\varphi : U \longrightarrow V$ bijektiv ist und auch $f \circ \varphi \in \mathcal{D}(\mathcal{G}_1)$ für alle $f \in \mathcal{D}(\mathcal{G})$, $Tr(f) \subseteq U$, dann ist $\bar{\bar{\varphi}} : \mathfrak{A} \longrightarrow \mathfrak{A}_1$ ein Isomorphismus.

Beweis: Die Kegel $\mathfrak{A}$, $\mathfrak{L}$, $\mathfrak{A}_1$, $\mathfrak{L}_1$ werden mit Hilfe des Zerlegungssatzes konstruiert und besitzen daher die angegebenen Eigenschaften. Man sieht weiter, daß $\bar{\bar{\varphi}}(F)(f)$ wohldefiniert ist für alle $f \in \mathcal{D}(\mathcal{G}_1)$ mit $Tr(f) \subseteq \mathcal{G}_1 \setminus V$ (nämlich $\bar{\bar{\varphi}}(F)(f) = 0$) und für alle $f \in \mathcal{D}(\mathcal{G}_1)$ mit $Tr(f) \subseteq V$. Nun sei V_1 eine Umgebung von e_1 mit $V_1^2 \subseteq V$, dann ist $\bar{\bar{\varphi}}(F)$ eingeschränkt auf $\{ f \in \mathcal{D}(\mathcal{G}_1)$ mit $Tr(f) \subseteq \mathcal{G}_1 \setminus V$ oder $Tr(f) \subseteq V^- \setminus V_1 \}$ ein gleichmäßig beschränktes lineares nicht negatives Funktional, das sich daher in eindeutiger Weise auf $\{ f \in C(\mathcal{G}_1)$ mit $Tr(f) \subseteq \mathcal{G}_1 \setminus V_1 \}$ fortsetzen läßt. Damit ist aber $\bar{\bar{\varphi}}(F)$ auf ganz $\mathcal{D}(\mathcal{G}_1)$ festgelegt, man prüft sofort nach, daß $\bar{\bar{\varphi}}(F)$ fast positiv und normiert ist und $Tr(\bar{\bar{\varphi}}(F)) \subseteq V$, also $\bar{\bar{\varphi}}(F) \in \mathfrak{A}_1$.

$\bar{\bar{\varphi}}$ ist offensichtlich ein Homomorphismus : $\mathfrak{A} \longrightarrow \mathfrak{A}_1$ und ist bijektiv, wenn φ bijektiv ist. □

Die Voraussetzungen des Satzes 2.6 sind erfüllt, wenn $\varphi : \mathcal{G} \longrightarrow \mathcal{G}_1$

1) ein lokaler Homomorphismus bzw. Isomorphismus ist,

2) wenn $\mathcal{G}$ und $\mathcal{G}_1$ Lie-Gruppen derselben Dimension sind und φ eine lokale bijektive C^∞-Abbildung ist,

3) (wichtigstes Beispiel s. § 3) wenn $\mathcal{G}_1$ eine Lie-Gruppe, $\mathcal{G} = \mathfrak{g}$ die Lie-Algebra (aufgefaßt als Abel'sche Gruppe $\cong R^n$) ist und $\varphi = \exp$ die Exponentialabbildung bezeichnet. Dabei werden U und V so gewählt, daß $\exp : U \longrightarrow V$ bijektiv ist.

Seien $\mathcal{G}$, $\mathcal{G}_1$ Lie-Gruppen, dann induziert jeder Vektorraumhomomorphismus zwischen den Lie-Algebren eine auf der Vereinigung der Einparametergruppen definierte Abbildung, die allerdings nicht eindeutig zu sein braucht. Das Analogon wird nun im folgenden § 3 studiert und dann anhand des oben zitierten Beispiels 3) näher beleuchtet. Damit gewinnt man als ersten Hauptsatz den Struktursatz für erzeugende Distributionen bzw. für Faltungshalbgruppen.

§ 3 Beispiele zum Satz 2.6

3.1: Zunächst seien $\mathcal{G}$, $\mathcal{G}_1$ lokalkompakte Gruppen, U,V, φ: U $\longrightarrow$ V $\mathfrak{A}$, $\mathcal{L}$ sowie $\mathfrak{A}_1$, $\mathcal{L}_1$ seien wie in Satz 2.6 definiert. Weiter seien

$\Omega := \{(\mu_t)\} := \{\ \mathcal{E}_{\mathcal{G}}(tA),\ A \in \mathfrak{A},\ t \geq 0\}$ sowie

$\Omega_1 := \{(\nu_t)\} := \{\mathcal{E}_{\mathcal{G}_1}(tA'),\ t \geq 0,\ A' = \bar{\bar{\varphi}}(A) \text{ mit } A \in \mathfrak{A}\}.$

Für jedes $A \in \mathfrak{A}$ seien $M(A) = \{\mu_t := \mathcal{E}_{\mathcal{G}}(tA),\ t \geq 0\}$ sowie Ψ_A definiert durch $\Psi_A(\mu_t) := \Psi_A(\mathcal{E}_{\mathcal{G}}(tA)) := \mathcal{E}_{\mathcal{G}_1}(t\,\bar{\bar{\varphi}}(A))$, also $\Psi_A : M(A) \longrightarrow M^1(\mathcal{G}_1)$. Die Abbildung Ψ_A hängt (bei fest gewähltem φ) noch von der erzeugenden Distribution A ab. Es gilt jedoch allgemein:

Hilfssatz 3.2: Für alle $A_1, A_2 \in \mathfrak{A}$, $A_3 := A_1 + A_2$ $(\in \mathfrak{A})$ gilt: Seien $\{\mu_t^{(i)}, t \geq 0\}$, i=1,2,3 die von A_i erzeugten Halbgruppen $\{\mu_t^{(i)} = \mathcal{E}_{\mathcal{G}}(tA_i)\}$ und seien $\nu_t^{(i)} = \Psi_{A_i}(\mu_t^{(i)})$, i=1,2,3, so ist für alle $t \geq 0$

$$\Psi_{A_3}(\mu_t^{(3)}) = \lim_{k \to \infty}\left[\Psi_{A_1}(\mu_{t/k}^{(1)})\,\Psi_{A_2}(\mu_{t/k}^{(2)})\right]^k = \lim_{k \to \infty}\left[\nu_{t/k}^{(1)}\,\nu_{t/k}^{(2)}\right]^k =$$

$$= \nu_t^{(3)},$$

i.e. die Abbildungen Ψ_A sind mit der Lie-Trotter-Produktformel verträglich.
Anders geschrieben lautet die Formel:

$$\Psi_{A_3}\left[\lim_{k \to \infty}(\mu_{t/k}^{(1)}\,\mu_{t/k}^{(2)})^k\right] = \lim_{k \to \infty}\left[\Psi_{A_1}(\mu_{t/k}^{(1)})\,\Psi_{A_2}(\mu_{t/k}^{(2)})\right]^k.$$

Beweis: folgt sofort aus der Definition der Abbildungen Ψ_{A_i}, da ja $\mu_t^{(3)} = \lim_{k \to \infty}(\mu_{t/k}^{(1)}\,\mu_{t/k}^{(2)})$ und $\nu_t^{(3)} = \lim_{k \to \infty}(\nu_{t/k}^{(1)}\,\nu_{t/k}^{(2)})^k$ □

<u>3.3 Beispiel:</u> Man überlegt sich leicht, daß die Abbildungen Ψ_A im allgemeinen nicht eindeutig definiert sind, d.h. wenn es A,B gibt, so daß $\mathcal{E}_\alpha(A) = \mathcal{E}_\alpha(B) = \mu$, so brauchen $\Psi_A(\mu)$ und $\Psi_B(\mu)$ nicht übereinzustimmen:

Sei etwa $\mathcal{G}$ die zyklische Gruppe Z_3 mit drei Elementen $\{-\bar{1}, \bar{0}, \bar{1}\}$, weiter sei $\mathcal{G}_1 = \mathbb{Z}$ die Gruppe der ganzen Zahlen. Weiter sei φ definiert durch $\varphi: -\bar{1} \to -1, \bar{0} \to 0, \bar{1} \to 1$. Es sind also die Voraussetzung des Satzes 2.6 erfüllt mit $\mathfrak{A} = \mathcal{MD}(\mathcal{G}) = \{\alpha(\varepsilon_{-\bar{1}} - \varepsilon_{\bar{0}}) + \beta(\varepsilon_{\bar{1}} - \varepsilon_{\bar{0}})$ $\alpha, \beta \geq 0\}$; $\mathfrak{A}_1 = \bar{\bar{\varphi}}(\mathfrak{A}) = \{\alpha(\varepsilon_{-1} - \varepsilon_0) + \beta(\varepsilon_1 - \varepsilon_0)\}$.

Nach Böge [2] (s. auch [56], 2.4) gibt es ein Poisson-Maß μ auf $\mathcal{G}$ mit zwei verschiedenen Poisson-Generatoren, i.e. es gibt $A, B \in \mathfrak{A}$ mit $\mathcal{E}_{\alpha_\mathcal{G}}(A) = \mathcal{E}_{\alpha_\mathcal{G}}(B)$, aber $A \neq B$.

In $M^1(\mathcal{G}_1) = M^1(\mathbb{Z})$ sind aber andererseits die Wurzeln unendlich teilbarer Maße eindeutig bestimmt, daher würde aus $\Psi_A(\mathcal{E}_{\alpha_\mathcal{G}}(A)) =$ $= \Psi_B(\mathcal{E}_{\alpha_\mathcal{G}}(B))$ folgen, daß $\Psi_A(\mathcal{E}_{\alpha_\mathcal{G}}(tA)) = \Psi_B(\mathcal{E}_{\alpha_\mathcal{G}}(tB))$, also $\mathcal{E}_{\alpha_{\mathcal{G}_1}}(t(\bar{\bar{\varphi}}(A)) = \mathcal{E}_{\alpha_{\mathcal{G}_1}}(t(\bar{\bar{\varphi}}(B)))$ für alle $t \geq 0$ und daher $\bar{\bar{\varphi}}(A) = \bar{\bar{\varphi}}(B)$.

Da aber $\bar{\bar{\varphi}}: \mathfrak{A} \longrightarrow \mathfrak{A}_1$ ein Isomorphismus ist, folgte daher A = B, im Widerspruch zur Voraussetzung. □

Andererseits gilt jedoch, wie man unmittelbar einsieht:

<u>Hilfssatz 3.4:</u> Seien $\mathcal{G}$, $\mathcal{G}_1$, φ wie in Hilfssatz 3.2 (resp. Satz 2.6) gegeben, weiter erfülle $\mathcal{G}$ folgende Bedingung:

Für alle $A, B \in \mathfrak{A}$, für die $tA \neq t'B$, $0 < t, t' < \infty$, sei

$$\{\mathcal{E}_{\alpha_\mathcal{G}}(tA), t \geq 0\} \cap \{\mathcal{E}_{\alpha_\mathcal{G}}(tB), t \geq 0\} = \{\varepsilon_e\}.$$

(Diese Bedingung ist offensichtlich für alle endlichdimensionalen Vektorräume erfüllt.) Dann gilt: Die Abbildung

$$\Psi: \Omega := \{\mathcal{E}_{\alpha_\mathcal{G}}(tA), t \geq 0, A \in \mathfrak{A}\} = \bigcup\{M(A) : A \in \mathfrak{A}\} \longrightarrow M^1(\mathcal{G}_1),$$

die durch $\Psi(\mathcal{E}_{\alpha_\mathcal{G}}(tA)) := \Psi_A(\mathcal{E}_{\alpha_\mathcal{G}}(tA))$ definiert ist, ist eindeutig bestimmt.

<u>3.5:</u> Die Gestalt der Abbildungen $\bar{\bar{\varphi}}: \mathfrak{A} \longrightarrow \mathfrak{A}_1$ ist zwar einfach, doch ist im allgemeinen eine explizite Angabe der Abbildung Ψ_A (resp. Ψ, wenn die Voraussetzungen des Hilfssatzes 3.4 erfüllt sind) sehr schwierig. Es erscheint daher sinnvoll, sich auf den folgenden Spezialfall zu beschränken:

$\mathcal{G}_1$ sei eine Lie-Gruppe, $\mathcal{G} = \mathfrak{g}$ sei die Lie-Algebra und als Abbildung φ werde die Exponentialabbildung $\varphi = \exp$ gewählt. U,V seien Einheitsumgebungen in $\mathcal{G}_1$ resp. $\mathcal{G}$, so daß die Einschränkung $\exp : V \longrightarrow U$ bijektiv ist.

Da $\mathfrak{g} \cong R^n$ ist, ist die Abbildung $\mathcal{E}_{\mathfrak{g}} : \mathcal{M}(\mathfrak{g}) \longrightarrow M^1(\mathfrak{g})$ durch die (klassische) Lévy-Hinčin-Formel gegeben, $\mathcal{E}_{\mathcal{G}_1} : \mathcal{M}(\mathcal{G}_1) \longrightarrow M^1(\mathcal{G}_1)$ wird durch die Hunt'sche Version der Lévy-Hinčin-Formel beschrieben (s. [40]). Damit gelingt es, unter Verwendung von Satz 2.6 und Hilfssatz 3.4 sämtliche stetigen einparametrigen Halbgruppen in $M^1(\mathcal{G}_1)$ zu beschreiben: Die stetigen Halbgruppen in $M^1(\mathcal{G}_1)$ sind eindeutig bestimmt durch die Kenntnis der stetigen Halbgruppen in $M^1(\mathfrak{g}) \cong M^1(R^n)$ (klassische Lévy-Hinčin-Formel), durch die Abbildung $\Upsilon : \{(\mu_t, t \geq 0)$: stetige Halbgruppe in $M^1(\mathfrak{g})\} = \{$unendlich teilbare Wahrscheinlichkeitsmaße$\} \longrightarrow M^1(\mathcal{G}_1)$ sowie durch die Kenntnis der Poisson-Maße auf $\mathcal{G}_1$.

Zusammenfassend:

<u>Satz 3.6:</u> (<u>Struktur der stetigen Halbgruppen von Wahrscheinlichkeitsmaßen auf Lie-Gruppen</u>)

Sei $\mathcal{G}_1$ eine Lie-Gruppe mit Lie-Algebra $\mathfrak{g}$. Dann gibt es eine Zerlegung $\mathcal{M}(\mathcal{G}_1) = \mathcal{U}_1 \oplus \mathcal{L}_1$ und $\mathcal{M}(\mathfrak{g}) = \mathcal{U} \oplus \mathcal{L}$, so daß nach Satz 2.6

1.) $\mathcal{U} \cap \mathcal{L} = (0)$, $\mathcal{U}_1 \cap \mathcal{L}_1 = (0)$

2.) alle Distributionen aus $\mathcal{L}$ resp. $\mathcal{L}_1$ Poisson-Generatoren sind,

3.) $\bar{\bar{\varphi}} = \overline{\overline{\exp}} : \mathcal{U} \longrightarrow \mathcal{U}_1$ bijektiv ist (i.e. $\mathcal{U} \cong \mathcal{U}_1$), dabei bezeichnet $\bar{\bar{\varphi}}$ die durch $\exp : \mathfrak{g} \longrightarrow \mathcal{G}_1$ induzierte Abbildung $\bar{\bar{\varphi}} = \overline{\overline{\exp}} : \mathcal{M}(\mathfrak{g}) \longrightarrow \mathcal{M}(\mathcal{G}_1)$,

4.) zu jedem $A' \in \mathcal{M}(\mathcal{G}_1)$ ein $A \in \mathcal{M}(\mathfrak{g})$ und ein Poisson-Generator $B' \in \mathcal{L}_1$ existieren, so daß $A' = \bar{\bar{\varphi}}(A) + B'$ und daher
$$\mathcal{E}_{\mathcal{G}_1}(tA') = \lim_{k \to \infty} \left[\mathcal{E}_{\mathcal{G}_1}((t/k)\,\bar{\bar{\varphi}}(A))\,\mathcal{E}_{\mathcal{G}_1}((t/k)B')\right]^k.$$

5.) Schließlich gibt es eine Abbildung Υ, die auf der Menge der unendlich teilbaren Wahrscheinlichkeitsmaße von $\mathfrak{g}$ ($\cong R^n$) definiert ist, $\Upsilon : \{\mathcal{E}_{\mathfrak{g}}(tA);\ t \geq 0, A \in \mathcal{M}(\mathfrak{g})\} \longrightarrow M^1(\mathcal{G}_1)$, so daß

$\Psi(\mathcal{E}_{\mathcal{G}}(tA)) := \mathcal{E}_{G_1}(t\bar{\bar{\varphi}}(A))$. Also gibt es, wie in 4.) zu jedem $A' \in \mathcal{M}(G_1)$ ein $A \in \mathcal{O}\!\mathcal{l}$ und ein $B' \in \mathcal{L}_1$, so daß $\mathcal{E}_{G_1}(tA') =$

$$= \lim_{k \to \infty} [\Psi(\mathcal{E}_{\mathcal{G}}((t/k)A))\mathcal{E}_{G_1}((t/k)B)]^k,$$

anders ausgedrückt:

6.) Zu jeder stetigen Halbgruppe $\{\mu_t\}$ von Wahrscheinlichkeitsmaßen mit $\mu_o = \mathcal{E}_e$ auf der Lie-Gruppe G_1 gibt es eine Halbgruppe von Poisson-Maßen (π_t) auf G_1 und eine Halbgruppe von Wahrscheinlichkeitsmaßen (λ_t) auf der Lie-Algebra $\mathcal{G}$, so daß
$\mu_t = \lim_{k \to \infty} [\Psi(\lambda_{t/k})\pi_{t/k}]^k$.

3.7: Interessant wird der Satz 3.6 vor allem deshalb, weil es im Falle $\varphi = \exp$ gelingt, die Abbildung $\Psi = \Psi^{(\varphi)}$ zu beschreiben. Die Exponentialabbildung φ besitzt nämlich offensichtlich die Eigenschaft, daß die Einschränkung von φ auf jede eindimensionale Untergruppe von $\mathcal{G}$ ein Homomorphismus ist. Sei also $X \in \mathcal{G}$ und sei $\bar{X} = \{tX, t \in R_1\} \cong R_1$ der von X aufgespannte eindimensionale Unterraum, dann läßt sich $\mathcal{M}(\bar{X})$ auf kanonische Weise in $\mathcal{M}(\mathcal{G})$ einbetten und es gilt: Die Einschränkung von Ψ auf die unendlich teilbaren Wahrscheinlichkeitsmaße von $M^1(\mathcal{G})$, die in $\bar{X}$ konzentriert sind, also $\Psi : \{\mathcal{E}_{\mathcal{G}}(tA);\ t \geq 0,\ A \in \mathcal{M}(\bar{X})\} \to M^1(G_1)$ stimmt mit dem durch den Gruppenhomomorphismus $tX \to \exp(tX)$ von $\bar{X} \to G_1$ induzierten Algebrenhomomorphismus $M(\bar{X}) \cong M(R_1) \to M(G_1)$ überein (s. § 2).

Nun seien $X_1,\dots,X_m$ Elemente in $\mathcal{G}$. $\bar{X}_i$ seien die von X_i aufgespannten eindimensionalen Unterräume und es seien A_i erzeugende Distributionen in $\mathcal{M}(\bar{X}_i) \subseteq \mathcal{M}(\mathcal{G})$; schließlich sei $A = A_1 + \dots + A_m \in \mathcal{M}(\mathcal{G})$. Da $\mathcal{G}$ eine Abelsche Gruppe ist, folgt: seien $\sigma_t^{(i)} := \mathcal{E}_{\mathcal{G}}(tA_i)$, $\sigma_t = \mathcal{E}_{\mathcal{G}}(tA)$, dann ist $\sigma_t = \sigma_t^{(1)} \cdots \sigma_t^{(m)}$ und aus der Lie-Trotter-Produktformel folgt

$$\Psi(\sigma_t) = \mathcal{E}_{G_1}(\bar{\bar{\varphi}}(tA)) = \lim_{k \to \infty} [\Psi(\sigma_{t/k}^{(1)}) \cdots \Psi(\sigma_{t/k}^{(m)})]^k.$$

Der Konvergenzsatz liefert sofort:

Sei $A \in \mathcal{M}(\mathcal{G})$ und sei $(A^{(m)})_{m \in \mathbb{N}}$ eine gegen A konvergente Folge in $\mathcal{M}(\mathcal{G})$. Zu jedem $A^{(m)}$ gebe es eine Folge $X_i^{(m)},\dots,X_{k_m}^{(m)}$ in $\mathcal{G}$ sowie $A_i^{(m)} \in \mathcal{M}(\bar{X}_i^{(m)}) \subseteq \mathcal{M}(\mathcal{G})$ mit $A^{(m)} = A_1^{(m)} + \dots + A_{k_m}^{(m)}$.

Dann gilt: $\Psi(\mathcal{E}_{\mathcal{G}}(tA)) = \lim_{m\to\infty} \lim_{j\to\infty} \left[\Psi(\mathcal{E}_{\mathcal{G}}(\frac{t}{j}A_1^{(m)}))\ldots\Psi(\mathcal{E}_{\mathcal{G}}(\frac{t}{j}A_{k_m}^{(m)}))\right]^j.$

Die Abbildung Ψ ist also in diesem Fall durch die Einschränkung auf die eindimensionalen Unterräume bestimmt. Andererseits ist dadurch $\Psi(\mathcal{E}_{\mathcal{G}}(tA))$ für alle $A \in \mathcal{M}(\mathcal{G})$ erklärt, es gilt nämlich:

Sei $A \in \mathcal{M}(\mathcal{G})$, dann kann man eine Basis von $\mathcal{G}$ so wählen, daß A darstellbar ist in der Gestalt: $A = T + \sum_{i=1}^{n} G_i + L$, wobei T eine primitive Form ist, also erzeugende Distribution einer Halbgruppe von Punktmaßen $\{\varepsilon_{tX_T}\}$, G_i erzeugende Distribution einer Halbgruppe von Gaußverteilungen ist, die auf dem von dem Basisvektor X_i aufgespannten Unterraum $\overline{X}_i$ konzentriert sind, und schließlich L erzeugende Distribution einer Halbgruppe ohne Gaußschen Anteil ist. L ist, als erzeugende Distribution, Limes einer Folge von Poisson-Generatoren und daher auch Limes von Linearkombinationen elementarer Poisson-Generatoren (s. z.B. [26]) also, L ist Häufungspunkt von Maßen der Gestalt $\sum_{i=1}^{k_m} \alpha_i \, (\varepsilon_{Y_i} - \varepsilon_0)$.

Dies bedeutet aber gerade, daß jede erzeugende Distribution darstellbar ist als Limes von Summen erzeugender Distributionen, die auf eindimensionalen Unterräumen konzentriert sind. Damit ist aber, wie oben ausgeführt, Ψ bereits bestimmt. Die angegebene Konstruktion läßt sogar eine relativ einfache Berechnung von Ψ zu: Jede erzeugende Distribution ist approximierbar durch Linearkombinationen von
1) primitiven Formen $(T(f) = \lim_{t\to 0} \frac{1}{t}(f(tX) - f(0)))$
2) erzeugenden Distributionen eindimensionaler Gauß-Maße $(G(f) = \lim \frac{1}{t^2}\left[f(tX) + f(-tX) - 2f(0)\right])$ und 3) elementarer Poisson-Generatoren $\alpha(\varepsilon_X - \varepsilon_0)$.

In allen drei Fällen hat $\overline{\overline{\varphi}}(F)$ und damit auch Ψ eine besonders einfache Gestalt; nämlich erste bzw. zweite Ableitung längs der Kurve $t \to \exp(tX)$ resp. $\alpha(\varepsilon_{\exp(X)} - \varepsilon_e)$.

Damit wurde insbesondere gezeigt, daß die Abbildung Ψ allein durch die Exponentialabbildung beschrieben werden kann. Dies wird noch deutlicher, wenn man bedenkt, daß jede, auf einem eindimensionalen Unterraum konzentrierte erzeugende Distribution A als Faltungsprodukt

$A = A_1 A_2$ dargestellt werden kann, wobei A_1 resp. A_2 auf dem positiven resp. negativen Halbraum konzentriert sind. Also lassen sich die von A_1 und A_2 erzeugten Halbgruppen durch Subordination von Punktmaßhalbgruppen gewinnen (s. [52]). Auf Details soll hier nicht näher eingegangen werden.

3.8: Im Satz 3.6 war die Zerlegung $\mathcal{M}\mathcal{D}(\mathcal{G}_1) = \mathfrak{A}_1 \oplus \mathcal{L}_1$ resp. $\mathcal{M}\mathcal{D}(\mathfrak{g}) = \mathfrak{A} \oplus \mathcal{L}$ abhängig von der speziellen Wahl zweier Einheitsumgebungen U, V, für die exp : V $\longrightarrow$ U bijektiv war. Da die Einheit von $\mathcal{G}_1$ stets in U liegt, erhält man: Zu jeder Gaußschen Halbgruppe (μ_t) auf $\mathcal{G}_1$ mit erzeugender Distribution G' + T', G' quadratisch, T' primitiv, gibt es eine eindeutig bestimmte Halbgruppe (ν_t) Gaußscher oder entarteter Maße auf $\mathfrak{g}$ mit erzeugender Distribution G + T, so daß $\Psi(\nu_t) = \mu_t$, $\overline{\overline{\varphi}}(G) = G'$, $\overline{\overline{\varphi}}(T) = T'$.

Die Gaußschen und primitiven Distributionen sind ja gerade dadurch ausgezeichnet, daß ihr Träger aus der Einheit besteht. □

3.9: Seien U,V fest gewählt. Dann ist $\overline{\varphi} = \overline{\overline{\exp}} : \mathfrak{A} \longrightarrow \mathfrak{A}_1$ bijektiv. Es erhebt sich die naheliegende Frage, ob man, etwa durch passende Wahl von U und V erreichen kann, daß auch $\Psi : \{\mathcal{E}_{\mathfrak{g}}(tA), t \geq 0, A \in \mathfrak{A}\} \longrightarrow M^1(\mathcal{G}_1)$ injektiv ist. Dies gilt jedoch schon in einfachsten Fällen nicht mehr:

Sei $\mathfrak{g} = R_1$ und $\mathcal{G}_1 = T$ der eindimensionale Torus. Weiter sei $A = \frac{d^+}{dx}\Big|_{x=0}$ die erzeugende Distribution der Punktmaßhalbgruppe $\{\mathcal{E}_x, x \in R_1^+\}$. Dann ist natürlich $\Psi(\mathcal{E}_0) = \Psi(\mathcal{E}_1)$, andererseits aber ist stets $A \in \mathfrak{A}$. □

Ehe die nun naheliegende Frage untersucht wird, inwieweit ähnliche Sätze über die Struktur der erzeugenden Distributionen für lokalkompakte, nicht Lie'schen Gruppen gewonnen werden können, soll nochmals gesondert der Spezialfall lokalisomorpher Gruppen behandelt werden:

3.10: Es seien also $\mathcal{G}$, $\mathcal{G}_1$ Lie-Gruppen derselben Dimension n, $\mathfrak{g}$, $\mathfrak{g}_1$ seien ihre Lie-Algebren. Da $\mathfrak{g}$ und $\mathfrak{g}_1$ isomorph zu R^n sind, gibt es einen Vektorraumisomorphismus $i : \mathfrak{g} \longrightarrow \mathfrak{g}_1$. Mit $\varphi : \mathfrak{g} \longrightarrow \mathcal{G}$ resp. $\varphi_1 : \mathfrak{g}_1 \longrightarrow \mathcal{G}_1$ werden die Exponentialabbildungen bezeichnet, weiter wählt man Umgebungen U, V, U_1, V_1 in $\mathcal{G}$, $\mathfrak{g}$, $\mathcal{G}_1$, $\mathfrak{g}_1$, so daß $\varphi : V \longrightarrow U$, $\varphi_1 : V_1 \longrightarrow U_1$ bijektiv sind.

Dann erhält man als Korollar zu Satz 3.6:

Es gibt eine Zerlegung $MO(\mathcal{G}) = \mathfrak{A} \oplus \mathfrak{L}$, $MO(\mathcal{G}_1) = \mathfrak{A}_1 \oplus \mathfrak{L}_1$, so daß $\mathfrak{L}$ und $\mathfrak{L}_1$ aus Poisson-Generatoren bestehen, $\mathfrak{A} \cap \mathfrak{L} = (0)$, $\mathfrak{A}_1 \cap \mathfrak{L}_1 = (0)$ und $\mathfrak{A} \cong \mathfrak{A}_1$.

Das folgende Diagramm veranschaulicht die Beziehungen:

$$\begin{array}{ccc}
MO(\mathcal{Y}) \cong \mathfrak{A}' \oplus \mathfrak{L}' & \overset{\bar{\bar{i}}}{\longleftrightarrow} & \mathfrak{A}_1' \oplus \mathfrak{L}_1' \cong MO(\mathcal{Y}_1) \\
\cup\!| & & \cup\!| \\
\mathfrak{A}' & & \mathfrak{A}_1' \\
\updownarrow \bar{\bar{\varphi}} & & \updownarrow \bar{\bar{\varphi}}_1 \\
\mathfrak{A} & \xleftrightarrow{\gamma := \bar{\bar{\varphi}}^{-1} \circ \bar{\bar{i}} \circ \bar{\bar{\varphi}}_1} & \mathfrak{A}_1 \\
|\!\cap & & \cap\!| \\
MO(\mathcal{G}) \cong \mathfrak{A} \oplus \mathfrak{L} & & \mathfrak{A}_1 \oplus \mathfrak{L}_1 \cong MO(\mathcal{G}_1)
\end{array}$$

Natürlich kann man nun wieder versuchen, wie in Satz 3.6 Beziehungen zwischen den unendlich teilbaren Maßen von $\mathcal{G}$ und $\mathcal{G}_1$ herzustellen, jedoch hängen diese Relationen im allgemeinen wieder von der speziellen Einbettung ab.
(Der Fall $\mathcal{G} = \mathcal{Y}$ ist eine interessante Ausnahme!)

<u>3.11:</u> Als letzten Sonderfall betrachte man den Fall einer Überlagerungsgruppe:
Sei $\mathcal{G}$ eine zusammenhängende Lie-Gruppe, $\mathcal{G}_1$ sei eine Überlagerungsgruppe, i.e. es gebe einen diskreten zentralen Normalteiler $N \subseteq \mathcal{Y}_1$, so daß $\mathcal{G}_1/N \cong \mathcal{G}$.
Sei $\pi : \mathcal{G}_1 \to \mathcal{G}$ die kanonische Projektion, $\bar{\pi} : M(\mathcal{G}_1) \to M(\mathcal{G})$, $\bar{\bar{\pi}} : MO(\mathcal{G}_1) \to MO(\mathcal{G})$ seien die von π induzierten Algebra- resp. Kegelhomomorphismen. Die auf den stetigen Halbgruppen in $M^1(\mathcal{G}_1)$ induzierte Abbildung Υ stimmt wieder, da $\bar{\pi}$ ein Homomorphismus ist, mit $\bar{\pi}$ überein.

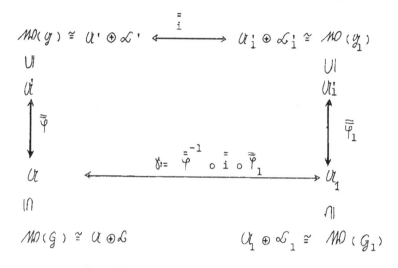

Da aber N diskret ist, gibt es andererseits Einheitsumgebungen U,V in $\mathcal{G}$, $\mathcal{G}_1$, so daß $\pi^{-1} : U \to V$ bijektiv ist. Es gibt also wieder Teilkegel $\mathfrak{A} \subseteq MO(\mathcal{G})$, $\mathfrak{A}_1 \subseteq MO(\mathcal{G}_1)$ von Distributionen, die in U resp. V konzentriert sind, so daß $\mathfrak{A}$ und $\mathfrak{A}_1$ vermöge der von π^{-1} induzierten Abbildung $\bar{\bar{\pi}}^{-1}$ isomorph sind.

Darüber hinaus erhält man: Es gibt einen injektiven Homomorphismus, der wieder mit $\bar{\bar{\pi}}^{-1}$ bezeichnet werde, von $\mathcal{MP}(\mathcal{G}) \to \mathcal{MP}(\mathcal{G}_1)$, so daß $\bar{\bar{\pi}}^{-1}$ auf $\mathfrak{A}$ mit der oben bezeichneten Abbildung übereinstimmt; darüber hinaus ist $\bar{\bar{\pi}}\,\bar{\bar{\pi}}^{-1}$ die Identität auf $\mathcal{MP}(\mathcal{G})$.

[Man wähle nämlich eine Zerlegung von $\mathcal{G}$ in disjunkte meßbare Mengen $\mathcal{G} = \bigcup_{n=0}^{\infty} E_n$, mit $E_0 = U$, so daß für jedes n ein $F_n \subseteq \mathcal{G}_1$ existiert, das vermöge π isomorph zu E_n ist. Eine solche Zerlegung läßt sich finden, da der Kern von π diskret ist. Es ist natürlich $F_0 = V$ zu wählen.

Nun weiß man bereits, daß jedes $F \in \mathcal{MP}(\mathcal{G})$ in der Form $F = A + B$, $A \in \mathfrak{A}$, B Poisson-Generator mit Träger in $(\mathcal{G} \setminus U) \cup \{e\}$, dargestellt werden kann. Da $\bar{\bar{\pi}}^{-1} : \mathfrak{A} \to \mathfrak{A}_1$ ein Isomorphismus ist - und man prüft sofort nach, daß $\bar{\bar{\pi}}\,\bar{\bar{\pi}}^{-1}(A) = A$ für alle $A \in \mathfrak{A}$ - genügt es, die Aussage für Poisson-Generatoren B mit $\mathrm{Tr}\,(B) \subseteq (\mathcal{G} \setminus U) \cup \{e\}$ zu beweisen.

Die Einschränkung von B auf $\mathcal{G} \setminus U$ ist ein beschränktes positives Maß; bezeichnet man mit B_n die Einschränkung von B auf E_n, so erhält man

$B = \sum_{n=0}^{\infty} (B_n - \|B_n\| \varepsilon_e)$. Da $\pi^{-1} : E_n \to F_n$ ein Isomorphismus ist, wird dadurch ein eindeutig bestimmtes, auf F_n konzentriertes Maß C_n definiert, so daß $\bar{\pi} C_n = B_n$ und $\bar{\pi}(C_n - \|C_n\| \varepsilon_e) = B_n - \|B_n\| \varepsilon_e$.

Definiert man nun $B_1 = \bar{\bar{\pi}}^{-1}(B) = \sum_{n=0}^{\infty} (C_n - \|C_n\| \varepsilon_e)$, so folgt offensichtlich die Behauptung.

(Es wurde nirgends verwendet, daß $\mathcal{G}$ zusammenhängend und N zentral ist).]

§ 4 Der Fall lokalkompakter, nicht notwendig Liescher Gruppen

Im folgenden sei stets $\mathcal{G}$ eine lokalkompakte Gruppe und $\mathcal{Y}$ die Lie-Algebra (im Sinne von Lashof [47]), exp : $\mathcal{Y} \longrightarrow \mathcal{G}$ bezeichne wieder die Exponentialabbildung. Da exp im allgemeinen nicht surjektiv ist und $\mathcal{Y}$ nicht lokalkompakt ist, läßt sich der Satz 2.6 nicht unmittelbar anwenden, sondern es muß ein Approximationsargument herangezogen werden:

Es sei $\mathcal{G}_1$ eine offene Lie-projektive Untergruppe in $\mathcal{G}$, i.e. es gibt ein System kompakter Normalteiler $\{N_\alpha\} \subseteq \mathcal{G}_1$, so daß $\bigcap_\alpha N_\alpha = \{e\}$ und $\mathcal{G}_1/N_\alpha$ Lie-Gruppe ist. $\mathcal{Y}_\alpha$ sei die Lie-Algebra von $\mathcal{G}_1/N_\alpha$ und $\mathcal{Y} = \varprojlim \mathcal{Y}_\alpha$. Weiter seien $\pi_\alpha : \mathcal{Y} \longrightarrow \mathcal{Y}_\alpha$, $\pi_{\alpha,\beta} : \mathcal{Y}_\alpha \longrightarrow \mathcal{Y}_\beta$, $\gamma_\alpha : \mathcal{G}_1 \longrightarrow \mathcal{G}_1/N_\alpha =: \mathcal{G}_\alpha$, $\gamma_{\alpha,\beta} : \mathcal{G}_\alpha \longrightarrow \mathcal{G}_\beta$ ($\alpha < \beta \Leftrightarrow N_\alpha \subseteq N_\beta$) die kanonischen Projektionen.

Zunächst ergibt eine Anwendung des Satzes 2.6:

Hilfssatz 4.1: Es gibt eine Zerlegung von $\mathcal{M}\mathcal{D}(\mathcal{G})$ in $\mathcal{M}\mathcal{D}(\mathcal{G}) = \mathcal{M}\mathcal{D}(\mathcal{G}_1) \oplus \mathcal{L}$, so daß alle Distributionen aus $\mathcal{L}$ Poisson-Generatoren mit Träger in $(\mathcal{G} \setminus \mathcal{G}_1) \cup (e)$ sind.

Definition 4.1: Ein Zylindermaß auf $\mathcal{Y}$ ist ein lineares Funktional auf den beschränkten stetigen Funktionen C $(\mathcal{Y})$, das so beschaffen ist, daß jede Projektion auf eine endlichdimensionale Lie-Algebra $\mathcal{Y}_\alpha$ ein beschränktes (reguläres) Maß ist. Analog soll eine erzeugende (Zylinder)-Distribution auf $\mathcal{Y}$ definiert sein: Es sei zunächst $\mathcal{D}_\alpha(\mathcal{Y}) := \{ f \circ \pi_\alpha , f \in \mathcal{D}(\mathcal{Y}_\alpha)\}$ und $\mathcal{D} := \mathcal{D}(\mathcal{Y}) := \bigcup_\alpha \mathcal{D}_\alpha(\mathcal{Y})$. Ein lineares Funktional F auf $\mathcal{D}$ heiße nun erzeugende (Zylinder)-Distribution auf $\mathcal{Y}$ (i.e. $F \in \mathcal{M}\mathcal{D}(\mathcal{Y})$), wenn die Projektionen $\overline{\overline{\pi}}_\alpha(F)$ in $\mathcal{M}\mathcal{D}(\mathcal{Y}_\alpha)$ liegen für jedes α. Dabei ist $\overline{\overline{\pi}}_\alpha(F)$ definiert durch $\overline{\overline{\pi}}_\alpha(F)(f) := F(f \circ \pi_\alpha)$, $f \in \mathcal{D}(\mathcal{Y}_\alpha)$.

Man überlegt sich leicht, daß jede erzeugende Distribution auf $\mathcal{Y}$ eine eindeutig bestimmte Halbgruppe von Zylindermaßen auf $\mathcal{Y}$ bestimmt (dabei werden zwei Zylindermaße als gleich betrachtet, wenn ihre Projektionen auf alle $\mathcal{Y}_\alpha$ übereinstimmen).

Hilfssatz 4.2: Es sei $\varphi := \exp: \mathfrak{g} \longrightarrow \mathcal{G}$, $\varphi_\alpha := \exp_\alpha : \mathfrak{g}_\alpha \longrightarrow \mathcal{G}_\alpha$. Wie in § 3 definiert man nun $\overline{\varphi}$, $\overline{\overline{\varphi}}$, $\overline{\varphi}_\alpha$, $\overline{\overline{\varphi}}_\alpha$ etc., dann sind folgende Diagramme kommutativ:

$$\begin{array}{ccccc}
M(\mathfrak{g}) & \xrightarrow{\overline{\pi}_\alpha} & M(\mathfrak{g}_\alpha) & \xrightarrow{\overline{\pi}_{\alpha,\beta}} & M(\mathfrak{g}_\beta) \\
\overline{\varphi}\downarrow & & \overline{\varphi}_\alpha\downarrow & & \overline{\varphi}_\beta\downarrow \\
M(\mathcal{G}_1) & \xrightarrow{\overline{\gamma}_\alpha} & M(\mathcal{G}_\alpha) & \xrightarrow{\overline{\gamma}_{\alpha\beta}} & M(\mathcal{G}_\beta)
\end{array}$$

$$\begin{array}{ccccc}
\mathcal{MD}(\mathfrak{g}) & \xrightarrow{\overline{\overline{\pi}}_\alpha} & \mathcal{MD}(\mathfrak{g}_\alpha) & \xrightarrow{\overline{\overline{\pi}}_{\alpha,\beta}} & \mathcal{MD}(\mathfrak{g}_\beta) \\
\downarrow & & \downarrow & & \downarrow \\
\mathcal{MD}(\mathcal{G}) \supseteq \mathcal{MD}(\mathcal{G}_1) & \xrightarrow{\overline{\overline{\gamma}}_\alpha} & \mathcal{MD}(\mathcal{G}_\alpha) & \xrightarrow{\overline{\overline{\gamma}}_{\alpha,\beta}} & \mathcal{MD}(\mathcal{G}_\beta)
\end{array}$$

Dabei ist natürlich $\mathcal{MD}(\mathfrak{g})$ der Kegel der erzeugenden (Zylinder) Distributionen auf $\mathfrak{g}$ und $M(\mathfrak{g})$ bezeichnet die Menge der beschränkten Zylindermaße auf $\mathfrak{g}$ und entsprechend sei $M^1(\mathfrak{g})$ definiert.

Wie im Falle der Lie-Gruppen lassen sich auch die Abbildung $\mathcal{E}_{x_\mathfrak{g}} : \mathcal{MD}(\mathfrak{g}) \longrightarrow M^1(\mathfrak{g})$ $(\mathcal{E}_{x_\mathfrak{g}}(A) := \mu_1$, wenn (μ_t) die von A erzeugte Halbgruppe ist) sowie

$\Psi : \{\mathcal{E}_{x_\mathfrak{g}}(A),\ A \in \mathcal{MD}(\mathfrak{g})\} \longrightarrow M^1(\mathcal{G})$ $(\Psi(\mathcal{E}_{x_\mathfrak{g}}(A)) := \mathcal{E}_{x_\mathcal{G}}(\overline{\overline{\varphi}}(A)))$

erklären. Man erhält leicht, daß

$$\Psi\, \mathcal{E}_{x_\mathfrak{g}} = \mathcal{E}_{x_\mathcal{G}}\, \overline{\overline{\varphi}}\ ;\quad \overline{\gamma}_\alpha \Psi = \Psi_\alpha \overline{\pi}_\alpha, \text{ dabei ist } \Psi_\alpha(\mathcal{E}_{x_{\mathfrak{g}_\alpha}}(A)) = \mathcal{E}_{x_{\mathcal{G}_\alpha}}(\overline{\overline{\varphi}}_\alpha(A)).$$

[[Es ist zu beachten, daß die Aussagen für Lie-Gruppen richtig sind, und daß Zylindermaße und erzeugende Distributionen auf $\mathfrak{g}$ bereits durch die Projektionen auf die endlich dimensionalen Lie-Algebren $\mathfrak{g}_\alpha$ bestimmt sind.]]

Mit dieser Bezeichnungsweise erhält man den

Satz 4.3: Es gibt eine Zerlegung $\mathcal{M}(\mathcal{G}) = \mathcal{M}(\mathcal{G}_1) \oplus \mathcal{L}$, so daß alle $B \in \mathcal{L}$ Poisson-Generatoren mit Träger in $(\mathcal{G} \setminus \mathcal{G}_1) \cup (e)$ sind, $\mathcal{M}(\mathcal{G}_1) \cap \mathcal{L} = (0)$, weiter gibt es zu jedem α eine Zerlegung $\mathcal{M}(\mathcal{G}_\alpha) = \mathcal{U}_\alpha \oplus \mathcal{L}_\alpha$, mit $\mathcal{U}_\alpha \cap \mathcal{L}_\alpha = (0)$, so daß wieder alle $B \in \mathcal{L}_\alpha$ Poisson-Generatoren (auf $\mathcal{G}_\alpha$) sind sowie eine analoge Zerlegung $\mathcal{M}(\mathcal{Y}_\alpha) = \mathcal{U}_\alpha' \oplus \mathcal{L}_\alpha'$, so daß $\bar{\bar{\varphi}}_\alpha : \mathcal{U}_\alpha' \to \mathcal{U}_\alpha$ ein Kegelisomorphismus ist.

Es gibt also zu jedem $F \in \mathcal{M}(\mathcal{G})$ ein $B \in \mathcal{L}$ sowie $A_\alpha \in \mathcal{U}_\alpha \subseteq \mathcal{M}(\mathcal{G}_\alpha)$, $A_\alpha' \in \mathcal{U}_\alpha' \subseteq \mathcal{M}(\mathcal{Y}_\alpha)$, $B_\alpha \in \mathcal{L}_\alpha$, so daß $F = \lim_\alpha (A_\alpha + B_\alpha) + B =$
$= \lim_\alpha (\bar{\bar{\varphi}}_\alpha(A') + B_\alpha) + B$.
Dabei heiße $H = \lim_\alpha C_\alpha$ (mit $C_\alpha \in \mathcal{M}(\mathcal{G}_\alpha)$), wenn $H(f) = \lim_\alpha C_\alpha(f \circ \mathcal{T}_\alpha^{-1})$ für alle $f \in \mathcal{D}(\mathcal{G})$.

Der Beweis folgt wieder sofort aus den entsprechenden Sätzen für Lie-Gruppen. ▭
Mit Hilfe der Lie-Trotter-Produktformel ließe sich der Satz wieder für Maßhalbgruppen formulieren.

Spaltet man nun F zunächst auf in F = P + G + L, wobei P primitiv, G Gauß'sch und L ohne Gauß'schen Anteil ist und approximiert L auf obige Weise, so erhält man $F = P + G + \lim_\alpha (\bar{\bar{\varphi}}_\alpha(A') + B_\alpha) + B$.

Die folgenden Überlegungen zeigen, daß P + G stets das Bild einer Gauß'schen (Zylinder-)Distribution auf $\mathcal{Y}$ ist.

Eine Distribution $F \in \mathcal{M}(\mathcal{Y})$ heiße natürlich (symmetrisch) Gauß'sch, primitiv, Gauß'sch, Poisson'sch etc., wenn sämtliche Projektionen auf $\mathcal{Y}_\alpha$ diese Eigenschaften besitzen. Entsprechend definiert man Gauß'sche oder Poisson'sche Halbgruppen von Zylindermaßen.

Es sei nun U_α, V_α ein System von Umgebungen der Einheit in $\mathcal{G}_\alpha$ resp. $\mathcal{Y}_\alpha$, so daß $\exp_\alpha : V_\alpha \to U_\alpha$ bijektiv ist. Mit $\mathcal{T}$ werde der Kegel aller $A \in \mathcal{M}(\mathcal{G})$ bezeichnet, mit $Tr(A) \subseteq \mathcal{G}_1$, $Tr(\bar{\bar{\pi}}_\alpha(A)) \subseteq U_\alpha$ für alle α. Dieser Kegel ist nicht leer, wenn die Zusammenhangskomponente von $\mathcal{G}$ und damit $\mathcal{Y}$ - nicht trivial ist: er enthält natürlich alle Distributionen der Gestalt P + G, P primitiv, G symmetrisch Gauß'sch, also alle Gauß'schen und alle entarteten Distributionen.

Satz 4.4: Sei $A \in \mathcal{T}$, dann gibt es ein $A' \in \mathcal{M}(\mathcal{Y})$ mit $\bar{\bar{\varphi}}(A') = A$. Sei also (μ_t) die von A erzeugte Halbgruppe, dann gibt es eine Halbgruppe (ν_t) von Zylindermaßen mit $\Psi(\nu_t) = \mu_t$.

Beweis: Sei $A\in\mathcal{T}$ und sei $A_\alpha = \overline{\overline{\gamma}}_\alpha(A)$. Dann ist (A_α) ein projektives System, i.e. $\gamma_{\alpha\beta}(A_\alpha) = A_\beta$ für $\alpha\prec\beta$.

Da jedes $\mathcal{G}_\alpha$ Lie-Gruppe ist, gibt es nach Satz 3.6 $B_\alpha\in\mathcal{MD}(\mathcal{Y}_\alpha)$, so daß $\overline{\overline{\varphi}}_\alpha(B_\alpha) = \overline{\overline{\exp}}_\alpha(B_\alpha) = A_\alpha$ für alle α. Man sieht sofort, daß auch (B_α) ein projektives System ist, i.e. $\overline{\overline{\pi}}_{\alpha,\beta}(B_\alpha) = B_\beta$ für alle $\alpha\prec\beta$.

Die erzeugenden Distributionen in $\mathcal{MD}(\mathcal{Y})$ werden aber gerade von projektiven Systemen $(B_\alpha\in\mathcal{MD}(\mathcal{Y}_\alpha))$ beschrieben. Es gibt daher nach Definition eine erzeugende Distribution $B\in\mathcal{MD}(\mathcal{Y})$ mit $\overline{\overline{\pi}}_\alpha(B) = B_\alpha$ für alle α, und es ist $\overline{\overline{\varphi}}(B) = A$.
(Dabei wurde stets der Hilfssatz 4.2 verwendet.) $\square$

Korollar: Sei $A = P + G$ eine Gauß'sche Distribution auf der lokalkompakten Gruppe $\mathcal{G}$, dann gibt es eine Gauß'sche (Zylinder) Distribution $A' = P' + G'$ auf der Lie-Algebra $\mathcal{Y}$, so daß $\overline{\overline{\varphi}}(A') = A$.

Gauß'sche Halbgruppen auf der Gruppe $\mathcal{G}$ sind also stets darstellbar als φ -Bilder Gauß'scher Halbgruppen von Zylindermaßen auf $\mathcal{Y}$.

Wenn $\mathcal{G}$ eine abzählbare Umgebungsbasis besitzt, dann besitzt auch das gerichtete System $\{\alpha : \mathcal{Y} = \lim_\alpha \mathcal{Y}_\alpha\}$ eine abzählbare Basis. Nach dem Satz von Prohorov (s. [4]) ist dann jedes Zylindermaß ein straffes Maß auf $\mathcal{Y}$.

Insbesondere ist dann jedes Gauß'sche Zylindermaß ein Gauß'sches Maß im üblichen Sinne auf dem lokalkonvexen Vektorraum $\mathcal{Y}$.

Weiter sieht man leicht:

Sei A' eine Gauß'sche (Zylinder-) Distribution auf $\mathcal{Y}$, dann ist $\overline{\overline{\varphi}}(A') := A$ eine Gauß'sche Distribution in $\mathcal{MD}(\mathcal{G})$.

[A' ist ja nach Definition genau dann Gauß'sch, wenn alle Projektionen $\overline{\overline{\pi}}_\alpha(A')\in\mathcal{MD}(\mathcal{Y}_\alpha)$ Gauß'sche Distributionen sind. Aus Satz 3.6 folgt aber dann, daß $\overline{\overline{\varphi}}_\alpha\overline{\overline{\pi}}_\alpha(A')\in\mathcal{MD}(\mathcal{G}_\alpha)$ für jedes α eine Gauß'sche Distribution ist. Wegen $\overline{\overline{\varphi}}_\alpha\overline{\overline{\pi}}_\alpha(A') = \overline{\overline{\gamma}}_\alpha\overline{\overline{\varphi}}(A') = \overline{\overline{\gamma}}_\alpha(A)$ folgt aber dann (s. z.B. Siebert [60]), daß A Gauß'sch ist.]

Anhand zweier Beispiele soll gezeigt werden, daß der Satz 4.3 nicht wesentlich verbessert werden kann:

Beispiel 4.1: Sei $\mathcal{G}$ eine lokalkompakte, total unzusammenhängende, nicht Lie-projektive Gruppe. Dann besitzt $\mathcal{G}$ eine offene kompakte (und daher Lie-projektive) Untergruppe $\mathcal{G}_1$. $\{N_\alpha\}$ sei ein Basissystem offener Normalteiler in $\mathcal{G}_1$, also $\bigcap_\alpha N_\alpha = \{e\}$ und G_1/N_α endlich.

Die Lie-Algebra $\mathfrak{g}$ ist trivial, $\mathfrak{g} = (0)$. Dennoch gibt es stetige Halbgruppen in $M^1(\mathcal{G}_1) \subseteq M^1(\mathcal{G})$, die nicht Poisson'sch sind (s. z.B. [28]), also gibt es Distributionen in $\mathcal{M}\mathcal{D}(\mathcal{G}_1)$, die nicht Poisson'sch sind.

Das Beispiel zeigt, daß bei der Formulierung des Satzes 4.3 weder der erste Zerlegungsschritt $\mathcal{M}\mathcal{D}(\mathcal{G}) = \mathcal{M}\mathcal{D}(\mathcal{G}_1) \oplus \mathcal{L}$ noch die Approximation $\mathcal{M}\mathcal{D}(\mathcal{G}_1) = \lim_\alpha \mathcal{M}\mathcal{D}(\mathcal{G}_1/N_\alpha)$, $\mathcal{M}\mathcal{D}(\mathcal{G}_1/N_\alpha) = \mathfrak{A}_\alpha \oplus \mathcal{L}_\alpha$ überflüssig sind.

Beispiel 4.2: Sei $\mathcal{G}$ nun ein Solenoid, etwa die (kompakte, Abelsche) Charaktergruppe der diskreten Gruppe der rationalen Zahlen. Die Lie-Algebra $\mathfrak{g}$ ist eindimensional, also isomorph zu R_1. Jede Lie'sche Faktorgruppe von $\mathcal{G}$ ist isomorph zur eindimensionalen Torusgruppe T (oder trivial).

Sei nun $A \in \mathcal{M}\mathcal{D}(\mathcal{G})$, dann ist, in dem vorher vereinbarten Sinn, $A = \lim_\alpha \overline{\overline{\gamma}}_\alpha(A)$, wobei $\overline{\overline{\gamma}}_\alpha(A) \in \mathcal{M}\mathcal{D}(T)$. Sei π die kanonische Projektion von der Überlagerungsgruppe $\pi: R_1 \longrightarrow T$. Dann gibt es $B_\alpha \in \mathcal{M}\mathcal{D}(R_1)$ mit $\overline{\overline{\pi}}(B_\alpha) = \overline{\overline{\gamma}}_\alpha(A)$.

Man erhält also: A ist Limes von eindimensionalen erzeugenden Distributionen (i.e. die erzeugte Halbgruppe ist auf einer eindimensionalen Untergruppe konzentriert), A selbst braucht aber keineswegs eindimensional zu sein. Allerdings sind natürlich sämtliche Gauß'sche Distributionen eindimensional.

Zum Abschluß sei auf eine Querverbindung hingewiesen: Für eine spezielle Klasse lokalkompakter Abel'scher Gruppen wurden Gauß-Verteilungen mittels einer Verallgemeinerung des Satzes von Bernstein definiert (s. L. Corwin [11]); für Wahrscheinlichkeitsmaße wurden dieselben Resultate unabhängig von A. Rukhin [54] erhalten). Diese Definition stimmt für "Corwinsche Gruppen" mit den üblichen Definitionen der Gauß-Verteilungen überein (s. Heyer, Rall [33]). In [11] wurde gezeigt, daß Gauß-Verteilungen ohne idempotente Faktoren auf kompakten "Corwin'schen" Gruppen durch "Matrizenmaße", also Bildern endlichdimensionaler Gauß-Verteilungen approximiert werden können. Genauer: Es gibt ein System kompakter Untergruppen $\{N_\alpha\}$ in $\mathcal{G}$ und endlichdimensionale Räume R^{n_α} sowie Abbildungen $\varphi_\alpha : R^{n_\alpha} \longrightarrow \mathcal{G}/N_\alpha$. Zu gegebenem Gauß-Maß ν auf $\mathcal{G}$ gibt es Gauß-Maße ν_α auf R^{n_α}, so daß

$\bar{\varphi}_\alpha(y_\alpha) \longrightarrow \nu$. **Der Beweis von [11] lehrt, daß dieses Resultat in unmittelbarem Zusammenhang mit dem Korollar zu Satz 4.4 zu sehen ist.**

Genauer: In [11] Teil II § 4 beschreibt L. Corwin eine Klasse (verallgemeinerter, komplexwertiger) Gaußmaße auf Abelschen kompakten Corwin'schen Gruppen (für die $x \longrightarrow x^2$ bijektiv ist) auf folgende Weise:
Sei $\Gamma := \mathcal{G}^\wedge$ die Charaktergruppe von $\mathcal{G}$, dann muß Γ torsionsfrei und durch 2 (eindeutig) teilbar sein. Sei $\Gamma = \bigcup_\alpha \Gamma_\alpha$ dargestellt als Vereinigung von (diskreten) torsionsfreien, durch 2 teilbaren Gruppen von endlichem Rang n_α. Sei $K_\alpha = \Gamma_\alpha^\perp$ der Annihilator, dann ist K_α kompakt, $\mathcal{G} = \varprojlim_\alpha \mathcal{G}/K_\alpha$, also sind die Maße auf $\mathcal{G}$ darstellbar als Limiten von Maßen auf Gruppen $\mathcal{G}/K_\alpha$ mit einer Charaktergruppe Γ_α von endlichem Rang n_α.

Aus den Voraussetzungen folgt, daß Γ_α dicht in R^{n_α} eingebettet werden kann, daher kann man R^{n_α} stetig homomorph, injektiv in $\mathcal{G}/K_\alpha$ einbetten und R^{n_α} ist die Lie-Algebra von $\mathcal{G}/K_\alpha$. Insgesamt ist $\varprojlim_\alpha R^{n_\alpha}$ die Lie-Algebra von $\mathcal{G}$. Die von L. Corwin betrachteten Gaußmaße sind nur - bei festem α - als stetige Bilder von (verallgemeinerten) Gaußmaßen auf (der Lie-Algebra) R^{n_α} darstellbar.

§ 5 Ergänzende Bemerkungen

Bisher konnten wir nur wenig über die Eigenschaften der Abbildung $\mathcal{MD}(\mathcal{G}) \ni A \longrightarrow \mathcal{E}x(A) \in M^1(\mathcal{G})$ aussagen, insbesondere lassen sich aus der Gestalt der erzeugenden Distributionen nur wenige Eigenschaften der Maße ablesen. Insbesondere hätte man gerne Beziehungen zwischen der Gestalt von A und dem Träger von $\mathcal{E}x(tA)$. Für Gaußhalbgruppen sind Bedingungen bekannt, unter denen $Tr(\mu_t) = \mathcal{G}$, s.E.Siebert [61], D.Wehn [67], für Poissonmaße weiß man, daß der Träger der Maße mit der vom Exponenten erzeugten Halbgruppe übereinstimmt, genauer :

Sei $\nu \in M^1(\mathcal{G})$, $\nu(\{e\}) = 0$, $\alpha > 0$, sei $\mu := \exp(\alpha(\nu - \varepsilon_e))$, dann ist $Tr(\mu) = \{e\} \cup [\bigcup_{n\geq 1} (Tr(\nu)^n]^-$.

Analoge Aussagen gelten für Halbgruppen ohne Gaußschen Anteil, die symmetrisch sind oder deren Lévy-Maß eine gewisse Regularitätsbedingung erfüllt. Man definiert

Definition 5.1 L_o sei die Klasse der erzeugenden Distributionen, die sich in der Form $A(f) = \int_{\mathcal{G}\setminus\{e\}} (f(x) - f(e))d\eta(x)$, $f \in \mathcal{D}(\mathcal{G})$, darstellen lassen. Dies ist genau dann der Fall, wenn der Gaußanteil G verschwindet und wenn $\int \Gamma f(x) d\eta(x)$ existiert und gleich $-P(f)$ ist. (Dabei wird stets eine Lévy-Abbildung festgehalten.)

Satz 5.1 Sei $(\mu_t, t \geq 0, \mu_o = \varepsilon_e)$ eine stetige Faltungshalbgruppe mit erzeugender Distribution $A \in L_o$ und es sei $e \in Tr(\mu_t)$ für alle $t > 0$. Dann gilt : $Tr(\mu_t) = \{e\} \cup \bigcup_{n\geq 1} (Tr(\eta)^n)^- =: \langle Tr(\eta) \rangle$.

Beweis : 1. Es ist $\langle Tr(\eta) \rangle \subseteq \bigcap_{t\geq 0} Tr(\mu_t)$

⟦ Sicher ist $Tr(\mu_t) \subseteq Tr(\mu_t)\, Tr(\mu_{s-t}) \subseteq Tr(\mu_s)$ für $s > t$. da $e \in Tr(\mu_s)$ vorausgesetzt wurde. Daher ist insbesondere

$Tr(\frac{1}{t}\mu_t) \subseteq Tr(\mu_s)$ für $t \leq s$ und da $\frac{1}{t}\mu_t \longrightarrow \eta$ in der vagen Topologie auf $\mathcal{G}\setminus\{e\}$ folgt $Tr(\eta) \subseteq Tr(\mu_s)$ für alle $s > 0$.

Dann ist auch für alle $k \in \mathbb{N}$ und alle $s > 0$ $Tr(\eta) \subset Tr(\mu_{s/k})$ und somit $Tr(\eta)^k \subseteq Tr(\mu_{s/k})^k \subseteq Tr(\mu_s)$ für alle $k \in \mathbb{N}, s > 0$.
Das liefert aber $\langle Tr(\eta) \rangle \subseteq Tr(\mu_s)$ für alle $s > 0$. ⟧

2. Sei V eine offene Umgebung der Einheit, dann definiert man $\eta_V := \eta|_{\mathcal{G}\setminus V}$, $A_V(f) := \int_{V\setminus\{e\}} (f(x) - f(e))d\eta(x)$, $B_V(f) :=$
$= \int_{\mathcal{G}\setminus V} (f(x) - f(e))d\eta(x) = \int_{\mathcal{G}\setminus\{e\}} (f(x) - f(e))d\eta_V(x)$.

Dann ist B_V Poissonsch, $A = A_V + B_V$ und aus der speziellen Gestalt von A folgt mit Hilfe des Konvergenzsatzes $B_V \longrightarrow A$ und $\mathcal{E}x(tB_V) \xrightarrow[V\downarrow\{e\}]{} \mathcal{E}x(tA) = \mu_t$ für alle $t > 0$.

Sei nun $f \in C_c^+(\mathcal{G})$, $Tr(f) \subseteq \mathcal{G} \setminus \langle Tr(\eta) \rangle$, dann ist $B_V^n(f) = 0, n \in \mathbb{N}$, daher $\mathcal{E}x(tB_V)(f) = \exp(tB_V)(f) = 0$ und daher auch $\mu_t(f) = 0$ für alle $t > 0$. Das bedeutet aber gerade, daß $Tr(\mu_t) \subseteq \langle Tr(\eta) \rangle$. □

Die Klasse L_0 enthält natürlich alle Poissonverteilungen, weiter wurde in [29] gezeigt: Sei $(\mu_t, t \geq 0, \mu_0 = \varepsilon_e)$ eine stetige Halbgruppe sei $(F_s, s > 0, F_0 = \varepsilon_0)$ eine Subordinationshalbgruppe in $(0, \infty)$ mit erzeugender Distribution (= Subordinator) $f \longrightarrow \int_{(0,\infty)} (f(x)-f(e))dN$ - also ohne primitiven Anteil - dann gehört die erzeugende Distribution der untergeordneten Halbgruppe ($\nu_t := \int \mu_s dF_t(s)$) zur Klasse L_0.

[[Setzt man nämlich $\eta(f) := \int_{(0,\infty)} \int_{\mathcal{G}} f(x) d\mu_s(x) dN(s)$, dann hat die erzeugende Distribution von (ν_t) die Gestalt

$$f \longrightarrow \int_{(0,\infty)} (\mu_s - \varepsilon_e)(f) dN(s) = \int_{\mathcal{G} \setminus \{e\}} (f(x) - f(e)) d\eta(x).]]$$

Subordinationen werden im Zusammenhang mit Mischungen in II. behandelt.

Analog zeigt man, daß die Aussage des Satzes 5.1 gilt, wenn die erzeugende Distribution von (μ_t) zwar nicht zu L_0 gehört, wenn aber dafür die Maße μ_t symmetrisch sind (und damit die erzeugende Distribution symmetrisch ist):

<u>Satz 5.2</u> Sei $(\mu_t, t \geq 0, \mu_0 = \varepsilon_e)$ eine Faltungshalbgruppe ohne Gaußschen Anteil G, sodaß $\mu_t = \tilde{\mu}_t$ für alle $t \geq 0$. Dann ist $Tr(\mu_t) = \langle Tr(\eta) \rangle$

Beweis: Aus $\mu_t = \tilde{\mu}_t$ folgt bekanntlich, daß $e \in Tr(\mu_t)$ - es ist ja $\mu_t = \mu_{t/2} \tilde{\mu}_{t/2}$ - daher gilt wie im Beweis des Satzes 5.1 <u>1.</u>, daß $\langle Tr(\eta) \rangle \subseteq Tr(\mu_t)$ für alle $t > 0$.

<u>2. Hilfsüberlegung</u> : Sei $(\mu_t, t \geq 0, \mu_0 = \varepsilon_e)$ eine stetige Halbgruppe symmetrischer Maße, dann ist die erzeugende Distribution darstellbar in der Form $A(f) = P(f) + G(f) + \int_{\mathcal{G} \setminus \{e\}} (f(x) - f(e) - \Gamma f(x)) d\eta(x) =$

$$= G(f) + \int_{\mathcal{G} \setminus \{e\}} (\tfrac{1}{2}(f+f^*)(x) - f(e)) d\eta(x).$$

[[Aus $A(f) = A(f^*)$ folgt $A(f) = P(f) + G(f) + \int_{\mathcal{G} \setminus \{e\}} (f(x) - f(e) - \Gamma f(x)) d\eta$

$= A(f^*) = -P(f) + G(f) + \int_{\mathcal{G} \setminus \{e\}} (f^*(x) - f(e) + \Gamma f(x)) d\eta$, daher

$A(f) = G(f) + \int (\tfrac{1}{2}(f+f^*)(x) - f(e)) d\eta(x)$.]]

Nun wiederholt man den Beweis des Satzes 5.1, <u>2.</u> :

Seien V, A_V, B_V, η_V wie vorhin definiert, dann ist, wenn man V symmetrisch wählt und wenn man bedenkt, daß nach Voraussetzung $G = 0$ ist,

$A_V(f) = \int_{V \setminus \{e\}} (\tfrac{1}{2}(f + f^*)(x) - f(e)) d\eta(x)$, $B_V(f) = \int_{\mathcal{G} \setminus \{e\}} (f(x) - f(e)) d\eta_V(x)$

(Aus $A = \tilde{A}$ folgt ja $\eta = \tilde{\eta}$ und somit $\eta_V = \tilde{\eta}_V$).

Wegen $\mathcal{E}x(tB_V) \longrightarrow \mathcal{E}x(tA) = \mu_t$ schließt man wieder, daß $Tr(\mu_t) \subseteq$

$\leq \langle \mathrm{Tr}(\eta) \rangle$ für alle $t > 0$. □

Abschließend beschäftigen wir uns mit dem Problem der Bestimmung des Gaußschen Anteils einer erzeugenden Distribution. Dies liefert insbesondere ein Kriterium für das Fehlen des Gaußschen Anteils. Dies ist deshalb von Interesse, da zwar einerseits bekannt ist, daß der Gaußanteil einer erzeugenden Distribution eindeutig bestimmt ist, auf der anderen Seite aber kein einfaches Kriterium für das Verschwinden dieses Gaußschen Anteils bekannt ist, wenn die erzeugende Distribution nicht in kanonischer Form dargestellt ist. Zunächst ein Hilfssatz :

Hilfssatz 5.1 Sei P primitiv, G Gaußsch. Dann gilt

a) Für alle $f \in \mathcal{D}(\mathcal{G})$, $n \in \mathbb{N}$: $P(f^n) = nP(f)\, f(e)^{n-1}$.

b) Für alle $f = f^* \in \mathcal{D}(\mathcal{G})$ ist $G(f^n) = G(f)\left[(n-2)f(e)^{n-1} + 2f(e)^{n-2}\right]$ $(n \geq 2)$

Der Beweis folgt sofort durch Induktion aus den Relationen

$$P(f^2) = P(f.f) = 2P(f)\, f(e) ,$$
$$P(f^{n+1}) = P(f^n.f) = P(f^n).f(e) + f(e)^n P(f)$$
$$G(f^2) = (1/2)2\left[G(f)f(e) + f(e)G(f)\right] = 2G(f)\, f(e)$$
$$G(f^{n+1}) = G(f^n)f(e) + f(e)^n\, G(f)$$

Daraus erhält man :

Satz 5.3 Sei $A \in \mathcal{M}(\mathcal{G})$, $A(f) = P(f) + G(f) + \int_{\mathcal{G}\setminus\{e\}} (f(x)-f(e)-\Gamma f(x))d\eta$

Dann gilt : Für alle $f \in \mathcal{D}(\mathcal{G})$, $f = f^*$, $0 \leq f \leq \mathbb{1}$, $f(e) = 1$ ist

$G(f) = \lim_{n\to\infty} \frac{1}{n} A(f^n)$.

Beweis : Nach Hilfssatz 5.1 b) ist $G(f) = G(\frac{1}{n} f^n)$, weiter ist f so gewählt, daß die primitiven Terme verschwinden, also $P(f) = \Gamma f(x) = 0$. Ebenso $P(f^n) = \Gamma f^n(x) = 0$.

Daher genügt es, wegen $A(\frac{1}{n} f^n) = G(f) + \int \frac{1}{n}(f^n(x) - f(e)^n)\, d\eta(x)$,

zu zeigen, daß der Integralausdruck gegen 0 konvergiert .

Es ist aber $\mathbb{1} - f^n = (\mathbb{1}-f)(\mathbb{1} + f + f^2 \ldots + f^{n-1}) \leq (\mathbb{1}-f).n$, somit $\frac{1}{n}(\mathbb{1}-f^n) \leq \mathbb{1} - f$ für alle $n \in \mathbb{N}$. Es existiert also eine η-integrierbare Majorante, überdies ist natürlich $\frac{1}{n}(\mathbb{1}-f^n) = \frac{1}{n}(f(e)-f^n) \to 0$ daher folgt aus dem Satz von Lebesgue über dominierte Konvergenz, daß $\int \frac{1}{n}(f^n(x) - f(e)^n)d\eta(x) \longrightarrow 0$. □

Da andererseits, wie man sofort sieht, eine Gaußsche Distribution G genau dann verschwindet, wenn $G(f) = 0$ für alle $f = f^* \in \mathcal{D}(\mathcal{G})$, mit $0 \leq f \leq \mathbb{1}$, $f(e) = 1$, erhält man das triviale

Korollar Sei A eine erzeugende Distribution. Dann ist A genau dann ohne Gaußschen Anteil, wenn für alle $f \in \mathcal{D}(\mathcal{G})$, $0 \leq f \leq 1$, $f = f^*$, und $f(e) = 1$ gilt $A(\frac{1}{n} f^n) \xrightarrow[n \to \infty]{} 0$.

Entsprechend beweist man den

Satz 5.4 a) Sei $A \in \mathcal{MO}(\mathcal{G})$, sei $f \in \mathcal{D}_+(\mathcal{G})$, $f = f^*$, $f(e) = 0$, dann ist für jedes $n \in \mathbb{N}$ $\sin(nf) \in \mathcal{D}(\mathcal{G})$ und für den Gaußschen Anteil G von A gilt: $G(f) = \lim_{n \to \infty} A(\frac{1}{n} \sin(nf))$.

b) Ist das Lévy-Maß η so beschaffen, daß $\int \Gamma f \, d\eta$ existiert für alle $f \in \mathcal{D}(\mathcal{G})$, dann ist A darstellbar in der Form

$A(f) = P(f) + G(f) + \int (f - f(e)) d\eta$, P primitiv, G Gaußsch,

und es ist $P(f) = \lim A(\frac{1}{n} \sin(nf))$ für alle $f \in \mathcal{D}(\mathcal{G})$ mit $f = -f^*, |f| \leq 1$.

Beweis: Man entwickelt für $g \in \mathcal{D}(\mathcal{G})$ $\sin(g)$ in eine Potenzreihe und erhält, indem man zu geeigneten Lie-Faktorgruppen übergeht, für primitive Distributionen P und quadratische Distributionen G :

Falls $g = g^* \geq 0$, so ist wegen $\sin(g) = g - g^3/3! + \ldots$

$G(\sin(g)) = G(g) - G(g^3)/3! + \ldots = G(g)$ und $P(\sin(g)) = 0$.

Falls $g = -g^*$, so erhält man $G(g) = 0$ und $P(g) = P(\sin(g))$.

a) Sei nun $f = f^*$, $f(e) = 0$, sei A in kanonischer Gestalt dargestellt mit primitiver Distribution P, Gaußscher Distribution G und Lévy-Maß η, so ist $G(\frac{1}{n}\sin(nf)) = G(f)$, $P(\frac{1}{n}\sin(nf)) = 0$, $\Gamma(\frac{1}{n}\sin(nf))(x) \equiv 0$

und man erhält daher wie im Beweis des Satzes 5.3 $A(\frac{1}{n} \sin(nf)) \longrightarrow G(f)$. Ganz analog wird b) bewiesen. □

Literaturhinweise: Ein mit Satz 5.3 verwandtes Resultat wurde von Ch. Berg [On the support of measures in a symmetric convolution semigroup. Math.Z. 148, 141-146 (1976)] , Proposition 2 gezeigt: Sei $\mathcal{G}$ Abelsch, (μ_t) eine Faltungshalbgruppe symmetrischer Maße mit erzeugender Distribution F. Q sei der quadratische Anteil, $\hat{F}$, $\hat{Q}$ die Fouriertransformierten, dann erhält man für $\gamma \in \mathcal{G}^\wedge$ den quadratischen Anteil durch

$$\hat{Q}(\gamma) = \lim_{n \to \infty} \frac{1}{n^2} \hat{F}(n\gamma)$$

In der selben Arbeit (Theorem 4) zeigt der Verfasser ein Analogon zu Satz 5.2 (für Abelsche Gruppen). Ähnliche Sätze wurden von J. Yuan und T.Ch. Liang [on the supports and absolute continuity of infinitely divisible probability measures. Semigroup Forum 12, 34-44 (1976)] angegeben.

§ 6 Anwendung von Störungsreihen

In O.§ 2 wurde gezeigt, daß neben der Darstellung von $\mathcal{E}x(t(A+B))$ in Form von Produktformeln eine Darstellung in Form einer normkonvergenten Reihe (= Störungsreihe) möglich ist, wenn B ein Poissongenerator ist.

$$\mathcal{E}x(t(A+B)) = \sum_{k \geqslant 0} v_k(t;A,B) \quad \text{mit} \quad v_o(t;A,B) := \mathcal{E}x(tA), \ldots$$

$$v_{k+1}(t;A,B) := \int_o^t \mathcal{E}x(rA) B v_k(t-r) dr \; .$$

Wenn $B = c(\mathcal{V} - \mathcal{E}_e), c > 0, \mathcal{V} \in M^1(\mathcal{G})$, dann prüft man sofort nach, daß auch die folgende äquivalente Entwicklung gilt :

$$\mathcal{E}x(t(A+B)) = e^{-c} \sum_{k \geqslant 0} u_k(t;A,B) \quad \text{mit} \quad u_o(t;A,B) = \mathcal{E}x(tA), \ldots$$

$$u_{k+1}(t;A,B) = c \int_o^t \mathcal{E}x(rA) \mathcal{V} \, u_k(t-r;A,B) \, dr \; .$$

Die zweite Darstellung hat den Vorteil, daß sämtliche Glieder der Reihe beschränkte, nicht negative Maße sind.

Das Ziel des §6 ist es, zu zeigen, daß diese Darstellung es uns ermöglicht, Aussagen, die für $\mathcal{E}x(tA)$ gelten, auf $\mathcal{E}x(t(A+B))$ zu übertragen. Die Anwendungsmöglichkeiten liegen auf der Hand: In den § 1-5 wurden die Zusammenhänge zwischen Gruppen und den darauf definierten erzeugenden Distributionen untersucht, indem mit Hilfe des Zerlegungssatzes Poissonterme abgespalten wurden. Jede erzeugende Distribution kann also z.B. aufgefaßt werden als Summe einer in der Nähe der Einheit konzentrierten erzeugenden Distribution und einer " Störung durch einen Poissongenerator." Für alle solchen Distributionen und für einige weitere etwas speziellere Zerlegungen sind die folgenden Überlegungen von Interesse.

Es folgt ein Hilfssatz über Operatorhalbgruppen, der es ermöglicht, nachzuweisen, daß, kurz gesagt, die Eigenschaften " μ_t ist diffus ", " μ_t ist totalstetig ", " $Tr(\mu_t) = \mathcal{G}$ " bei Störungen durch Poissongeneratoren erhalten bleiben.

A $\mathcal{B}$ sei ein Banachverband , A,B seien Generatoren von C_o-Kontraktionshalbgruppen, B sei beschränkt und $(T_t),(S_t)$, (R_t) seien die von A,B, A+B erzeugten Halbgruppen.

$\mathcal{L}(\mathcal{B})$ sei die Algebra der (reellen) beschränkten Operatoren auf $\mathcal{B}$, $\mathcal{M}_o, \mathcal{M}$ seien normabgeschlossene Teilalgebren $\subseteq \mathcal{L}(\mathcal{B})$, sodaß $\mathcal{M}_o$ ein zweiseitiges Ideal in $\mathcal{M}$ ist. Weiter seien $\mathcal{M}_o^+$ und $\mathcal{M}^+$ die positiven Kegel und es wird vorausgesetzt, daß $\mathcal{M}_o = \mathcal{M}_o^+ - \mathcal{M}_o^+$ und $\mathcal{M} = \mathcal{M}^+ - \mathcal{M}^+$.

Weiter sei (i) $B = c(C-I)$, $c > 0$, $C \in \mathcal{M}^+$ und

(ii) für alle in der starken Operatorentopologie stetigen Abbildungen $r \in [0,\infty) \longrightarrow D(r) \in \mathcal{M}_o^+$ sei $\int_o^t D(r)dr \in \mathcal{M}_o^+$.(Das Integral ist dabei als Integral bezüglich der starken Operatorentopologie zu verstehen.)

Satz 6.1 Unter den obigen Voraussetzungen gilt : Falls $T_t \in \mathcal{M}_o^+$ für alle $t > 0$, dann ist auch $R_t \in \mathcal{M}_o^+$ für alle $t > 0$.

Beweis : Man entwickelt R_t in eine Störungsreihe und erhält, wegen $B = c(C-I)$, die Gestalt

$$R_t = e^{-ct} \sum_{k \geq 0} U_k(t;A,B) \text{ mit } U_o(t;A,B) = T_t, \ldots$$

$$U_{k+1}(t;A,B) = c\int_0^t T_r C\, U_k(t-r;A,B)\, dr$$

Die Abbildung $t \longrightarrow T_t$ ist stetig in der starken Operatorentopologie, ebenso ist für jedes $k \geq 0$ die Abbildung $t \longrightarrow U_k(t)$ stetig in der starken Operatorentopologie, wie man sofort durch Induktion zeigt. Daraus folgt insbesondere, daß $r \longrightarrow T_r\, C\, U_k(t-r;A,B)$ stetig ist.

Wenn nun, wie vorausgesetzt, $U_o(t;A,B) = T_t \in \mathcal{M}_o^+$, dann folgt aus (ii) durch vollständige Induktion, daß $U_k(.) \in \mathcal{M}_o^+$. (Dabei ist bloß zu beachten, daß $\mathcal{M}_o$ ein Ideal in $\mathcal{M}$ ist und somit mit $U_k(.) \in \mathcal{M}_o^+$ stets auch $T_r C U_k(t-r,A,B) \in \mathcal{M}_o^+$.)

Aus der Normabgeschlossenheit von $\mathcal{M}_o$ und der Normkonvergenz von $\sum U_k$ folgt, daß $R_t \in \mathcal{M}_o$. □

Im Verlauf des §6 wird dieser Satz nun angewandt auf Maßalgebren (genauer, auf die zugehörigen Algebren der Faltungsoperatoren) für die die Voraussetzungen zutreffen.

B. Diffuse Maße.

Hilfssatz 6.1 $t \longrightarrow a(t)$ sei eine stetige Abbildung von $[0,\infty)$ in $M^+(\mathcal{G})$, sodaß für $t > 0$ alle $a(t)$ diffus (= atomfrei)sind. Es sei $\lambda = \int_0^t a(r)\, dr$ (zu verstehen als schwaches Integral.)Dann ist auch λ diffus für jedes $t > 0$.

Beweis : Sei $x \in \mathcal{G}$, $\{f_\alpha\}$ sei ein Netz in $C^+(\mathcal{G})$, sodaß $f_\alpha \downarrow 1_{\{x\}}$. Dann konvergiert nach Voraussetzung $a(r)(f_\alpha) \searrow 0$ für alle $r > 0$. Wegen der monotonen Konvergenz folgt : $\lambda(f_\alpha) = \int_0^t a(r)(f_\alpha)dr \longrightarrow 0$. Also ist auch λ diffus. □

$M_c(\mathcal{G})$ sei die Menge der beschränkten diffusen Maße, dann ist $M_c(\mathcal{G})$ eine normabgeschlossene Teilalgebra und sogar ein Ideal in $M(\mathcal{G})$.

Nun setzt man $\mathcal{M} := \{ R\mu, \mu \in M(\mathcal{G}) \}$, $\mathcal{M}_o := \{ R\mu, \mu \in M_c(\mathcal{G}) \}$.

Nach Hilfssatz 6.1 ist die Eigenschaft (ii) erfüllt. Weiter sei B ein Poissongenerator, $B = c\,(\nu - \varepsilon_e)$, dann erfüllt offensichtlich der zugehörige Faltungsoperator die Eigenschaft (i). Wenn man noch bedenkt, daß unter obigen Voraussetzungen die schwache Topologie der Maße und die starke Operatorentopologie der Faltungsoperatoren übereinstimmen (s.o.§ 4), dann erhält man als unmittelbare Folgerung des Satzes 6.1 den

Satz 6.2 Sei ($\mu_t := \mathcal{E}(tA)$, $t \geq 0$) eine stetige Halbgruppe von Wahrscheinlichkeitsmaßen, sodaß für $t > 0$ jedes Maß μ_t diffus ist. B sei ein beliebiger Poissongenerator, dann ist jedes Maß der Halbgruppe ($\nu_t = \mathcal{E}(t(A+B))$,$t \geq 0$) diffus für $t > 0$.

Korollar 1 Sei ($\mu_t = \mathcal{E}(tA), t \geq 0$) eine stetige Halbgruppe, sodaß $\mu_t \tilde{\mu_t} = \tilde{\mu_t} \mu_t$ für alle $t \geq 0$ (i.e. die Maße sind normal).Es sei entweder der Gaußanteil von A nicht Null oder das Lévy-Maß von A sei nicht beschränkt. B sei ein beliebiger Poissongenerator, dann sind alle Maße der Halbgruppe $\mathcal{E}(t(A+B))$ diffus für $t > 0$.

Beweis : Es ist nach Satz 6.2 bloß nachzuweisen, daß alle μ_t diffus sind für $t > 0$: Dies gilt aber unter den angegebenen Voraussetzungen, wie in [30] gezeigt wurde. □

Daraus folgt als Spezialfall das

Korollar 2 Sei ($\mu_t = \mathcal{E}(tA)$) eine stetige Halbgruppe ohne Gaußschen Anteil. Das Lévy-Maß η sei so beschaffen, daß es eine Zerlegung gibt in $\eta = \eta_1 + \eta_2$, wobei $\eta_1 = \tilde{\eta_1}$ und wobei η_2 beschränkt ist (beide Maße seien nicht negativ und daher wieder Lévy-Maße), und es gelte für alle $f \in \mathcal{D}(\mathcal{G})$: $A(f) = \int_{\mathcal{G}\setminus\{e\}} (\frac{1}{2}(f + f^*)(x) - f(e))d\eta_1 + \int_{\mathcal{G}\setminus\{e\}} (f(x) - f(e))d\eta_2$.

Wenn η_1 nicht beschränkt ist, dann sind alle Maße $\mathcal{E}(tA)$ diffus für $t > 0$.

[[Seien die erzeugenden Distributionen A_1 und B definiert durch $A_1(f) = \int (\frac{1}{2}(f+f^*)(x) - f(e))d\eta_1$, $B(f) = \int (f(x) - f(e))d\eta_2$, dann ist $A_1 = \tilde{A_1}$, B ist Poissonsch und $A = A_1 + B$. Damit folgt die Aussage aus Korollar 1.]]

C. Totalstetige Maße

Hilfssatz 6.2 Sei $r \longrightarrow a(r)$ eine schwach stetige Abbildung von $[0, \infty)$ in $M^+(\mathcal{G})$, es seien alle $a(r)$ totalstetig bezüglich des linken Haarschen Maßes. Dann ist für jedes $t > 0$ auch $\lambda := \int_0^t a(r)dr$ totalstetig.

Beweis : 1. Sei f eine reelle beschränkte, von unten halbstetige Funktion auf $\mathcal{G}$, dann ist die Abbildung $[0, \infty) \ni r \longrightarrow a(r)(f)$ von unten halbstetig und beschränkt und daher lokal integrierbar.

[[Sei $\{g_\alpha\}$ ein Netz in $C(\mathcal{G})$, sodaß $g_\alpha \nearrow f$, dann ist zunächst $r \longrightarrow a(r)(g_\alpha)$ stetig für alle α , weiter ist $a(r)(g_\alpha) \nearrow a(r)(f)$, daraus folgt die Behauptung.

2. Sei N eine Nullmenge bezüglich des Haarschen Maßes, weiter sei $\{f_\alpha\}$ ein Netz beschränkter, von unten halbstetiger Funktionen $f_\alpha \downarrow 1_N$.

Dann ist $a(r)(f_\alpha) \searrow 0$ nach Voraussetzung für alle $r > 0$. Aus dem Satz von Dini über monotone Konvergenz folgt daher

$$\lambda(f_\alpha) = \int_0^t a(r)(f_\alpha)dr \longrightarrow 0, \text{ also } \lambda(N) = 0. \quad]$$

Die Algebra der totalstetigen Maße bildet ein normabgeschlossenes zweiseitiges Ideal in $M(\mathcal{G})$. Wir bezeichnen die totalstetigen Maße etwa mit $M_t(\mathcal{G})$. Nun setzt man wieder $\mathcal{U} := \{R_\mu, \mu \in M(\mathcal{G})\}$, $\mathcal{U}_0 := \{R_\mu, \mu \in M_t(\mathcal{G})\}$. Dann ist nach Hilfssatz 6.2 die Voraussetzung (ii) erfüllt.

Man erhält wie vorhin aus Satz 6.1 unmittelbar den

<u>Satz 6.3</u> Sei $(\mu_t = \mathcal{E}x(tA))$ eine stetige Halbgruppe in $M^1(\mathcal{G})$, sodaß alle μ_t totalstetig bezüglich des linken Haarmaßes sind, $t > 0$. Es sei B ein Poissongenerator, dann sind für $t > 0$ alle Maße $\mathcal{E}x(t(A+B)) \in M_t(\mathcal{G})$. Eine entsprechende Aussage gilt, wenn man das linke Haarmaß durch das rechte ersetzt.

<u>Korollar</u> $\mathcal{G}$ sei eine zusammenhängende Lie-Gruppe der Dimension d, $X_1, \ldots \ldots X_d$ sei eine Basis der Lie-Algebra von $\mathcal{G}$, $(a_1, \ldots a_d)$ sei ein reeller Vektor, (a_{ij}) eine reelle, strikt positiv definite Matrix, und es sei eine Gaußsche erzeugende Distribution A definiert durch

$$f \in \mathcal{D}(\mathcal{G}) \longrightarrow A(f) := \sum a_i X_i f(e) + \sum a_{ij} X_i X_j f(e) \quad .$$

B sei ein Poissongenerator, dann sind alle Maße der Halbgruppe $\mathcal{E}x(t(A+B))$ totalstetig für $t > 0$.

[[Nach Siebert [61],1.Satz 1 sind die Maße $\mathcal{E}x(tA)$ totalstetig für $t > 0$]]

<u>D.Träger stetig einbettbarer Maße.</u>

Wir beschäftigen uns nun wieder wie in §5 mit dem Träger der Maße $\mu_t = \mathcal{E}x(tA)$. E.Siebert [61] und D.Wehn [67] gaben Bedingungen an, unter denen der Träger eines Gaußmaßes mit der ganzen Gruppe übereinstimmt, andererseits wurde in §5 gezeigt, daß für symmetrische A ohne Gaußanteil der Träger von μ_t mit der vom Lévy-Maß erzeugten Halbgruppe übereinstimmt und somit unabhängig von $t > 0$ ist. Es wird nun gezeigt, daß diese Aussagen bei Störungen durch Poissongeneratoren richtig bleiben.

<u>Satz 6.4</u> $L \subseteq \mathcal{G}$ sei eine abgeschlossene Halbgruppe mit $e \in L$. Es sei $(\mu_t = \mathcal{E}x(tA))$ eine stetige Halbgruppe mit der Eigenschaft, daß $Tr(\mu_t) = L$ für alle $t > 0$. Sei $B = \alpha(\nu - \varepsilon_e)$ ein Poissongenerator mit $\alpha > 0$, $L\, Tr(\nu)\, L = L$. Dann ist $Tr(\mathcal{E}x(t(A+B))) = L$ für alle $t > 0$.

Beweis : Wiederum entwickelt man $\mathcal{E}x(t(A+B))$ in eine Störungsreihe

$$\mathcal{E}x(t(A+B)) = e^{-t\alpha} \sum_{k \geq 0} v_k(t)$$

wobei $v_0(t) = \mathcal{E}x(tA)$, $Tr(v_0(t)) = L$ für $t > 0$,

$$v_{k+1}(t) = \alpha \int_0^t \mathcal{E}_x(rA) \nu \; v_k(t-r)\, dr.$$

Durch Induktion beweist man, daß $Tr(v_k(t)) = L$ für $t > 0$, $k \geq 0$. Daher ist $Tr(\sum v_k(t)) = Tr(\mathcal{E}_x(t(A+B))) = L$ für alle $t > 0$. □

Korollar 1 $\mathcal{G}$ sei eine zusammenhängende lokalkompakte Gruppe, A sei ein striktes Gaußsches Funktional im Sinne von Siebert [61] , B sei ein Poissongenerator, dann ist $Tr(\mathcal{E}_x(t(A+B))) = \mathcal{G}$ für alle $t > 0$.

[Unter den angegebenen Voraussetzungen ist nach [61] $Tr(\mathcal{E}_x(tA)) = \mathcal{G}$ für alle $t > 0$, mit $L := \mathcal{G}$ sind daher die Voraussetzungen des Satzes 6.4 erfüllt.]

Korollar 2 Sei ($\mu_t = \mathcal{E}_x(tA)$) eine stetige symmetrische Faltungshalbgruppe ohne Gaußschen Anteil mit Lévy-Maß η. $B = \alpha(\nu - \varepsilon_e)$ sei ein Poissongenerator mit $Tr(\nu) \subseteq \langle Tr(\eta) \rangle$.

Dann ist $Tr(\mathcal{E}_x(t(A+B))) = \langle Tr(\eta) \rangle$ für alle $t > 0$.

[Man wendet Satz 5.2 an, erhält $Tr(\mathcal{E}_x(tA)) = \langle Tr(\eta) \rangle =: L$ und wendet abermals Satz 6.4 an.]

Korollar 3 Der Beweis des Satzes 6.4 erlaubt es, unter der Voraussetzung daß der Träger $Tr(\mathcal{E}_x(tA)) =: L$ unabhängig von $t > 0$ ist, die Träger der Maße der gestörten Halbgruppe $\mathcal{E}_x(t(A+B))$ zu bestimmen: Sei $B = \alpha(\nu - \varepsilon_e)$ dann ist für $t > 0$ $Tr(\mathcal{E}_x(t(A+B)) = (\bigcup_{k \geq 0} (L(Tr(\nu)\; L)^k\,^-)^-$.

[Man betrachtet wieder die Reihenentwicklung $\mathcal{E}_x(t(A+B)) = \sum_{k \geq 0} v_k(t) e^{-t\alpha}$

Dann ist $v_0(t) = \mathcal{E}_x(tA)$, daher $Tr(v_0(t)) = L$, weiter

$Tr(v_1(t)) = Tr(\int_0^t \mathcal{E}_x(rA) \nu \mathcal{E}_x((t-r)A)\, dr) = (L \; Tr(\nu)\; L)^-$ und

analog beweist man durch Induktion, daß

$$Tr(v_{k+1}(t)) = Tr(\int_0^t \mathcal{E}_x(rA)\; \nu \; v_k(t-r)\, dr) = (L\, Tr(\nu) L (Tr(\nu)L)^{k-}$$
$$= L\, (Tr(\nu)L)^{k+1\, -} \; . \;]\; □$$

II: Mischungen erzeugender Distributionen und Zufallsentwicklungen

Der zweite Teil der Arbeit beschäftigt sich mit Mischungen erzeugender Distributionen resp. Generatoren von Faltungshalbgruppen. Obwohl nahezu sämtliche Aussagen auf Halbgruppen komplexer Maße übertragen werden können, werden nur Halbgruppen von Wahrscheinlichkeitsmaßen betrachtet: In Teil IV wird gezeigt, daß die Betrachtung komplexer Maße nichts wesentlich Neues bringt, andererseits scheint es in Hinblick auf Anwendungen sinnvoll, sich wie in Teil I auf Halbgruppen von Wahrscheinlichkeitsmaßen resp. auf Mischungen von Distributionen aus $\mathcal{M}(\mathcal{G})$ zu beschränken.

In § 1 werden Mischungen erzeugender Distributionen eingeführt; dazu benötigt man einige Hilfssätze, die die verschiedenen schwachen Topologien in $\mathcal{M}(\mathcal{G})$ vergleichen. Wichtig ist insbesondere der Hilfssatz 1.3, der Bedingungen angibt, unter denen eine Folge von Mischungen konvergiert.

In § 2 werden Beispiele von Mischungen betrachtet: Distributionen, die unter einer kompakten Gruppe von Automorphismen invariant sind, Subordinationen von Faltungshalbgruppen und die Lévy-Hinčin-Hunt-Formel lassen sich als Mischungen erzeugender Distributionen erklären.

In § 3 werden Mischungen spezieller erzeugender Distributionen betrachtet: Es wird gezeigt, daß Mischungen von Gauß'schen Distributionen stets wieder Gauß'sche Distributionen ergeben. Eine ähnliche Aussage erhält man unter geeigneten Zusatzvoraussetzungen auch für Poisson-Generatoren.

In § 4 werden nun die Halbgruppen betrachtet, die durch Mischung der Generatoren entstehen: Gestützt auf ein Resultat von T. Kurtz [45] kann man zeigen, daß die entstehenden Halbgruppen durch Zufallsentwicklungen dargestellt werden können. Es zeigt sich, daß der in diesem Zusammenhang zunächst künstlich anmutende Satz von Kurtz [45] im Falle der Mischung von erzeugenden Distributionen natürliche Anwendungen findet.

§ 1 Mischungen erzeugender Distributionen

Definition 1.1: Seien $\mathcal{G}$, $\mathcal{D} = \mathcal{D}(\mathcal{G})$, $\mathcal{M} = \mathcal{M}(\mathcal{G})$ wie in Teil I definiert. Weiter sei $(\Omega, \mathcal{T}, P)$ ein Wahrscheinlichkeitsraum, $\Omega \ni \omega \longrightarrow F_\omega \in \mathcal{M}(\mathcal{G})$ sei eine schwach meßbare Abbildung, d.h. für alle $f \in \mathcal{D}(\mathcal{G})$ sei $\omega \longrightarrow F_\omega$ (f) meßbar. Weiter sei $F \in \mathcal{M}(\mathcal{G})$ und für alle $f \in \mathcal{D}(\mathcal{G})$ sei $F(f) = \int_\Omega F_\omega(f)\, dP(\omega)$. Dann heißt F Mischung der $\{F_\omega\}$, P heißt Mischungsmaß. F ist also das schwache Integral

$F = \int_\Omega F_\omega \; dP(\omega)$.

Im folgenden werden Ω und $\mathcal{T}$ ein lokalkompakter Hausdorff-Raum und die σ-Algebra der Borelmengen auf Ω sein. In § 3 wird zusätzlich vorausgesetzt, daß Ω das zweite Abzählbarkeitsaxiom erfüllt.

Gelegentlich wird eine etwas allgemeinere Form der Mischung betrachtet: P ist dann ein positives Radonmaß auf Ω und es wird vorausgesetzt, daß alle auftretenden Integrale sinnvoll sind. Wenn Ω σ-kompakt ist, dann sind die beiden Mischungsbegriffe äquivalent: Es gibt dann ein Wahrscheinlichkeitsmaß Q auf Ω, so daß $P \ll Q$. Sei $\psi := dP/dQ$ die Radon-Nikodym-Derivierte, dann ist $F = \int_\Omega F_\omega \; dP(\omega) = \int_\Omega G_\omega \; dQ(\omega)$ mit $G_\omega = \psi(\omega)\, F_\omega$.

Sei nun $\mathbb{E}(\mathcal{G}) \subseteq \mathcal{E}(\mathcal{G})$ der von $\mathcal{D}(\mathcal{G})$ und den Konstanten aufgespannte lineare Raum. Alle Distributionen aus $\mathcal{M}(\mathcal{G})$ seien wieder (wie in I) in natürlicher Weise auf $\mathbb{E}(\mathcal{G})$ fortgesetzt. Ein Netz $\{F_\alpha\} \subseteq \mathcal{M}(\mathcal{G})$ konvergiert gegen F in $\sigma(\mathcal{D})$ resp. $\sigma(\mathbb{E})$, wenn $F_\alpha(f) \longrightarrow F(f)$ für alle $f \in \mathcal{D}(\mathcal{G})$ resp. $f \in \mathbb{E}(\mathcal{G})$ konvergiert. Dann gilt der

Hilfssatz 1.1: Sei $(\Omega, \mathcal{T}, P)$ ein Wahrscheinlichkeitsraum, es sei $\omega \longrightarrow F_\omega \in \mathcal{M}(\mathcal{G})$ eine Abbildung, so daß $\omega \longrightarrow F_\omega(f)$ meßbar ist für alle $f \in \mathbb{E}(\mathcal{G})$ und so daß $c(f) := \sup_\omega |F_\omega(f)| < \infty$ für alle $f \in \mathbb{E}(\mathcal{G})$.
Dann existiert für alle $f \in \mathbb{E}(\mathcal{G})$ das Integral

$$F(f) := \int_\Omega F_\omega(f)\, dP(\omega)$$

und das so definierte Funktional liegt in $\mathcal{M}(\mathcal{G})$, F ist also die P-Mischung der Familie $\{F_\omega\}$.

<u>Beweis:</u> Sei für jedes ω η_ω das Lévy-Maß von F_ω (s. I. §2), weiter wähle man eine kompakte Einheitsumgebung $U \subset \mathcal{G}$. Dann kann man mittels des Zerlegungssatzes (s. I, Satz 2.2) F_ω darstellen in der Form

$F_\omega = F_\omega^{(1)} + F_\omega^{(2)}$ mit $\mathrm{Tr}\,(F_\omega^{(1)}) \subseteq U^-$ für alle ω und $F_\omega^{(2)} = c_\omega \; (\lambda_\omega - \varepsilon_e)$.

Dabei ist $\lambda_\omega := (\int_{\mathcal{G}\setminus U} d\eta_\omega)^{-1} \cdot \eta_\omega \big|_{\mathcal{G}\setminus U} \in M^1(\mathcal{G})$ und $c_\omega := \int_{\mathcal{G}\setminus U} d\eta_\omega$.

Aus den Voraussetzungen folgt nun sofort, daß $\sup_\omega c_\omega \leq \mathrm{const}(U) < \infty$ und daß $\omega \longrightarrow c_\omega\,(\lambda_\omega - \varepsilon_e)\,(f)$ meßbar und beschränkt ist für alle $f \in C(\mathcal{G})$.

Für alle $f \in C(\mathcal{G})$ existiert daher das Integral

$$F^{(2)}\,(f) := \int_\Omega c_\omega \; (\lambda_\omega - \varepsilon_e)\,(f)\; dP\,(\omega),$$ $F^{(2)}$ ist ein

Poisson-Generator, dessen Träger in $(\mathcal{G}\setminus U) \cup \{e\}$ liegt.

Es genügt daher zu zeigen, daß auch $F^{(1)} := \int F_\omega^{(1)}\, dP\,(\omega)$ existiert und in $\mathcal{MD}\,(\mathcal{G})$ liegt.

Nun ist zunächst für alle $f \in \mathbb{E}\,(\mathcal{G})$ das Integral $F^{(1)}\,(f) :=$ $:= \int_\Omega F_\omega^{(1)}\,(f)\; dP\,(\omega)$ definiert und natürlich ist das Funktional $F^{(1)}$ fast positiv. Es ist also zu zeigen, daß die Normierungsbedingung von Siebert, s. I.2.1 (ii), erfüllt ist: Sei also $u \in \mathcal{D}_+^r(\mathcal{G})$, $u \equiv 1$ in U und $1 \geq u \geq 0$, weiter sei $H_u := \{f \in \mathcal{D}_+^r(\mathcal{G}) \;:\; 1 \geq f \geq u\}$. Dann ist für jedes ω

$$\sup\{F_\omega^{(1)}(f);\; f \in H_u\} = 0, \text{ da } F_\omega^{(1)} \in \mathcal{MD}(\mathcal{G}).$$

Da aber $\mathrm{Tr}(F_\omega^{(1)}) \subseteq U^-$ folgt daraus, daß $F_\omega^{(1)}(f) = 0$ für alle $f \in H_u$ und daher ist auch $F^{(1)}(f) = 0$ für $f \in H_u$, also $F^{(1)} \in \mathcal{MD}(\mathcal{G})$. □

<u>Hilfssatz 1.2:</u> a) Sei $F \in \mathcal{MD}(\mathcal{G})$ mit Lévy-Maß η. Weiter sei $u \in \mathcal{D}_+^r(\mathcal{G})$ $u \equiv 1$ in einer Einheitsumgebung und $0 \leq u \leq 1$. Dann ist $-F(u) = \eta(\mathbb{1}-u)$.

b) Sei $\{F_\alpha\}$ ein Netz in $\mathcal{MD}(\mathcal{G})$, weiter sei $F \in \mathcal{MD}(\mathcal{G})$. Es konvergieren $F_\alpha \longrightarrow F$ in $\mathcal{C}'(\mathcal{D})$. Dann konvergiert $F_\alpha\,(f) \longrightarrow F(f)$ für jedes $f \in C(\mathcal{G})$, das sich in einer Umgebung der Einheit wie eine Funktion aus $\mathcal{D}\,(\mathcal{G})$ verhält.

Seien η, η_α die Lévy-Maße von F, F_α, dann gilt für jede Umgebung U der Einheit: Die Einschränkungen $\eta_\alpha\big|_{\mathcal{G}\setminus U}$ konvergieren schwach gegen $\eta\big|_{\mathcal{G}\setminus U}$.

Beweis: Es sei $F(\mathbb{1})$ definiert wie vereinbart, also
$F(\mathbb{1}) = F(u) + \eta(\mathbb{1} - u)$.
Sei wieder H_u wie im Beweis des Hilfssatzes 1.1 gegeben, dann ist

$$F(\mathbb{1}) = \sup\{F(f) : f \in H_u\} = F(u) + \eta(\mathbb{1}-u) = 0, \text{ also } F(u) = -\eta(\mathbb{1}-u).$$

b) η, η_α seien die Lévy-Maße von F, F_α. Nach a) ist $F(u) = \eta(u-\mathbb{1})$, $F_\alpha(u) = \eta_\alpha(u-\mathbb{1})$. Aus $F_\alpha(u) \longrightarrow F(u)$ folgt dann $\eta_\alpha(\mathbb{1}-u) \longrightarrow \eta(\mathbb{1}-u)$. Da die Lévy-Maße nicht negativ sind und da $\mathbb{1}$-u nicht negativ und außerhalb Tr(u) identisch 1 ist, folgt $\eta_\alpha|_{G\setminus U} \longrightarrow \eta|_{G\setminus U}$ in der schwachen Topologie. Daraus folgen sofort die übrigen Behauptungen. □

Der folgende Hilfssatz gibt nun einige Bedingungen an, unter denen Mischungsintegrale existieren; weiter werden Folgen von Mischungen betrachtet:

Hilfssatz 1.3: Ω sei ein lokalkompakter Hausdorff-Raum, $\mathfrak{T}$ sei die σ-Algebra der Borelmengen auf Ω. P sei ein reguläres Wahrscheinlichkeitsmaß auf $(\Omega, \mathfrak{T})$. Weiter sei $\Omega \ni \omega \longrightarrow F_\omega \in \mathcal{MD}(G)$ eine Abbildung, so daß eine der folgenden Bedingungen gilt:

(i) Für alle $f \in \mathcal{D}$ ist $\omega \longrightarrow F_\omega(f)$ in $C(\Omega)$.

(ii) Für alle $f \in \mathbb{E}(G)$ ist $\omega \longrightarrow F_\omega(f)$ in $C(\Omega)$.

(iii) Für alle $f \in \mathcal{D}$ ist $\omega \longrightarrow F_\omega(f)$ in $C_0(\Omega)$.

(iv) Für alle $f \in \mathbb{E}(G)$ ist $\omega \longrightarrow F_\omega(f)$ in $C_0(\Omega)$.

Dann gilt: Jede der Bedingungen (ii), (iii), (iv) impliziert (i).

a) Aus (i) folgt, daß die Mischung $F = \int_\Omega F_\omega \, dP(\omega)$ existiert und in $\mathcal{MD}(G)$ liegt.

b) Sei $\{P_\alpha\}$ ein Netz in $M^1(\Omega)$, das schwach gegen $P \in M^1(\Omega)$ konvergiert.
Es seien $F_\alpha := \int_\Omega F_\omega \, dP_\alpha(\omega)$. Dann konvergieren $F_\alpha \longrightarrow F := \int_\Omega F_\omega \, dP(\omega)$ in $\sigma(\mathcal{D})$. Wenn außerdem (ii) erfüllt ist, dann konvergieren $F_\alpha \longrightarrow F$ in $\sigma(\mathbb{E})$.

c) Es ist (i) $\Longleftrightarrow$ (ii) und (iii) $\Longleftrightarrow$ (iv).

d) Es seien P_α, P, F_α, F wie in b) gegeben, und es sei (i) erfüllt.
Wenn entweder (d.1) $\{F_\omega, \omega \in \Omega\}$ gleichmäßig straff ist
oder (d.2) die Bedingung (iii) erfüllt ist
oder (d.3) $\{P_\alpha\}$ gleichmäßig straff ist,

dann ist $\{F_\alpha\}$ gleichmäßig straff.

e) Seien P_α, P, F_α, F wie in b), F_α, F in $\mathcal{MD}(\mathcal{G})$ und es gelte (ii). Dann konvergieren die Faltungsoperatoren $(R_{F_\alpha} - R_F)\, f \longrightarrow 0$ für alle $f \in \mathcal{D}(\mathcal{G})$.

Beweis: Wie in Hilfssatz 1.1 folgt die Existenz des Integrales $F = \int_\Omega F_\omega \, dP(\omega)$ und es ist $F \in \mathcal{MD}(\mathcal{G})$: Zunächst ist F sicher fast positiv.

Angenommen es wäre für jedes $u \in \mathcal{D}^r_+$, das in einer Umgebung U der Einheit $\equiv 1$ ist, $c(u) := \sup\{F(f)\ ;\ f_\omega \in H_u\} < 0$, dann wähle man eine kompakte Menge $K \subseteq \Omega$, so daß

$$P(\Omega \setminus K) < \mathcal{E}_0 := -c(u)\,\tfrac{1}{3}\,(\sup_\omega |F_\omega(u)|)^{-1}.$$

Zu jedem $\omega \in \Omega$ wähle man ein $f_\omega \in H_u$, so daß $F_\omega(f_\omega) > c(u)/2$.

Dann gibt es zu jedem $\omega_0 \in \Omega$ eine Umgebung $V(\omega_0)$, so daß $F_\omega(f_{\omega_0}) > c(u)/2$ für $\omega \in V(\omega_0)$. Da K kompakt ist, läßt sich K durch endlich viele solcher Umgebungen überdecken: $K \subset \bigcup_{i=1}^{n} V(\omega_i)$.

Es sei $f_0 \in H_u$, $f_0 \geqslant f_{\omega_i}$, $1 \leqslant i \leqslant n$. Dann ist für jedes $\omega \in V(\omega_i)$: $F_\omega(f_0) \geqslant F_\omega(f_{\omega_i}) > c(u)/2$. Daher ist auch

$$\int_K F_\omega(f_0)\,dP(\omega) \geqslant (c(u)/2)P(K) \geqslant (1-\mathcal{E}_0)c(u)/2 \geqslant c(u)/2.$$

Andererseits aber ist $\int_{\Omega\setminus K} F_\omega(f_0)\, dP(\omega) \geqslant \int_{\Omega\setminus K} F_\omega(u)\, dP(\omega) \geqslant$

$$\geqslant \mathcal{E}_0 \cdot (-\sup |F_\omega(u)|\ ;\ \omega \in \Omega) = \tfrac{1}{3}\, c(u).$$

Insgesamt erhält man also, daß $\int_\Omega F_\omega(f_0)\, dP(\omega) > (\frac{1}{2} + \frac{1}{3})\, c(u) > c(u)$ im Widerspruch zur Annahme.

Damit ist gezeigt, daß die Normierungsbedingung I.2.1 erfüllt ist, i.e. $F \in \mathcal{MD}(\mathcal{G})$.

b) ist offensichtlich.

c) Die Äquivalenz (i) $\Longleftrightarrow$ (ii) folgt aus Hilfssatz 1.2. Offensichtlich folgt (iii) aus (iv). Es ist also nur (iii) $\Longrightarrow$ (iv) nachzuweisen. Sei daher (iii) erfüllt. Dann ist zu zeigen: Wenn $F_\omega(f) \underset{\omega\to\infty}{\longrightarrow} 0$ für alle $f \in \mathcal{D}(\mathcal{G})$, dann konvergiert auch $F_\omega(f) \longrightarrow 0$ für alle $f \in \mathbb{E}(\mathcal{G})$.

Faßt man aber $\{F_\omega,\ \omega \longrightarrow \infty\}$ als Netz in $\mathcal{MD}(\mathcal{G})$ auf, dann konvergiert

$F_\omega \to 0$ in $\mathcal{E}(\mathcal{D})$, nach Hilfssatz 1.2 folgt daher
$F_\omega(f) \to 0(f) = 0$ für alle $f \in \mathbb{E}(\mathcal{G})$.

d) Sei d.1) erfüllt, sei $\varepsilon > 0$ und sei $K \subseteq \mathcal{G}$ kompakt, so daß $\eta_\omega(\mathcal{G} \setminus K) < \varepsilon$ für alle ω (- η_ω bezeichne wieder das Lévy-Maß von F_ω -). Nun sei $f \in \mathcal{D}^r_+$, $0 \leq f \leq 1$, $\mathrm{Tr}(f) \subseteq \mathcal{G} \setminus K$. Dann ist wegen $\eta_\omega(f) = F_\omega(f)$ auch

$$\int_\Omega F_\omega(f)\, dQ(\omega) < \varepsilon \text{ für jedes } Q \in M^1(\Omega).$$

(Dabei wurde die topologische Struktur von Ω nicht verwendet!)

d.2) Sei (iii) (<=> (iv)) erfüllt. U sei eine relativkompakte Einheitsumgebung, $u \in \mathcal{D}^r_+(\mathcal{G})$, $0 \leq u \leq 1$, $u \equiv 1$ in U. Dann ist nach Voraussetzung $\omega \to F_\omega(1-u) := \eta_\omega(1-u) \in C_0(\Omega)$. Sei wieder $\varepsilon > 0$, dann wähle man ein kompaktes $\Omega_1 \subseteq \Omega$, so daß $\eta_\omega(1-u) = F_\omega(1-u) < \varepsilon$ für alle $\omega \in \Omega \setminus \Omega_1$.

Da alle $\eta_\omega \geq 0$ sind, folgt daher: $F_\omega(1-f) < \varepsilon$, $\omega \in \Omega \setminus \Omega_1$, $f \in H_u$.

Wie im Beweis von a) konstruiere man nun ein $f_0 \in H_u$, so daß $F_\omega(f_0) \geq -\varepsilon/2$ für alle $\omega \in \Omega_1$. Daraus folgt aber, daß $\eta_\omega(\mathcal{G} \setminus \mathrm{Tr}(f_0)) \leq F_\omega(1-f_0) \leq \varepsilon/2$ für alle $\omega \in \Omega_1$. Dies bedeutet aber gerade, daß $\{F_\omega, \omega \in \Omega_1\}$ gleichmäßig straff ist.

Daher ist schließlich $\int_\Omega F_\omega(1-f_0)\, dQ(\omega) = \left(\int_{\Omega \setminus \Omega_1} + \int_{\Omega_1}\right)(1-f_0)\,dQ(\omega)$

$$\leq \varepsilon \int_{\Omega \setminus \Omega_1} dQ(\omega) + \varepsilon/2 \text{ für alle } Q \in M^1(\Omega).$$

d.3) Sei nun $\{P_\alpha\}$ gleichmäßig straff, dann gibt es zu jedem $\varepsilon > 0$ ein kompaktes $\Omega_1 \subset \Omega$, so daß $P_\alpha(\Omega \setminus \Omega_1) \leq \varepsilon_0$. Wie im Beweis von d.2 zeigt man, daß $\{F_\omega : \omega \in \Omega_1\}$ gleichmäßig straff ist. Es gibt also ein $f_0 \in \mathcal{D}^r_+(\mathcal{G})$, $0 \leq f_0 \leq 1$, das in einer Einheitsumgebung U identisch 1 ist, so daß $|F_\omega(1-f_0)| < \varepsilon_0$ für alle $\omega \in \Omega_1$. Daher ist $|F_\alpha(1-f_0)| =$

$$= \left| \left(\int_{\Omega \setminus \Omega_1} + \int_{\Omega_1}\right) F_\omega(1-f_0)\, dP_\alpha(\omega) \right| \leq \varepsilon_0 \left(\sup_\omega |F_\omega(1-f_0)| + \int_{\Omega_1} dP_\alpha(\omega) \right).$$

Dieser Ausdruck wird beliebig klein, unabhängig von α.

e) folgt aus dem Konvergenzsatz (s. I, Satz 2.3, da $\mathcal{E}(\mathbb{E}) = \mathcal{E}(\mathcal{E})$) und aus b). □

<u>Korollar:</u> Sei $\Omega \ni \omega \to F_\omega \in \mathcal{MD}(\mathcal{G})$ eine Abbildung, die (i) erfüllt, es sei $P \in M^1(\Omega)$ ein Wahrscheinlichkeitsmaß und $\{P_\alpha\}$ sei ein Netz von Wahrscheinlichkeitsmaßen mit endlichen Trägern ($P_\alpha = \sum_{i=1}^{n_\alpha} a_i^\alpha \varepsilon_{\omega_i^\alpha}$), das schwach gegen P konvergiert. Dann konvergiert

$$F_\alpha := \int_\Omega F_\omega \, dP_\alpha(\omega) = \sum_i a_i^\alpha F_{\omega_i^\alpha} \longrightarrow F := \int_\Omega F_\omega \, dP(\omega) \text{ in } \mathcal{G}(\mathbb{E}).$$

$\{F_\alpha\}$ **ist gleichmäßig straff, wenn** $\{P_\alpha\}$ **gleichmäßig straff ist und es konvergiert** $R_{F_\alpha} f \longrightarrow R_F f$ **für alle** $f \in \mathcal{D}(\mathcal{G})$.

<u>Anwendung:</u> Seien die Voraussetzungen des Korollars erfüllt - in dem folgenden § 2 geben wir eine Reihe von Beispielen, in denen dies offenbar der Fall ist - dann liefert der Konvergenzsatz unmittelbar

$$R_{F_\alpha} \leadsto R_F, \text{ daher } \mathcal{E}x(t\, F_\alpha) \longrightarrow (t\, F).$$

Eine Anwendung der Lie-Trotter-Produktformel liefert überdies:

$$\lim_\alpha \lim_{N \to \infty} \left[\prod_{i=1}^{n_\alpha} \mathcal{E}x\left(\frac{t\, a_i^\alpha}{N} F_{\omega_i^\alpha}\right) \right]^N = \mathcal{E}x(t\, F).$$

Also ist $\mathcal{E}x(t\, F)$ approximierbar durch Faltungsprodukte elementarer Poissonmaße, falls die F_ω elementare Poissongeneratoren der Gestalt $F_\omega = C(\omega)(\varepsilon_{x(\omega)} - \varepsilon_e)$ sind. Diese spezielle Approximation durch Faltungsprodukte elementarer Poissonmaße wird in [26, 28] behandelt, s. auch H. Heyer [35]. Wir gehen in II § 4, 4.4 nochmals darauf ein.

§ 2 Beispiele

2.1: Sei $\mathcal{G}$ eine lokalkompakte Gruppe, $A(\mathcal{G})$ sei die Gruppe der Automorphismen von $\mathcal{G}$. Ehe die Topologie von $A(\mathcal{G})$ festgelegt wird, benötigt man den

Hilfssatz 2.1.1: Für alle Funktionen f auf $\mathcal{G}$ sei τf für $\tau \in A(\mathcal{G})$ definiert durch $\tau f(x) := f(\tau(x))$, $x \in \mathcal{G}$. Dann gilt:

$$\tau(C_o(\mathcal{G})) = C_o(\mathcal{G}),\ \tau(C(\mathcal{G})) = C(\mathcal{G}),\ \tau(C_c(\mathcal{G})) = C_c(\mathcal{G}),\ \tau(\mathcal{D}(\mathcal{G})) = \mathcal{D}(\mathcal{G}).$$

[[Es braucht nur die letzte Aussage bewiesen zu werden. Sei $\mathcal{G}_1 \subseteq \mathcal{G}$ eine offene, Lie-projektive Untergruppe, es sei $f \in \mathcal{D}(\mathcal{G})$ und es werde zunächst ohne Beschränkung der Allgemeinheit angenommen, daß $Tr(f) \subseteq \mathcal{G}_1$. Dann gibt es einen kompakten Normalteiler $N \subseteq \mathcal{G}_1$, so daß $\mathcal{G}_1/N$ Lie-Gruppe ist und so daß f links und recht-invariant unter N ist, und die Projektion von f auf $\mathcal{G}_1/N$ liegt in $\mathcal{D}(\mathcal{G}_1/N)$.
Sei $g := \tau(f)$, dann ist $Tr(g) \subseteq \tau(\mathcal{G}_1) =: \mathcal{G}_2$ und g ist links und rechts-invariant unter $M := \tau(N)$. τ induziert einen kanonischen Isomorphismus zwischen $\mathcal{G}_1/N$ und $\mathcal{G}_2/M$, dieser Isomorphismus führt die Projektion von f auf $\mathcal{G}_1/N$ in die Projektion von g auf $\mathcal{G}_2/M$ über. Da ein Isomorphismus zwischen Lie-Gruppen stets ein C^∞-Isomorphismus ist, folgt die Behauptung.]]

Nun soll $A(\mathcal{G})$ stets mit einer Hausdorff-Topologie versehen sein, so daß (2.1) für alle $f \in \mathcal{D}(\mathcal{G})$ und alle Distributionen $F \in \mathcal{D}^*(\mathcal{G})$ die Abbildung $\overline{\overline{\tau}} : A(\mathcal{G}) \ni \tau \longrightarrow \overline{\overline{\tau}}(F)(f) := F(\tau(f))$ stetig ist. (Zur Definition von $\overline{\overline{\tau}}$ siehe I, Satz 2.5) Dies ist insbesondere dann der Fall, wenn $\mathcal{G}$ kompakt oder eine Lie-Gruppe ist und wenn $A(\mathcal{G})$ mit der kompakt-offenen Topologie (s. [31]) versehen wird.

Satz 2.1.1: Sei K eine kompakte Untergruppe in $A(\mathcal{G})$ und es sei $F \in \mathcal{MO}(\mathcal{G})$. Da die Gültigkeit der Voraussetzung (2.1) die Anwendbarkeit des Hilfssatzes 1.1 beinhaltet (mit $\Omega = K$, $\tau = \omega$, $F_\omega := \overline{\overline{\omega}}(F) = \overline{\overline{\tau}}(F)$), existiert die Mischung $Q := \int_K \overline{\overline{\tau}}(F)\, d\omega_K(\tau)$. Analog existiert $F_P := \int_K \overline{\overline{\tau}}(F)\, dP(\tau)$ für alle $P \in M^1(K)$, nach Hilfssatz 1.3 ist außerdem $\{F_P,\ P \in M^1(K)\}$ gleichmäßig straff.

Der Beweis ist offensichtlich. Distributionen der Gestalt Q mit Mischungsmaß ω_K wurden im Zusammenhang mit zentralen Gauß-Maßen von E. Stein [64] und E. Siebert [61], § 4 untersucht. □

Bemerkung: Wenn F eine Gaußsche Distribution ist, dann kann F durch eine Gaußsche Distribution auf der Lie-Algebra $\mathfrak{g}$ dargestellt werden (s. I, § 4).
Es sei $\mathcal{G}$ eine Lie-Gruppe, also $\mathfrak{g}$ ein endlich dimensionaler Vektorraum. Da F Gauß'sch ist, darf man weiter annehmen, daß $\mathcal{G}$ zusammenhängend ist. Jedem $\tau \in A(\mathcal{G})$ entspricht ein Automorphismus der Lie-Algebra $\mathfrak{g}$, $\tau \in A(\mathcal{G}) \longrightarrow \tau' \in A(\mathfrak{g})$. Die Abbildung $\tau \longrightarrow \tau'$ ist stetig und homomorph, daher sind die Bilder kompakter Untergruppen $K \subseteq A(\mathcal{G})$ kompakt in $A(\mathfrak{g})$; diese sind ähnlich zu Gruppen orthogonaler Transformationen.

Darüberhinaus ist zu erwähnen: Wenn F Gauß'sch ist, dann ist natürlich auch $\overline{\overline{\tau}}(F)$ Gauß'sch für alle $\tau \in A(\mathcal{G})$ (s. I, Satz 2.5).

2.2 (Subordination):

Ein Subordinator ist der infinitesimale Generator einer Halbgruppe von Wahrscheinlichkeitsmaßen auf R_1, die alle auf der positiven Halbachse R_1^+ konzentriert sind, i.e. ein Paar (c,N), wobei $c \geq 0$ ist und N ein auf R_1^+ konzentriertes nicht negatives Radonmaß mit $\int_{0+}^{\infty} \frac{t}{1+t}\, dN(t) < \infty$ ist. Zu jedem Subordinator gibt es also eine eindeutig bestimmte Halbgruppe $(\nu_t, t \geq 0)$ in $M^1(R_1^+)$, so daß für alle (von rechts) stetig differenzierbaren $f \in C^1(R_1^+)$ gilt:

$$\frac{d^+}{dt} \nu_t(f) \Big|_{t=0} = cf'(0) + \int_{0+}^{\infty} (f(x)-f(0))dN(x). \text{ (s.z.B. [20])}$$

Es sei $(\mu_t, t \geq 0, \mu_0 = \varepsilon_e)$ eine stetige Halbgruppe in $M^1(\mathcal{G})$ mit erzeugender Distribution F. Es sei $(\overline{\mu}_t := \int_{0+}^{\infty} \mu_s\, d\nu_t(s),\ t \geq 0, \overline{\mu}_0 = \varepsilon_e)$ die der Halbgruppe (μ_t) vermöge (ν_t) resp. vermöge (c,N) untergeordnete Halbgruppe. G sei die erzeugende Distribution von $(\overline{\mu}_t)$, dann ist $G(f) = cF(f) + \int_{0+}^{\infty} (\mu_t - \varepsilon_e)(f)\, dN(t)$ (s.z.B. [29] und die dort zitierte Literatur, s. auch [20]).

Nun setze man $M_t := \frac{t+1}{t} (\mu_t - \varepsilon_e)$ für $t > 0$, $M_0 := F$.

Weiter sei $\Omega := \{0\} \cup (0, \infty)$ (- mit 0 als isoliertem Punkt -),

$a := \int_0^\infty \frac{t}{t+1} dN(t)$. λ sei definiert durch $\lambda(f) = \frac{1}{a} \int_{0+}^\infty f(t) \frac{t}{t+1} dN(t)$,

$\lambda \in M^1(R_1^+)$.

Schließlich sei $P_1 := \frac{1}{a+c} (c\varepsilon_0 + a\lambda)$ und $\overline{M}_t := \frac{1}{a+c} M_t$.

Mit diesen Bezeichnungen gilt:

<u>Satz 2.2.1:</u> $G = \int_\Omega \overline{M}_t \, dP_1(t)$.

⟦Es ist nur zu zeigen, daß die Voraussetzungen der Hilfssätze 1.1 resp. 1.3 erfüllt sind und daß G tatsächlich die angegebene Integraldarstellung besitzt. Da 0 isolierter Punkt von Ω ist, genügt es wiederum zu zeigen, daß $(0,\infty) \ni t \longrightarrow M_t$ stetig ist. Wegen $\overline{M}_t = \frac{t+1}{(a+c).t} (\mu_t - \varepsilon_e)$ ist dies aber offensichtlich. Andererseits aber ist für $f \in \mathcal{D}(\mathcal{G})$

$$G(f) = cF(f) + \int_{0+}^\infty (\mu_t - \varepsilon_e)(f)\, dN(t) = cM_0(f) + a\int M_t(f)\, dN(t) =$$

$$= \int_\Omega \overline{M}_t(f)\, dP_1(t).$$

Die Beschränktheit der Abbildung $t \longrightarrow \overline{M}_t(f)$ folgt sofort aus der Differenzierbarkeit:

Es ist wegen $\frac{d^+}{dt} \overline{M}_t(f) = \frac{1}{a+c} F(f) - \overline{M}_t(f)$ beschränkt für $0 \leq t \leq 1$; andererseits aber ist $|\overline{M}_t(f)| =$

$$= \frac{1}{a+c} \cdot \frac{t+1}{t} |(\mu_t - \varepsilon_e)(f)| \leq \frac{1}{a+c} \cdot 2 \cdot (\|\mu_t\| + 1)\|f\|_0 \leq$$

$$\leq \frac{4}{a+c} \cdot \|f\|_0 \text{ für } t \geq 1 . ⟧$$

<u>2.3</u> (Lévy-Hinčin-Hunt-Formel als Mischung von Generatoren):

Im folgenden werden die Bezeichnungen von E. Siebert [6c] (s. I, 2.1) verwendet:

<u>2.3.1:</u> $\mathcal{G}$ sei eine Lie-Gruppe, $\Gamma : \mathcal{D}(\mathcal{G}) \longrightarrow \mathcal{D}(\mathcal{G})$ sei eine Lévy-Abbildung (I, 2.1) und ψ sei eine Hunt-Funktion, i.e. $0 \leq \psi \leq \mathbb{1}$, $\mathbb{1} - \psi \in C_0(\mathcal{G})$, ψ ist beliebig oft differenzierbar, $\psi(e) = 0$,

$\psi(x) > 0$ für $x \neq e$ und ψ verhält sich in der Nähe von e wie $\sum x_i^2$.

Γ und ψ seien im folgenden festgehalten. Zu jedem $F \in \mathcal{M}\mathcal{D}(\mathcal{G})$ gibt es dann eine Darstellung der Form

$$(2.3) \qquad F = T + G + \int_{\mathcal{G}\setminus(e)} (f(x) - f(e) - \Gamma f(x))\, d\eta(x)$$

dabei ist T primitiv (I, 2.1), G eine symmetrische Gaußsche Distribution und $\int \psi(x)\, d\eta(x) < \infty$. η ist ein nicht negatives Radonmaß auf $\mathcal{G}\setminus(e)$, das Lévy-Maß von F.

Für jedes $x \in \mathcal{G}\setminus(e)$ ist $f \to T_x(f) := \Gamma f(x)$ eine primitive Distribution und die Abbildung $x \to T_x(f)$ ist für jedes $f \in \mathcal{D}(\mathcal{G})$ stetig und beschränkt; der Träger dieser Abbildung stimmt mit dem Träger von f überein, ist also kompakt (I, Definition 2.0).

Abgesehen von der Existenz einer Hunt-Funktion bleiben alle Aussagen richtig, wenn $\mathcal{G}$ eine beliebige lokalkompakte Gruppe ist (s. I §2, [60]).

Ähnlich wie beim Beweis des Satzes 2.2 zeigt man nun, daß die Darstellung (2.3) als Mischung von Generatoren gedeutet werden kann:

Satz 2.3.1: Es sei $\mathcal{G}$ eine Lie-Gruppe, weiter sei $\Omega := \{\omega_0\} \cup \{\omega_1\} \cup \{\mathcal{G}\setminus(e)\}$ (wobei ω_0 und ω_1 isolierte Punkte sind). Dann definiert man mit den oben vereinbarten Bezeichnungen:

$$F_{\omega_0} := T,\ F_{\omega_1} := G,\ F_x := \frac{1}{\psi(x)}(\varepsilon_x - \varepsilon_e - T_x) \text{ für } x \in \mathcal{G}\setminus(e).$$

Weiter sei $a := \int_{\mathcal{G}\setminus(e)} \psi(x)\, d\eta(x)$ und ein Wahrscheinlichkeitsmaß $\lambda \in M^1(\mathcal{G}\setminus\{e\})$ sei definiert durch $\lambda(f) := \frac{1}{a}\int \psi(x)\, f(x)\, d\eta(x)$.

Schließlich sei ein Wahrscheinlichkeitsmaß $P \in M^1(\Omega)$ definiert durch $P := \frac{1}{2+a}(\varepsilon_{\omega_0} + \varepsilon_{\omega_1} + \lambda)$.

Dann gilt: F ist die P-Mischung der $\{\bar{F}_\omega,\ \omega \in \Omega\}$, i.e.

$F = \int_\Omega \bar{F}_\omega\, dP(\omega)$, wobei wieder $\bar{F}_\omega := (2+a) F_\omega$ gesetzt wird.

2.3.2: Sei $\mathfrak{g}$ die Lie-Algebra von $\mathcal{G}$ und $X_1, \ldots, X_n$ sei eine fest gewählte Basis von $\mathfrak{g}$. Dann kann man jedes primitive T in der Form $T = \sum c_i X_i$ darstellen, ebenso kann man eine reelle positiv semidefinite Matrix $(c_{i,j})$ finden, so daß $G = \sum c_{i,j} X_i X_j$ (s. [60] oder [40]).

Bei fest gewählter Lévy-Abbildung kann man lokale Koordination $\xi_i(.)$ finden, so daß $T_x(f) = \Gamma f(x) = \sum \xi_i(x) X_i(f)$, also $T_x = \sum \xi_i(x) X_i$.

Es sei $\mathcal{Y}^+ := \{(x_1,\dots,x_n),\ x_i \geqslant 0\}$ und $\mathcal{O}(\mathcal{Y})$ sei die Gruppe der orthogonalen Transformation $Q : \mathcal{Y} \longrightarrow \mathcal{Y}$ (bezüglich der fest gewählten Basis $X_1,\dots,X_n$). Da man jede positiv semdefinite reelle Matrix in der Form $(c_{i,j}) = U(d_i \delta_{i,j}) U^{-1}$ darstellen kann, wobei $U \in \mathcal{O}(\mathcal{Y}) \cong \mathcal{O}(R^n)$ und $(d_i \delta_{ij})$ eine Diagonalmatrix mit nicht negativen Elemente d_i, also bis auf Isomorphien ein Element von $\mathcal{Y}^+ \cong R^n_+$ ist.

Daher kann man folgende äquivalente Form des Satzes 2.3.1 angeben:
Sei $\Omega := \mathcal{Y} \cup \mathcal{Y}^+ \times \mathcal{O}(\mathcal{Y}) \cup (\mathcal{G} \setminus (e)) \cong R^n \cup R^n_+ \times \mathcal{O}(R^n) \cup (\mathcal{G} \setminus (e))$, versehen mit der Summentopologie.
Weiter sei $F_\omega := \sum c_i X_i$ für $\omega = (c_1,\dots,c_n) \in R^n$; $F_\omega := \sum c_{i,j} X_i X_j$, falls $(c_{i,j}) = U(d_i \delta_{i,j}) U^{-1}$ und $\omega = ((d_1,\dots,d_n),U)$, $(d_1,\dots,d_n) \in R^n_+$, $U \in \mathcal{O}(R^n)$; $F_\omega := \frac{1}{\psi(x)} (\varepsilon_x - \varepsilon_e - \sum \xi_i(x) X_i)$ für $\omega = x \in \mathcal{G} \setminus (e)$.
Dann gibt es ein Wahrscheinlichkeitsmaß auf Ω, so daß $F = \int_\Omega F_\omega \, dP(\omega)$.

<u>2.3.3:</u> Nun sei $\mathcal{G}$ eine beliebige lokalkompakte Gruppe, $F \in \mathcal{MO}(\mathcal{G})$, $\Gamma : \mathcal{D}(\mathcal{G}) \longrightarrow \mathcal{D}(\mathcal{G})$ sei eine Lévy-Abbildung. Dann gibt es wieder eine primitive Distribution T, eine symmetrische Gauß'sche Distribution G und ein nicht negatives Radonmaß η (Lévy-Maß) auf $\mathcal{G} \setminus (e)$, so daß
$F = T + G + \int_{\mathcal{G} \setminus (e)} (\varepsilon_x - \varepsilon_e - T_x) \, d\eta(x)$.
Dabei ist wieder $T_x(f) := \Gamma f(x)$. Verwendet man nun die in § 1 vereinbarte allgemeinere Definition einer Mischung (mit beschränktem Mischungsmaß), dann kann man auch in diesem Fall F als Mischung von Generatoren darstellen.

Wenn $\mathcal{G}$ das erste Abzählbarkeitsaxiom erfüllt, dann kann man $\mathcal{G} \setminus (e)$ in folgender Weise darstellen: Sei U eine relativkompakte offene Umgebung der Einheit, U^- sei die abgeschlossene Hülle, dann ist $\mathcal{G} \setminus (e) = (\mathcal{G} \setminus U^-) \cup (U^- \setminus (e))$. Dabei ist $\mathcal{G} \setminus U^-$ ein lokalkompakter Raum, die Einschränkung des Lévy-Maßes η auf $\mathcal{G} \setminus U^-$ ist beschränkt und $U^- \setminus (e)$ ist ein σ-kompakter, lokalkompakter Raum, daher gibt es ein Wahrscheinlichkeitsmaß P und eine meßbare Funktion $\psi \geqslant 0$, so daß $\eta(f) = P(\frac{1}{\psi} f)$ für alle $f \in C_0(U^- \setminus (e))$.

In diesem Fall kann man also, wie im Falle Lie'scher Gruppen, F als Mischung von Generatoren F_ω darstellen, wobei das Mischungsmaß Wahrscheinlichkeitsmaß ist.

Da die Menge der mod. $\mathcal{MD}(\mathcal{G}) \cap (-\mathcal{MD}(\mathcal{G}))$ extremalen Distributionen in $\mathcal{MD}(\mathcal{G})$ in der Menge aller Distributionen, deren Träger nicht mehr als zwei Punkte enthalten, liegt, also in der Menge der Distributionen der Gestalt $T + G + (\mathcal{E}_x - \mathcal{E}_e - T_x) \cdot c$, $c \geqslant 0$, (s. I, Satz 2.4), erkennt man den engen Zusammenhang dieser Darstellung als Mischung und zwischen Choquet'schen Darstellungen. (Auf diesen Aspekt und auf die damit neue Möglichkeit, die Lévy-Hinčin-Hunt-Formel zu beweisen, wird in dieser Arbeit jedoch nicht eingegangen.)

2.4 (Mischung von Subordinationen):

Sei $(\Omega, \mathcal{T}, P)$ ein Wahrscheinlichkeitsraum, für jedes $\omega \in \Omega$ sei (c_ω, N_ω) ein Subordinator (s. 2.1). Es sei Ω wieder lokalkompakt und es werde vorausgesetzt, daß für jede von rechts stetig differenzierbare Funktion $f \in C^1(R_1^+)$ die Abbildung $\omega \longrightarrow c_\omega \; f'(0) + \int_{0+}^{\infty} (f(t)-f(0)) dN_\omega(t)$ stetig und beschränkt ist.

Es sei $F \in \mathcal{MD}(\mathcal{G})$, (μ_t) sei die von F erzeugte Halbgruppe in $M^1(\mathcal{G})$. $(\bar{\mu}_t^\omega)$ sei die untergeordnete Halbgruppe mit Subordinator (c_ω, N_ω), also $F_\omega = c_\omega F + \int_{0+}^{\infty} (\mu_t - \mathcal{E}_e) dN_\omega(t)$ sei die erzeugende Distribution von $(\bar{\mu}_t^\omega)$.

Man sieht leicht, daß $\omega \longrightarrow F_\omega$ die Voraussetzungen des Hilfssatzes 1.1 erfüllt, also kann man das Mischungsintegral $\bar{F} := \int_\Omega F_\omega \, dP(\omega) \in \mathcal{MD}(\mathcal{G})$ bilden. Mit diesen Bezeichnungen gilt:

Satz 2.4: $\bar{F}$ ist eine Subordination von F. Betrachtet man nämlich den Subordinator $(\bar{c}, \bar{N})$ mit $\bar{c} := \int_\Omega c_\omega \, dP(\omega)$, $\bar{N} = \int N_\omega \, dP(\omega)$, dann ist $\bar{F} = \bar{c} F + \int_{0+}^{\infty} (\mu_t - \mathcal{E}_e) \, d\bar{N}(t)$. Also ist $\bar{F}$ die $(\bar{c}, \bar{N})$ - Subordination von F.

Beweis: Zunächst muß gezeigt werden, daß $(\bar{c}, \bar{N})$ ein Subordinator ist. Dazu betrachte man eine Folge $f_n \in C^1(R_1^+)$, so daß $f_n(0) = 0$, $f_n'(0) = +1, 0 \leq f_n \searrow 0$.
Dann folgt, daß $F_\omega(f_n) = c_\omega f_n'(0) + \int (f_n(t)-f(0)) dN_\omega(t) = c_\omega + \int (f_n(t)) dN_\omega(t) \longrightarrow c_\omega$, also ist $\omega \longrightarrow c_\omega$ meßbar und P-integrierbar; ebenso existiert für alle $f \in C^1(R_1^+)$ das Integral

$$\bar{F}(f) := \int_{0+}^{\infty} (f(t)-f(0))d\bar{N}(t) = \int_{0+}^{\infty} (f(t)-f(0))d\Big(\int_{\Omega} N_{\omega}\, dP(\omega)\Big)(t).$$

Man überlegt sich leicht, daß $\bar{N}$ die in 2.2 genannten Eigenschaften eines Subordinators erfüllt, da nach Voraussetzung $\omega \longrightarrow \int \frac{t}{1+t}\, dN_{\omega}(t)$ beschränkt und stetig ist.

Sei nun $f \in \mathcal{D}(\mathcal{G})$, dann ist $\int_{\Omega} F_{\omega}(f)dP(\omega) = \big(\int_{\Omega} c_{\omega} dP(\omega)\big).\, F +$

$$\int_{\Omega} \int_{0+}^{\infty} (\mu_t - \varepsilon_e)(f)dN_{\omega}(t)dP(\omega) = \bar{c}.F(f) + \int_{0+}^{\infty} (\mu_t - \varepsilon_e)(f)d\bar{N}(t). \square$$

Der Satz 2.4 kann als Verallgemeinerung von [29] Hilfssatz 1.2 aufgefaßt werden; dort wurde gezeigt, daß das Hintereinanderausführen von Subordinationen wieder eine Subordination ergibt. (Allgemeiner wurde dies in I, Hilfssatz 1.2 gezeigt).

Subordinationen von Faltungshalbgruppen werden in dieser Arbeit nur am Rande behandelt. Tatsächlich liefert dieser Begriff ein weites Feld von Anwendungensmöglichkeiten, auf die in einer späteren Arbeit eingegangen werden soll.

Subordinationen wurden u.a. behandelt von H. Carnal [6] , J. Faraut [18] (im Zusammenhang mit gebrochenen Potenzen von Potentialoperatoren), W. Feller [20] , E.M. Stein [64] , J. W. Woll [68] , sowie in [29] .

§ 3 Mischungen spezieller Typen erzeugender Distributionen

Es werden nun Mischungen von (elementaren) Poisson-Generatoren, primitiven resp. Gauß'schen Distributionen betrachtet. Vor allem wird untersucht, unter welchen Bedingungen Gauß'sche resp. primitive Distributionen resp. Poisson-Generatoren als Mischungen dargestellt werden können. Im Zusammenhang mit Subordinationen wurden ähnliche Fragen bereits in [29] behandelt.

Es sei nun $(\Omega, \mathcal{T}, P)$ ein Wahrscheinlichkeitsraum, $\omega \longrightarrow F_\omega$ sei eine Abbildung von $\Omega \longrightarrow \mathcal{M}(\mathcal{G})$, so daß für alle $f \in \mathcal{D}(\mathcal{G})$ $\omega \longrightarrow F_\omega(f)$ meßbar und beschränkt ist. Es sei $F = \int_\Omega F_\omega \, dP(\omega) \in \mathcal{M}(\mathcal{G})$.

Hilfssatz 3.1: Seien P-fast alle F_ω Gauß'sche Distributionen resp. Distributionen von lokalem Charakter resp. primitive Distributionen. Dann ist F Gauß'sch resp. von lokalem Charakter resp. primitiv. (Dabei heißt F von lokalem Charakter, wenn $Tr(F) = \{e\}$, s. z.B. [60])
[Angenommen es sei $x \neq e$, $x \in Tr(F)$. Dann existiert ein $f \in \mathcal{D}_r^+(\mathcal{G})$, mit $f(x) = 1$, $f \equiv 0$ in einer Umgebung von e und $F(f) > 0$.
Andererseits aber ist $F_\omega(f) = 0$ für fast alle ω, daher ist $F(f) = = \int_\Omega F_\omega(f) \, dP(\omega) = 0$.
Man überlegt sich leicht, daß die durch algebraische Relationen definierten Eigenschaften "quadratisch = Gauß'sch" und "primitiv" bei Mischungen erhalten bleiben.]

Hilfssatz 3.2: Es seien P-fast alle F_ω Poisson-Generatoren, und es sei für $f \in \mathcal{D}(\mathcal{G})$ $\omega \longrightarrow F_\omega(f)$ P-meßbar und $\alpha := \int_\Omega \| F_\omega \| \, dP(\omega) < \infty$.
Dann ist auch $F := \int_\Omega F_\omega dP(\omega)$ Poisson-Generator mit $\| F \| \leq \alpha$.
(Die Lévy-Hinčin-Hunt-Formel zeigt, daß diese Aussage im allgemeinen nicht richtig bleibt, wenn man die Normbedingung nicht fordert.)

Beweis: Sei $F_\omega = c_\omega (\lambda_\omega - \varepsilon_e)$, $c_\omega \geq 0$, $\lambda_\omega \in M^1(\mathcal{G})$ mit $\lambda_\omega(\{e\}) = 0$.
Dann ist $\| F_\omega \| = 2c_\omega$ und daher $\alpha = 2\int_\Omega c_\omega \, dP(\omega)$.
Sei nun $f \in \mathcal{D}(\mathcal{G})$, dann ist $F(f) = \int_\Omega F_\omega(f) dP(\omega) = \int_\Omega c_\omega (\lambda_\omega(f) - f(e)) dP(\omega) = = \int_\Omega c_\omega \lambda_\omega(f) dP(\omega) - \frac{\alpha}{2} f(e)$.
Wegen $|\lambda_\omega(f)| \leq \| f \|$ ist $\left| \int_\Omega c_\omega (\lambda_\omega(f) - f(e)) dP(\omega) \right| \leq \alpha \, \| f \|_0$

und $\left|\int c_\omega \; (\lambda_\omega(f))dP(\omega)\right| \leq \frac{\alpha}{2}\| f \|_o$. Man kann daher das Funktional

$\mathcal{D}(\mathcal{G}) \ni f \longrightarrow \int c_\omega \; \lambda_\omega(f)dP(\omega)$ zu einem beschränkten, nicht negativen Maß λ mit $\|\lambda\| = \alpha/2$ fortsetzen. Es ist daher $F = \lambda - \frac{\alpha}{2}\varepsilon_e$, also Poisson-Generator. □

Nun wird wieder vorausgesetzt, daß Ω ein lokalkompakter Raum ist und daß $\omega \longrightarrow F_\omega(f)$ für alle $f \in \mathcal{D}(\mathcal{G})$ stetig und beschränkt ist.

Es sei $F := \int_\Omega F_\omega dP(\omega)$.

Satz 3.3: F ist genau dann von lokalem Charakter resp. primitiv, wenn P-fast alle F_ω von lokalem Charakter resp. primitiv sind.

Es seien G resp. G_ω die (symmetrischen) Gauß'schen Anteile von F resp. F_ω. Dann ist $G = \int_\Omega G_\omega \; dP(\omega)$.

Beweis: Die erste Aussage folgt aus Hilfssatz 3.1. Es sei also F von lokalem Charakter. Angenommen, es gäbe ein $\omega_o \in Tr(P)$ und ein $x_o \in \mathcal{G}$, so daß $x_o \neq e$ und $x_o \in Tr(F_{\omega_o})$. Dann gäbe es ein $f \in \mathcal{D}^+_r(\mathcal{G})$ mit

$f(x_o) = 1$, $f \equiv 0$ in einer Umgebung von e und daher $F(f) = \int F_\omega(f)dP(\omega) > 0$,

da $F_\omega(f) \geq 0$ und $F_{\omega_o}(f) > 0$. Daraus folgt aber $x_o \in Tr(F)$, also

ein Widerspruch zur Voraussetzung.

Wenn F primitiv ist, dann sind, wie eben gezeigt, P-fast alle F_ω von lokalem Charakter, also von der Gestalt $F_\omega = T_\omega + G_\omega$, wobei T_ω primitiv und G_ω symmetrisch Gauß'sch ist.

Es sei $\Lambda = \{f \in \mathcal{D}^r_+(\mathcal{G}),\ f(e) = 0\}$. Man überlegt sich leicht, daß eine symmetrische Gauß'sche Distribution G genau dann 0 ist, wenn sie auf Λ verschwindet. Andererseits ist $T(f) = 0$ für alle primitiven T und alle $f \in \Lambda$.

Sei nun $f \in \Lambda$, dann ist $F_\omega(f) = G_\omega(f)$ und $F(f) = \int_\Omega F_\omega(f)dP(\omega) = \int_\Omega G_\omega(f)dP(\omega)$. Da $G_\omega(f) \geq 0$ und da F primitiv ist, also $F(f) = 0$, folgt $G_\omega(f) = 0$ P-fast überall, genauer: da $\omega \longrightarrow G_\omega(f) = F_\omega(f)$ stetig ist, muß sogar $G_\omega(f) = 0$ sein für alle $\omega \in Tr(P)$. Aus den obigen Bemerkungen folgt aber, daß daher $G_\omega = 0$ für $\omega \in Tr(P)$.

Analog beweist man nun die letzte Behauptung: Sei $F \in \mathcal{M}(\mathcal{G})$ mit primitiven Anteil T, Gauß'schen Anteil G und Lévy-Maß η (Eine Lévy-Abbildung Γ sei fest gewählt.). Es sei $F := \int F_\omega dP(\omega)$, T_ω, G_ω, η_ω seien der primitive resp. Gauß'sche Anteil resp. das Lévy-Maß von F_ω.

$\Lambda \subseteq \mathcal{D}_+^r(\mathcal{G})$ sei wie vorhin gegeben, weiter sei $\Lambda_1 := \{\varphi \in \mathcal{D}_+^r(\mathcal{G}),$ $0 \leq \varphi \leq 1, \varphi \equiv 1$ in einer Umgebung der Einheit $e\}$. Λ_1 wird in natürlicher Weise filtrierend geordnet, so daß $\varphi \downarrow 1_{\{e\}}$.

Dann gilt: $\Gamma(\varphi f) = \Gamma f$, $G(\varphi f) = G(f)$, $G_\omega(\varphi f) = G_\omega(f)$, $T(\varphi f) = T(f)$, $T_\omega(\varphi f) = T_\omega(f)$ für alle ω, f. Also ist

$F(\varphi f) = T(f) + G(f) + \int_{\mathcal{G}\setminus(e)} ((f\varphi)(x) - (f\varphi)(e) - \Gamma f(x))\, d\eta(x)$,

daher konvergiert $F(\varphi f) \longrightarrow T(f) + G(f) - \int_{\mathcal{G}\setminus(e)} \Gamma(f)(x)d\eta(x)$ mit $\varphi \in \Lambda_1$.

Wählt man nun $f \in \Lambda$, dann ist wegen $T(f) = \Gamma f(x) = f(e) = 0$,

$F(\varphi f) \xrightarrow{\varphi \in \Lambda_1} G(f)$.

Analog $G_\omega(f) = \lim_{\varphi \in \Lambda_1} F_\omega(f\varphi)$ und daher

$$G(f) = \lim_{\varphi \in \Lambda_1} F(\varphi f) = \lim_{\varphi \in \Lambda_1} F_\omega(f\varphi)dP(\omega) = \lim_{\varphi \in \Lambda_1} \Big[\int_\Omega G_\omega(f)dP(\omega) +$$

$$+ \int_\Omega \int_{\mathcal{G}\setminus(e)} (f\varphi)(x)d\eta_\omega(x)dP(\omega) \Big] = \int_\Omega G_\omega(f)dP(\omega) +$$

$$+ \lim_{\varphi \in \Lambda_1} \int_\Omega \int_{\mathcal{G}\setminus(e)} (f\varphi)(x)d\eta_\omega(x)dP(\omega).$$

Da $\int_{\mathcal{G}\setminus(e)} (f\varphi)(x)d\eta_\omega(x)$ für jedes ω monoton gegen 0 strebt und da diese Funktionen stetig von ω abhängen, folgt

$\int_{\mathcal{G}\setminus(e)} (f\varphi)(x)d\eta_\omega(x)dP(\omega)$ strebt mit $\Lambda_1 \ni \varphi \downarrow 1_{\{e\}}$ gegen 0. Daher ist

$G(f) = \int_\Omega G_\omega(f)dP(\omega)$.

Da G durch die Einschränkung auf Λ bereits eindeutig bestimmt ist, folgt die Behauptung. □

<u>Satz 3.4:</u> Seien F_ω, G_ω, T_ω, η_ω, P wie in Satz 3.3 gegeben und es sei $F = \int_\Omega F_\omega\, dP(\omega) = \alpha(\varepsilon_x - \varepsilon_e), \alpha > 0$, also ein elementarer Poisson-Generator. Dann folgt: P-fast überall ist $G_\omega = 0$ und $F_\omega = \alpha_\omega(\varepsilon_x - \varepsilon_e) +$ $+ T_\omega$, dabei ist $\alpha_\omega \geq 0$, $\omega \longrightarrow \alpha_\omega$ ist stetig und P-integrierbar und es ist $\int_\Omega T_\omega dP(\omega) = 0$.

[Der Beweis wird wie in Satz 3.3 geführt: Zunächst folgt aus Satz 3.3, daß $G_\omega = 0$, P-fast überall.

Nun sei $\omega_0 \in Tr(P)$. Angenommen, es gäbe ein $y \neq e$, $y \neq x$ in $\mathcal{G}$, das im Träger von F_{ω_0} liegt. Dies bedeutete, daß für alle $f \in \mathcal{D}_+^r(\mathcal{G})$ mit $f(y) = 1$, die in einer Umgebung von x und e verschwinden, gilt:
$F_{\omega_0}(f) = \eta_{\omega_0}(f) > 0$.

Da $\omega \longrightarrow F_\omega(f)$ stetig ist, gibt es eine Umgebung $U(\omega_0)$, so daß $F_\omega(f) = \eta_\omega(f) > 0$ für alle $\omega \in U(\omega_0)$, daher ist auch
$\int_\Omega F_\omega(f)dP(\omega) > 0$.

Das bedeutet aber gerade, daß $y \in Tr(F)$, also ein Widerspruch zur Voraussetzung. Somit muß $\eta_\omega = \alpha_\omega \, \varepsilon_x$ P-fast sicher sein. Daraus und aus der Stetigkeit von $\omega \longrightarrow F_\omega(f)$, $f \in \mathcal{D}(\mathcal{G})$ folgen die übrigen Behauptungen.]]

Bemerkung 1: Man würde nun annehmen, daß eine ähnliche Aussage auch für beliebige Poisson-Generatoren gilt, dies ist jedoch falsch: Sei $\mathcal{G} = R_1$, sei $(\mu_t, t \geq 0)$ eine stetige Halbgruppe, die nicht Poisson'sch ist. F sei die erzeugende Distribution. Weiter sei λ ein auf $(0,\infty)$ konzentriertes Wahrscheinlichkeitsmaß mit $\lambda(\{0\}) = 0$. Dann kann λ als Subordinator aufgefaßt werden, nämlich $(c=0,\ N=\lambda)$ in der vereinbarten Schreibweise.
Sei $\nu_t = \exp(t(\lambda - \varepsilon_0))$ die von λ erzeugte Halbgruppe und sei weiter $(\bar{\mu}_t = \int_{0+}^\infty \mu_s \, d\nu_t(s),\ t \geq 0)$ die untergeordnete Halbgruppe. Deren erzeugende Distribution hat die Gestalt $H = \int_{0+}^\infty (\mu_s - \varepsilon_0)d\lambda(s) =$
$= \int \mu_s \, d\lambda(s) - \varepsilon_0$, ist also Poisson-Generator

Nun stelle man H in der Gestalt $H = \int_{0+}^\infty (\mu_s - \varepsilon_0)d\lambda(s) =$
$= \int_{[0,1]} \frac{1}{s} (\mu_s - \varepsilon_0) s \, d\lambda(s) + \int_{(1,\infty)} (\mu_s - \varepsilon_0) \, d\lambda(s)$ dar.

Setzt man nun $H_0 := F$, $H_s := \frac{1}{s}(\mu_s - \varepsilon_0)$ für $0 \leq s \leq 1$, $H_s := (\mu_s - \varepsilon_0)$ für $s > 1$, und definiert $P_1 \in M^1(R_1^+)$ durch $P_1(f) := \int_{0+}^\infty f(s)\min(s,1)d\lambda(s)$, dann ist H P_1-Mischung der $\{H_s,\ 0 \leq s < \infty\}$. $s \longrightarrow H_s(f)$ ist stetig für $0 \leq s < \infty$, $f \in C^1$. H ist Poisson-Generator, aber H_0 ist nicht Poisson'sch, obwohl $0 \in Tr(P_1)$. (Aber es ist natürlich $P_1(\{0\}) = 0$!)

Bemerkung 2: In den betrachteten Sätzen liegt stets folgende Situation vor: $\omega \longrightarrow F_\omega$ ist eine Abbildung in $\mathcal{M}(\mathcal{G})$, so daß für alle $f \in \mathcal{D}(\mathcal{G})$ $\omega \longrightarrow F_\omega(f)$ stetig ist. Sei nun F_ω zerlegt in den primitiven

Anteil, Gauß'schen Anteil und in den Anteil ohne Gauß'sche Komponente $F_\omega = T_\omega + G_\omega + L_\omega$, dann mußten stets die Gauß'schen Anteile gesondert behandelt werden. Es würden alle Betrachtungen einfacher, wenn auch $\omega \longrightarrow G_\omega(f)$ stetig wäre für alle $f \in \mathcal{D}(\mathcal{G})$. Dies ist jedoch im allgemeinen falsch, wie schon einfachste Beispiele zeigen: Sei $\mathcal{G}$ eine Lie-Gruppe, X sei ein Element der Lie-Algebra, weiter sei $x(t) := \exp(tX)$, $t \in R_1$. Es seien für alle $t > 0$

$$F_t := (1/t)(\varepsilon_{x(t)} - \varepsilon_e) + (1/t^2)(\varepsilon_{x(t)} + \varepsilon_{x(-t)} - 2\varepsilon_e) =$$

$$= \left(\frac{t+1}{t^2}\right) \varepsilon_{x(t)} + (1/t^2)\,\varepsilon_{x(-t)} - \left(\frac{t+2}{t^2}\right) \varepsilon_e \; ; \; F_o := X + X^2.$$

Dann ist die Abbildung $[0, \infty) \ni t \longrightarrow F_t(f)$ stetig für jede Funktion $f \in \mathcal{D}(\mathcal{G})$, es sind die oben erwähnten Voraussetzungen erfüllt; aber weder der primitive noch der Gauß'sche Anteil hängen stetig von t ab, da $F_t, t > 0$, Poisson'sch ist, aber F_o ist im Ursprung konzentriert, besitzt also nur einen Gauß'schen und einen primitiven Anteil. (Man findet dagegen mehrfach fälschlich die Behauptung, daß der Gauß'sche Anteil stetig abhänge, s. [60], Theorem 3, [50]).

§ 4 Zufallsentwicklungen

4.1: Es sei $F = \int_\Omega F_\omega \, dP(\omega)$ eine Mischung von erzeugenden Distributionen, (μ_t), (μ_t^ω) seien die von F resp. F_ω erzeugten Halbgruppen in $M^1(\mathcal{G})$, dann ist es naheliegend zu untersuchen, wie μ_t durch die Familie $\{\mu_t^\omega\}$ dargestellt werden kann. Wenn Ω endlich ist, liefert die Lie-Trotter-Produkt-Formel (s. o. § 5)) eine befriedigende Antwort. Allgemeinere Aussagen erhält man mittels des folgenden Satzes von T.G. Kurtz (s. [45]), der im Falle von Faltungshalbgruppen natürliche Anwendung findet:

Satz 4.1: Ω sei ein lokalkompakter Raum, der das zweite Abzählbarkeitsaxiom erfüllt, weiter sei x(t,.) ein reiner Sprungprozeß mit Werten in Ω.
Es seien $\xi_0, \xi_1, \xi_2, \ldots$ die Werte, die von x(t,.) angenommen werden (-genauer müßte man $\xi_i(.)$ schreiben-), $t_i = t_i(.)$ seien Sprungzeiten, $\{t_i\}$ und damit $\{\xi_i\}$ seien so numeriert, daß $\{t_i\}$ der Größe nach geordnet sind. Es sei weiter $\Delta_i = \Delta_i(.) := t_i - t_{i-1}, i \geq 1$; N(t) sei die Anzahl der Sprünge vor dem Zeitpunkt t, und es sei $\Delta_t := t - \sum_{k=1}^{N(t)} \Delta_k$.
P sei ein reguläres Wahrscheinlichkeitsmaß auf Ω, so daß für jedes $f \in C(\Omega)$ gilt:

(i) $\lim_{t \downarrow 0} \frac{1}{t} \int_0^t f(x(s,.))ds = \int_\Omega f(x)dP(x)$ fast sicher.

Weiter sei $\mathbb{B}$ ein Banachraum und zu jedem $\omega \in \Omega$ gebe es eine starkstetige Kontraktionshalbgruppe $(T_t^\omega, t \geq 0)$ mit inifnitesimalem Generator A^ω und Definitionsbereich des Generators $\mathbb{D}^\omega$. Es sei $\mathbb{D} \subseteq \bigcap_\omega \mathbb{D}^\omega$ ein dichter Teilraum, so daß

(ii) $\omega \longrightarrow A^\omega f$ stetig und beschränkt ist für jedes $f \in \mathbb{D}$ und

(iii) $(A^\omega - I)\,\mathbb{D}$ dicht in $\mathbb{B}$ ist für jedes ω (-i.e. der Abschluß von $A^\omega|_{\mathbb{D}}$ stimmt mit $A^\omega|_{\mathbb{D}^\omega}$ überein -).

Dann erhält man: Fast sicher konvergiert

$$T_\lambda(t,.) := T_{\frac{1}{\lambda}\Delta_1(.)}^{\xi_0(.)} \; T_{\frac{1}{\lambda}\Delta_2(.)}^{\xi_1(.)} \cdots T_{\frac{1}{\lambda}\Delta_t(.)}^{\xi_{N(t,.)}(.)} \quad \text{mit } \lambda \to \infty$$

in der starken Operatorentopologie gegen eine Halbgruppe T_t, deren infinitesimaler Generator die Mischung $A = \int_\Omega A^\omega dP(\omega)$ ist (definiert durch $Af := \int_\Omega A^\omega f dP(\omega)$, $f \in \mathbb{D}$).

Diese auf den ersten Blick kompliziert erscheinenden Voraussetzungen sind erfüllt, wenn die Halbgruppen (T_t) Halbgruppen von Faltungsoperatoren auf lokalkompakten Gruppen sind, deren Generatoren dann durch die erzeugenden Distributionen gegeben sind: Wenn nämlich $F \in \mathcal{MD}(\mathcal{G})$ eine Mischung der Distributionen $\{F_\omega\}$ ist, wenn Ω separabel ist und wenn $x(t,.)$ passend zu dem Mischungsmaß P gewählt ist, dann sind die Voraussetzungen (i) - (iii) erfüllt:

<u>4.2:</u> Seien also $\mathcal{G}$ eine lokalkompakte Gruppe, seien $x(t,.)$, $\xi_i(.)$, $\Delta_i(.)$ $N(t,.)$ und P wie in 4.1 gegeben. Der Einfachheit halber wird in der Folge das Argument "." unterdrückt.

Es seien (μ_t^ω) stetige Halbgruppen mit erzeugenden Distributionen F_ω, so daß für alle $f \in \mathcal{D}(\mathcal{G})$ die Abbildung $\omega \to F_\omega(f)$ in $C(\Omega)$ liegt. Weiter sei $F := \int_\Omega F_\omega dP(\omega)$ die Mischung der $\{F_\omega\}$ und (μ_t) sei die von F erzeugte Halbgruppe in $M^1(\mathcal{G})$.

<u>Satz 4.2:</u> Dann konvergieren die Zufallsprodukte

$$\mu_\lambda(t) := \mu_{\frac{1}{\lambda}\Delta_1}^{\xi_0} \mu_{\frac{1}{\lambda}\Delta_2}^{\xi_1} \cdots \mu_{\frac{1}{\lambda}\Delta_t}^{\xi_{N(t)}} \xrightarrow[\lambda \to \infty]{} \mu_t \quad \text{schwach}$$

fast sicher.

<u>Beweis:</u> Man wähle $\mathbb{D} := \mathcal{D}(\mathcal{G})$ und wähle $(T_t^\omega := R_{\mu_t^\omega})$ die Halbgruppen der Faltungsoperatoren. Dann ist bloß zu zeigen, daß die Voraussetzungen (ii) - (iii) des Satzes 4.1 erfüllt sind. (iii) ist, wie mehrfach schon verwendet wurde, in diesem Fall stets erfüllt (s. I), es ist also bloß (ii) zu zeigen. Da die Generatoren der Halbgruppen $(R_{\mu_t^\omega})$ auf $\mathcal{D}(\mathcal{G})$ mit den Faltungsoperatoren R_{F_ω} übereinstimmen, folgt aus dem

Konvergenzsatz (s. I, Satz 2.3), Hilfssatz 1.3 b) und der Stetigkeit der Abbildungen $\omega \longrightarrow F_\omega(f)$, $f \in \mathcal{D}(\mathcal{G})$, die Stetigkeit der Abbildung $\omega \longrightarrow R_{F_\omega} f$, also (ii). □

4.3: Die Anwendungsmöglichkeiten sind nun offensichtlich: Da Ω separabel ist, kann man zu jedem $P \in M^1(\Omega)$ einen passenden Prozeß $x(t,.)$ konstruieren, der (i) erfüllt: Jede P-gleichverteilte Punktfolge $(\omega_0, \omega_1, \ldots)$ kann als Folge der angenommenen Werte $\xi_0, \xi_1, \ldots$ betrachtet werden.

Insbesondere läßt sich der Satz 4.2 auf alle in § 2 betrachteten Beispiele anwenden (unter geeigneten Abzählbarkeitsvoraussetzungen), man ist also in der Lage, zu Mischungen von erzeugenden Distributionen eine konvergente Zufallsentwicklung anzugeben. Ein einfaches Beispiel soll zeigen, welche Beziehungen zur Lie-Trotter-Produktformel bestehen:

Sei $\Omega := \{0,1\}$; F_0, F_1 seien erzeugende Distributionen der Halbgruppen $(\mu_t^{(0)})$, $(\mu_t^{(1)})$, weiter sei $F := \frac{1}{2}(F_0 + F_1)$ und (μ_t) sei die von F erzeugte Halbgruppe. Die Lie-Trotter-Produktformel liefert

(s. o. § 5) $\mu_t = \lim\limits_{k\to\infty} (\mu^{(0)}_{t/2k}\, \mu^{(1)}_{t/2k})^k$.

Aus Satz 4.2 folgt: Sei $\{x_i\}$ eine gleichverteilte 0-1-Folge, i.e. $\mathrm{card}\{i : x_i = 1;\ 1 \le i \le N\}/N \longrightarrow 1/2$ mit $N \longrightarrow \infty$. Dann konvergieren die Produkte $\mu_N(t) := \mu^{(x_1)}_{\frac{1}{N}t}\, \mu^{(x_2)}_{\frac{1}{N}t} \cdots \mu^{(x_N)}_{\frac{1}{N}t} \longrightarrow \mu_t$ mit $N \longrightarrow \infty$,

4.4: Läßt man die Separabilitätsvoraussetzungen fallen, dann kann man im allgemeinen keinen Prozeß $x(t,.)$ finden, der zu gegebenem Mischungsmaß P die Bedingung (i) erfüllt. Man kann jedoch stets auf folgende Weise ähnliche schwächere Resultate erhalten: Sei $\{P_\alpha\}$ ein Netz von Wahrscheinlichkeitsmaßen mit endlichem Träger, das schwach gegen P konvergiert. Dann konvergieren die P -Mischungen $\int_\Omega F_\omega\, dP_\alpha(\omega)$ gegen $\int_\Omega F_\omega\, dP(\omega)$ und nach dem Konvergenzsatz (I, Satz 2.3) konvergieren die von $\int_\Omega F_\omega dP_\alpha(\omega)$ erzeugten Halbgruppen (μ_t^α) gegen die von $\int_\Omega F_\omega dP(\omega)$ erzeugte Halbgruppe (μ_t). Die Halbgruppen (μ_t^α) sind aber durch die Lie-Trotter-Produktformel darstellbar. Siehe auch II § 1 Hilfssatz 1.3, Korollar.

Im Zusammenhang mit der Approximation durch elementare Poisson-Maße wurden ähnliche Fragen in [26] und [28] untersucht.

4.5: Es sei noch kurz auf den folgenden, ebenfalls in [28] betrachteten Aspekt der Produktformeln und Zufallsentwicklungen hingewiesen: Jedes Produkt endlich vieler Maße, die in stetige (stationäre) Halbgruppen eingebettet werden können, läßt sich in eine stetige, im allgemeinen nicht stationäre, Halbgruppe einbetten. Daher liefert die Zufallsentwicklung eine Approximation einer stationären Halbgruppe (μ_t) durch nicht stationäre, aber einfach gebaute Halbgruppen.

4.6: Die Zufallsentwicklung steht in einem engen Zusammenhang mit Produkt- und Exponentialintegralen. Sei nämlich etwa $\Omega := [0,1] \subseteq R_1$, und seien alle Maße $\{\mu_t^{(\omega)},\ t \geqslant 0,\ \omega \in \Omega\}$ vertauschbar. Es sei P das Lebesgue-Maß auf $[0,1]$ und $\{x_i\}$ sei eine gleichverteilte Folge. Dann konvergieren die in 4.3 beschriebenen Zufallsprodukte $\mu_N(t)$ gegen μ_t für festes $t \geqslant 0$. Da alle in diesen Produkten auftretenden Faktoren vertauschbar sind, kann man für jedes feste N die Produkte in der Reihenfolge wachsender x_i, $1 \leqslant i \leqslant N$ anschreiben.

Seien also $\{y_{i,N},\ 1 \leqslant i \leqslant N\}$ die monoton wachsend geordneten $\{x_i,\ 1 \leqslant i \leqslant N\}$, so konvergiert $\mu_N(t) = \mu_{\frac{1}{N}t}^{(y_{1,N})} \cdots \mu_{\frac{1}{N}t}^{(y_{N,N})} \longrightarrow \mu_t$.

Da die $\{x_i\}$ gleichverteilt sind, folgt, daß der Grenzwert μ_t mit dem Produkt- oder Exponentialintegral übereinstimmt (s. [50]).

III Über Sätze von Cramér, Raikoff und Bernstein

In Teil III der Arbeit wird untersucht, inwieweit die klassischen Charakterisierungen von Gauß- und (elementaren) Poisson-Verteilungen auf R^1 auf beliebige lokalkompakte Gruppen übertragbar sind. Es ist wohlbekannt, daß die ursprüngliche Form der Sätze von Cramér, Raikoff und Bernstein sich nicht auf lokalkompakte Gruppen übertragen läßt; wenn die Gruppe $\mathcal{G}$ einen Torus enthält, dann gelten z.B. diese drei Sätze nicht mehr. Man kann jedoch schwächere Versionen angeben, die im Falle $\mathcal{G} = R^1$ äquivalent zur ursprünglichen Form sind, und diese schwächeren Charakterisierungen der Gauß- und Poisson-Verteilungen lassen sich auf beliebige lokalkompakte Gruppen übertragen: Die Gruppe $\mathcal{G} = R^1$ ist dadurch ausgezeichet, daß jedes unendlich oft teilbare Maß in eine eindeutig bestimmte stetige Halbgruppe einbettbar ist. Daher sind Charakterisierungen spezieller unendlich teilbarer Maße (Gauß- und Poisson-Maße) äquivalent mit der Charakterisierung der zugehörigen Halbgruppen, beziehungsweise deren erzeugenden Distributionen. Zu einer Charakterisierung einer Gauß- oder Poisson-Verteilung auf $\mathcal{G} = R^1$ läßt sich also eine Charakterisierung der Gauß- oder Poisson-Halbgruppen angeben, resp. deren erzeugenden Distributionen und diese läßt sich auf beliebige lokalkompakte Gruppen übertragen.

In § 1 wird das folgende Problem studiert: Bekanntlich läßt sich jede erzeugende Distribution durch Poisson'sche Distributionen approximieren. Es werden nun Bedingungen angegeben, die garantieren, daß der Grenzwert einer Folge Poisson'scher Distributionen ohne Gauß'schen Anteil / symmetrisch Gauß'sch / primitiv / oder eine Distribution von lokalem Charakter ist. (Diese Aussagen sind natürlich insbesondere im Zusammenhang mit Grenzwertsätzen von Interesse, darauf kann jedoch in diesem Rahmen nicht eingegangen werden.)

In § 2 werden der Satz von Cramér und die damit eng zusammenhängende Definition der Normalverteilung nach Parthasarathy (s. [51]) behandelt: Ein unendlich teilbares Maß (ohne idempotenten Faktor) ist genau dann Gauß'sch, wenn es keinen Poisson'schen Faktor besitzt, bzw. wenn jeder Faktor Gauß'sch ist. Im Falle $\mathcal{G} = R^1$ ist dies äquivalent zu der folgenden Aussage: Eine erzeugende Distribution ist genau dann Gauß'sch, wenn sie keinen Poisson'schen Summanden besitzt, bzw. wenn jeder Summand Gauß'sch ist. Diese Aussage gilt aber für jede lokalkompakte Gruppe; sie besagt gerade, daß die Gauß'schen und primitiven Distributionen dadurch ausgezeichnet sind, daß ihr Lévy-Maß trivial ist.

§ 3 behandelt die analoge Charakterisierung der elementaren Poisson-Verteilungen (Satz von Raikoff). Die äquivalente Form, die sich auf lokalkompakte Gruppen übertragen läßt, lautet wieder: Eine erzeugende Distribution ist genau dann elementar Poisson'sch, wenn jeder Summand von dieser Gestalt ist.

Die letzten Teile § 4, § 5 beschäftigen sich mit dem Satz von Bernstein: μ ist genau dann Gauß-Maß (auf $\mathcal{G} = R^1$), wenn es Maße μ_1, ν_1 gibt, so daß $A(\mu \otimes \mu) = \mu_1 \otimes \nu_1$ ist; dabei bezeichnet A die Abbildung $(x,y) \longrightarrow (x+y,\ x-y)$ von $R^2 \longrightarrow R^2$.

Um für beliebige lokalkompakte Gruppen ähnliche Aussagen zu erhalten, muß dieses Resultat zunächst wieder neu formuliert werden, nämlich in Gestalt der erzeugenden Distributionen. Dazu müssen erzeugende Distributionen auf direkten Produkten lokalkompakter Gruppen, direkte Produkte von Maßhalbgruppen und deren erzeugende Distributionen studiert werden. In dieser Sprechweise läßt sich dann der Satz von Bernstein, beziehungsweise eine äquivalente Form dieses Satzes, auf beliebige lokalkompakte Gruppen übertragen.

Im Zusammenhang mit Summen erzeugender Distributionen wird gelegentlich der Begriff Halbgruppenfaktorisierung verwendet. Darunter ist folgendes zu verstehen : seien A,B erzeugende Distributionen, (μ_t), (ν_t) und (λ_t) seien die von A,B und A+B erzeugten Halbgruppen,dann ist die Gestalt von (λ_t) durch die Produktformel $\lambda_t = \lim\ (\mu_{t/k}\ \nu_{t/k})^k$ gegeben.
Um dies auszudrücken wird die Schreibweise $\lambda_t =: \mu_t \odot \nu_t$ verwendet .
Einprägsamer ist dies in der Form

$$\mathcal{E}x(t(A + B)) =: \mathcal{E}x(tA) \odot \mathcal{E}x(tB) .$$

§ 1 Charakterisierung gewisser erzeugender Distributionen durch approximierende Folgen von Poisson-Generatoren

Es werden nun stets die Bezeichnungsweisen von Teil I verwendet. Insbesondere bezeichnet $\mathcal{D} = \mathcal{D}(\mathcal{G})$ den Raum der (reellen) unendlich oft differenzierbaren Funktionen im Sinne von Bruhat, $\mathcal{M} = \mathcal{M}(\mathcal{G})$ den Kegel der erzeugenden Distributionen.

$\mathbb{P}$ / $\mathbb{G}$ / $\mathbb{P} + \mathbb{G}$ / $\mathbb{L}$ / $\mathbb{PO}$ / $\mathbb{EP}$ seien die Teilmengen der primitiven / symmetrisch Gauß'schen (quadratischen) / Distributionen von lokalem Charakter (i.e. im Ursprung konzentrierte Distributionen) / Distributionen ohne Gauß'schen Anteil / Poisson'sche Distributionen (Poisson-Generatoren) / elementaren Poisson-Generatoren (s. I, Definition 2.2).

Zu jeder erzeugenden Distribution A gibt es, wie schon oftmals verwendet, eine Folge von Poisson-Generatoren A_n, so daß $A_n \longrightarrow A$. (Sei etwa $(\mu_t, t \geq 0)$ die von A erzeugte Halbgruppe, dann wähle man $A_n := n(\mu_{1/n} - \varepsilon_e)$, $n \in \mathbb{N}$.) Es ist nun naheliegend zu erwarten, daß die Kegel $\mathbb{P}$, $\mathbb{G}$, $\mathbb{P} + \mathbb{G}$ und $\mathbb{L}$ durch spezielle Wahl der approximierenden Folgen $\{A_n\}$ charakterisiert werden können.

Man benötigt folgende Bezeichnungen: Das Lévy-Maß einer erzeugenden Distribution A werde mit η_A bezeichnet. Zu jeder erzeugenden Distribution gibt es (bei fester Lévy-Abbildung Γ, s. I, Definition 2.0) eine kanonische Zerlegung A = P + G + L, mit $P \in \mathbb{P}$, $G \in \mathbb{G}$, L(f) =

$$= \int_{\mathcal{G} \setminus \{e\}} (f(x) - f(e) - \Gamma f(x)) \, d\eta_A(x).$$

P, L und P + L liegen in $\mathbb{L}$, $\mathbb{L}$ ist die Menge aller $A \in \mathcal{M}(\mathcal{G})$, deren Gauß'scher Anteil G = 0 ist.

Weiter werden zwei Teilmengen in $\mathcal{D}(\mathcal{G})$ ausgezeichnet: Es sei

$$\Lambda := \{ f \in \mathcal{D}^r_+ : f(e) = 0 \}, \quad \Lambda_2 := \{ f \in \mathcal{D}^r_+ : f = 0 \text{ in einer Umgebung von } e, \; 0 \leq f \leq \mathbb{1} \}.$$

<u>Satz 1.1:</u> $A \in \mathcal{M}(\mathcal{G})$ ist genau dann ohne Gauß'schen Anteil, i.e. $A \in \mathbb{L}$, wenn es ein Netz von Poisson-Generatoren $\{P_\alpha = a_\alpha(\nu_\alpha - \varepsilon_e),\; a_\alpha > 0,\; \nu_\alpha \in M^1(\mathcal{G}),\; \nu_\alpha(\{e\}) = 0\}$ und ein Netz primitiver Distributionen $T_\alpha \in \mathbb{P}$ gibt, so daß (i) $(P_\alpha + T_\alpha)(f) \longrightarrow A(f)$ für alle $f \in \mathcal{D}(\mathcal{G})$ und (ii) $a_\alpha \nu_\alpha$ monoton nicht fallend ist. (s. auch Tortrat [65], Dettweiler [14], II, Definition 1.4)

Beweis: 1) Sei $A \in \mathbb{L}$, es sei Γ eine Lévy-Abbildung, $\eta = \eta_A$ sei das Lévy-Maß und A sei in kanonischer Form dargestellt:
$A(f) = P(f) + \int (f(x) - f(e) - \Gamma f(x))\, d\eta(x)$ mit $P \in \mathbb{P}$. Es sei $\mathcal{U}(e)$ der Umgebungsfilter von e und mit η_U werde die Einschränkung von η auf $\mathcal{G}\setminus U$, $U \in \mathcal{U}(e)$ offen, bezeichnet. Weiter sei $\nu_U := (1/\eta_U(\mathcal{G})).\eta_U$ und $a_U := \eta_U(\mathcal{G})$. Dann ist $a_U \nu_U$ monoton nicht fallend, nämlich $a_U \nu_U = \eta_U \nearrow \eta$, also gilt (i), wenn man $P_U = a_U(\nu_U - \varepsilon_e) = \eta_U - (\eta_U(\mathcal{G})).\varepsilon_e$ setzt.

Nun sei $T_U \in \mathbb{P}$ definiert durch $T_U(f) = T(f) - \int_{\mathcal{G}\setminus(e)} \Gamma f(x) d\eta_U(x)$, dann konvergiert offensichtlich $T_U(f) + P_U(f) \xrightarrow[U \in \mathcal{U}(e)]{} A(f)$, für alle $f \in \mathcal{D}(\mathcal{G})$, also ist auch (ii) erfüllt.

2) Es sei nun umgekehrt $P_\alpha = a_\alpha(\nu_\alpha - \varepsilon_e) \in \mathbb{P}\mathbb{D}$, $T_\alpha \in \mathbb{P}$ gegeben, so daß (i) und (ii) erfüllt sind. Es sei Γ eine feste Lévy-Abbildung und A sei wieder in kanonischer Form dargestellt:
$A(f) = T(f) + G(f) + \int_{\mathcal{G}\setminus(e)} (f(x) - f(e) - \Gamma f(x)) d\eta(x)$.

Für alle $f \in \Lambda$, $\varphi \in \Lambda_2$ ist:

$$T(f) = T(f\varphi) = \Gamma f(x) = \Gamma(f\ )(x) = T_\alpha(f) = T_\alpha(f\varphi) = 0.$$

Weiter ist $G(f) = \lim\limits_{\varphi \searrow \mathbb{1}_{\{e\}}} A(f\ ) = \lim\limits_{\varphi} \lim\limits_{\alpha} (T_\alpha + P_\alpha)(f\ ) =$

$$= \lim_{\varphi} \lim_{\alpha} P_\alpha(f\varphi) = \lim_{\varphi} \sup_{\alpha} a_\alpha \nu_\alpha(f\varphi).$$

Sei nun $f \in \Lambda$ festgehalten, dann ist für jedes $g \in \mathcal{D}^r_+(\mathcal{G})$: $A(fg) =$
$= \sup\limits_\alpha a_\alpha \nu_\alpha(fg) \leq \|g\|_0 \cdot \sup\limits_\alpha a_\alpha \nu_\alpha(f) = \|g\|_0 A(f)$, daher ist $g \to F_f(g) = \sup\limits_\alpha a_\alpha \nu_\alpha(fg)$, $g \in \mathcal{D}^r_+(\mathcal{G})$ die Einschränkung eines nicht negativen, beschränkten regulären Maßes auf $\mathcal{G}$, das wieder mit F_f bezeichnet werde, und es ist $F_f(\{e\}) = 0$.

Man erhält daher: $G(f) = \lim\limits_{\varphi \searrow \mathbb{1}_{\{e\}}} F_f(\varphi) = \lim\limits_{\varphi} \int \varphi(x) dF_f(x) = 0$, da $\varphi \searrow \mathbb{1}_{\{e\}}$. Es verschwindet daher G auf Λ und es muß, wie schon mehrmals verwendet, daher $G = 0$ sein, also $A \in \mathbb{L}$. □

Ganz ähnlich beweist man den

Satz 1.2: Sei $A \in \mathbb{M}\mathbb{D}(\mathcal{G})$ und sei $\{P_\alpha\}$ ein Netz von Poisson-Generatoren und $\{T_\alpha\}$ ein Netz primitver Distributionen, so daß $(P_\alpha + T_\alpha)(f) \to A(f)$

für alle $f \in \mathcal{D}(\mathcal{G})$. Dann gilt:

a) A ist von lokalem Charakter (i.e. $A \in \mathbb{G} + \mathbb{P}$) genau dann, wenn $P_\alpha(f) \longrightarrow 0$ für alle $f \in \Lambda_2 = \{f \in \mathcal{D}_+^r(\mathcal{G}) : 0 \leq f \leq \mathbb{1},\ f \equiv 0$ in einer Umgebung der Einheit$\}$.

b) A ist symmetrisch Gauß'sch oder A = 0 (i.e. $A \in \mathbb{G}$), genau dann, wenn $P_\alpha(f) \longrightarrow 0$ für alle $f \in \Lambda_2$ und $(P_\alpha + T_\alpha)(f) \longrightarrow 0$ für alle f der Gestalt $f = g - g^*$, $g \in \mathcal{D}(\mathcal{G})$.

c) A ist primitiv (i.e. $A \in \mathbb{P}$) genau dann, wenn $P_\alpha(f) \longrightarrow 0$ für alle $f \in \Lambda_2$ und wenn $(P_\alpha + T_\alpha)(f) \longrightarrow 0$ für alle f der Gestalt $f = g + g^*$, $g \in \mathcal{D}(\mathcal{G})$.

Es sei kurz angedeutet, daß hier tatsächlich eine enge Beziehung zu Grenzwertsätzen besteht: Sei $(\mu_{n,k})_{1 \leq k \leq k_n, n \in \mathbb{N}}$ ein - in geeignetem Sinne gleichmäßig infinitesimales - Dreieckssystem von Wahrscheinlichkeitsmaßen, die bei festem n kommutieren. Dann betrachtet man das zugehörige System der begleitenden Verteilungen $p_{n,k} := \exp(\mu_{n,k} - \varepsilon_e)$, sowie die Zeilenprodukte

$$\mu_n := \prod_{k=1}^{k_n} \mu_{n,k},$$

$$p_n := \prod_{k=1}^{k_n} p_{n,k} = \exp\left(\sum_{k=1}^{k_n} \mu_{n,k} - k_n \varepsilon_e\right).$$

Unter geeigneten Voraussetzungen kann man erwarten, daß, ähnlich wie im Fall $\mathcal{G} = \mathbb{R}_1$, die Konvergenzverhalten von μ_n und p_n übereinstimmen. (Für MFP Gruppen s. Heyer [35] , Siebert [58], eine allgemeine Studie dieses Problemkreises wird demnächst von E. Siebert veröffentlicht). Da $\left(A_n := \sum_{k=1}^{k_n} \mu_{n,k} - k_n \varepsilon_e\right)_{n \in \mathbb{N}}$ eine Folge von Poissongeneratoren ist, ist das Konvergenzverhalten von (p_n) bestimmt durch das Verhalten der Folge A_n, in diesem Zusammenhang sind also auch die Sätze 1.1, 1.2 von Interesse.

§ 2 Zur Definition der Gauß-Verteilung nach Parthasarathy und zum Satz von Cramér

In [51], IV, § 6 wird folgende Definition der Normalverteilung (Gauß-Verteilung) auf lokalkompakten Abelschen Gruppen angegeben:

μ sei ein nicht entartetes unendlich teilbares Wahrscheinlichkeitsmaß ohne idempotenten Faktor. μ ist eine Gauß-Verteilung, wenn μ keine Poisson'schen Faktoren besitzt, i.e. wenn aus $\mu = \varepsilon_x \nu \lambda$, $\nu \in M^1(\mathcal{G})$ unendlich teilbar und λ Poisson'sch, folgt, daß $\lambda = \varepsilon_e$ ist.

(Dabei ist "unendlich teilbar" im Sinne von Parthasarathy zu verstehen. In dieser Arbeit wird dagegen stets die, im Falle nicht Abel'scher Gruppen bessere, Definition verwendet: μ heißt unendlich teilbar, wenn es zu jedem natürlichen n ein $\mu_{1/n} \in M^1(\mathcal{G})$ gibt mit $\mu_{1/n}^n = \mu$.)

Betrachtet man den Spezialfall $\mathcal{G} = R_1$ und berücksichtigt man, daß jedes unendlich teilbare Maß in $M^1(R_1)$ in eine eindeutig bestimmte stetige Halbgruppe einbettbar ist und daß nur triviale idempotente Faktoren auftreten, so erhält man:

Satz 2.1: Sei $(\mu_t, t \geq 0, \mu_0 = \varepsilon_0)$ eine stetige Halbgruppe in $M^1(R_1)$, es seien (ν_t) und (λ_t) zwei weitere stetige Halbgruppen in $M^1(R_1)$, so daß $\mu_t = \nu_t \lambda_t$ für alle $t \geq 0$; (ν_t) sei eine Poisson-Halbgruppe. (μ_t) ist Gauß-Halbgruppe (oder entartet) genau dann, wenn bei jeder Zerlegung $\mu_t = \nu_t \lambda_t$ der Poisson-Anteil $\nu_t = \varepsilon_0$ sein muß.

Durchsichtiger wird diese Aussage, wenn man folgende Formulierung verwendet:

Satz 2.1': Seien A,B,C die erzeugenden Distributionen der stetigen Halbgruppen (μ_t), (ν_t), (λ_t), es sei A = B + C und C sei Poisson'sch. Dann gilt: A ist von lokalem Charakter, i.e. Gauß'sch oder entartet genau dann, wenn bei jeder solchen Zerlegung der Poisson-Anteil C = 0 ist.

In dieser Form ist die Aussage des Satzes für jede lokalkompakte Gruppe gültig.

Sei nämlich η_A, das Lévy-Maß von A, dann ist $\eta_A = \eta_B + \eta_C$; da diese Summanden nicht negativ sind, kann η_A nur dann verschwinden (i.e. $A \in \mathbb{G} + \mathbb{P}$ sein), wenn auch η_B und η_C verschwinden.

Umgekehrt, sei $\eta = \eta_A \neq 0$, dann gibt es eine Einheitsumgebung U, so daß die Einschränkung $\eta|_{\mathcal{G}\setminus U}$ nicht trivial ist. Es seien (bei fester Lévy-Abbildung Γ) T der primitive und G der symmetrisch-Gauß'sche Anteil von A. Dann definiere man B und C gemäß $B(f) := T(f) + G(f) + \int_{\mathcal{G}\setminus U} \Gamma f(x) d\eta(x) + \int_{U\setminus(e)} (f(x) - f(e) - \Gamma f(x)) d\eta(x)$, $C(f) := \int_{\mathcal{G}\setminus U} (f(x) - f(e)) d\eta(x)$ und man erhält: $A = B + C$, $B, C \in \mathcal{M}\mathcal{D}(\mathcal{G})$ und C ist Poisson-Generator $\neq 0$. □

Verwendet man den in der Einleitung erwähnten Begriff der Halbgruppenfaktorisierung, so erhält man die folgende äquivalente Gestalt des Satzes:

<u>Satz 2.1'':</u> Es seien $(\mu_t, t \geq 0, \mu_0 = \varepsilon_e)$ und $(\nu_t, t \geq 0, \nu_0 = \varepsilon_e)$, $(\lambda_t, t \geq 0, \lambda_0 = \varepsilon_e)$ stetige Halbgruppen in $M^1(\mathcal{G})$, es sei $\mu_t = \nu_t \odot \lambda_t$ ($:= \lim_{k\to\infty} (\nu_{t/k} \lambda_{t/k})^k$) und (ν_t) sei eine Poisson-Halbgruppe. (μ_t) ist genau dann Gauß'sch, wenn bei jeder solchen Halbgruppenfaktorisierung der Poisson-Anteil (ν_t) trivial, i.e. $\nu_t = \varepsilon_e$ ist.

Der Satz 2.1' bzw. 2.1'' ist ein Spezialfall einer Charakterisierung der Gauß-Verteilungen, die eng mit dem Satz von Cramér verbunden ist: Die Cramér'sche Charakterisierung der Normalverteilung auf dem R_1 lautet bekanntlich (s. z.B. Feller [20], Linnik [48]):

<u>(2.2)</u> Ein Maß $\mu \in M^1(R_1)$ ist genau dann Gauß'sch, wenn es nur Gauß'sche Faktoren besitzt, i.e. wenn aus $\mu = \nu\lambda$, $\nu, \lambda \in M^1(R_1)$ folgt, daß ν und λ Gauß-Maße sind. (Dabei wird der Kürze halber in diesem Zusammenhang auch ein entartetes Maß als Gauß'sch betrachtet.)

Das Resultat (2.2) besteht aus zwei verschiedenen Aussagen, von denen die eine mit der Struktur des R_1 verknüpft ist, während die andere für beliebige lokalkompakte Gruppen gilt:

<u>(2.2 a)</u> Jeder Faktor einer Gauß-Verteilung auf dem R_1 ist unendlich teilbar und kann daher in eine eindeutig bestimmte stetige Halbgruppe eingebettet werden (i.e. Gauß-Maße gehören zur Klasse I_0, s. [48]).

<u>(2.2 b)</u> Sei $\mu_t = \nu_t \lambda_t$ (wobei (μ_t), (ν_t), (λ_t) stetige Halbgruppen in $M^1(R_1)$ sind), dann gilt: Wenn (ν_t) und (λ_t) Gauß'sch sind, dann ist auch (μ_t) Gauß'sch; wenn andererseits (μ_t) Gauß'sch ist, dann sind (ν_t) und (λ_t) Gauß'sch.

Betrachtet man wieder die erzeugenden Distributionen, so erhält man:

<u>(2.2 b')</u> Seien $A, B, C \in \mathcal{M}\mathcal{D}(\mathcal{G})$, $A = B + C$. Dann gilt: A ist genau dann Gauß'sch (i.e. $\in \mathbb{G} + \mathbb{P}$), wenn B und C Gauß'sch sind.

Die Aussage (2.2 b') gilt, wie schon mehrmals verwendet, für beliebige lokalkompakte Gruppen - dies folgt z.B. aus der Trägerrelation für erzeugende Distributionen, $Tr(F_1 + F_2) = Tr(F_1) \cup Tr(F_2)$ bzw. aus der Eindeutigkeit der kanonischen Darstellung.
Zusammenfassend erhält man somit:

Satz 2.2: Sei $(\mu_t, t \geq 0, \mu_o = \varepsilon_e)$ eine stetige Halbgruppe in $M^1(\mathcal{G})$. (μ_t) ist genau dann Gauß-Halbgruppe, wenn jede Zerlegung der erzeugenden Distributionen A in die Summe erzeugender Distributionen A = B + C nur aus Gauß'schen Summanden besteht, i.e. aus $A \in \mathfrak{G} + \mathbb{P}$ folgt B, $C \in \mathfrak{G} + \mathbb{P}$. Anders ausgedrückt: (μ_t) ist Gauß'sch genau dann, wenn in jeder Halbgruppenfaktorisierung $(\mu_t = \nu_t \odot \lambda_t)$ beide Faktoren (ν_t) und (λ_t) Gauß'sch sind.

Es bleibt noch zu bemerken, daß die Aussage (2.2 a) nicht für beliebige lokalkompakte Gruppen richtig ist, sie ist z.B. falsch, wenn die Gruppe einen Torus enthält (s. H. Carnal [8]).

Kehren wir zurück zur Definition der Gaußverteilung nach Parthasarathy [51]: Sei $\mathcal{G}$ Abelsch, sei μ unendlich teilbar (im Sinne von Parthasarathy, i.e. für alle $n \in \mathbb{N}$ existiert ein $x_n \in \mathcal{G}$ und ein $\mu_n \in M^1(\mathcal{G})$ mit $\mu_n^n \varepsilon_{x_n} = \mu$) und sei μ zerlegt in $\mu = \nu\lambda$, ν ohne idempotenten Faktor, unendlich teilbar, $\lambda = \exp \alpha(\sigma - \varepsilon_e)$ Poissonsch.

Dann weiß man, daß die Maße μ und ν so translatiert werden können, daß sie in stetige Halbgruppen einbettbar sind. Vernachlässigt man die Translationen, so sieht man, daß die Definition „ μ ist Gaußsch, genau dann, wenn bei jeder solchen Zerlegung $\lambda = \varepsilon_e$ ist" auch im Falle einer allgemeinen Abelschen Gruppe im unmittelbaren Zusammenhang zu Satz 2.1 resp. 2.1' steht.

§ 3 Zum Satz von Raikoff

Nach dem Satz von Raikoff (s. z.B. Linnik [48]) lassen sich die verschobenen elementaren Poisson-Verteilungen auf dem R_1 auf folgende Weise charakterisieren:

(3.1) $\mu \in M^1(R_1)$ ist genau dann von der Gestalt $\mu = \varepsilon_z \exp(t(\varepsilon_x - \varepsilon_o))$, wenn jeder Faktor von μ von der Gestalt $\varepsilon_{z_1} \exp(t_1(\varepsilon_x - \varepsilon_o))$ ist.

Wiederum setzt sich diese Aussage aus zwei Teilen zusammen, nämlich

(3.1 a) Jeder Faktor eines verschobenen Poisson-Maßes in $M^1(R_1)$ ist unendlich teilbar und daher in eine eindeutig bestimmte Halbgruppe aus $M^1(R_1)$ einbettbar; i.e. Maße der Gestalt (3.1) gehören zu I_o, s. [48].

(3.1 b) Seien (μ_t), (ν_t), (λ_t) stetige Halbgruppen in $M^1(R_1)$, es sei $\mu_t = \nu_t \lambda_t$ für alle $t \geqslant 0$. Wenn $\nu_t = \varepsilon_{tz_1} \exp(t\,(\varepsilon_x - \varepsilon_o))$, $\lambda_t =$
$= \varepsilon_{tz_2} \exp(t\beta(\varepsilon_x - \varepsilon_o))$ mit $t, \alpha, \beta, \geqslant 0$, x, z_1, $z_2 \in R_1$, dann ist $\mu_t = \varepsilon_{t(z_1+z_2)} \exp(t(\alpha+\beta)(\varepsilon_x - \varepsilon_o))$.

Umgekehrt, wenn $\mu_t = \varepsilon_{tz} \exp(t\gamma(\varepsilon_x - \varepsilon_o))$, $t \geqslant 0$ ist, dann sich auch die Faktoren ν_t und λ_t von dieser Gestalt: $\nu_t = \varepsilon_{tz_1} \exp(t\alpha(\varepsilon_x - \varepsilon_o))$, $\lambda_t = \varepsilon_{tz_2} \exp(t\beta(\varepsilon_x - \varepsilon_o))$, $\alpha + \beta = \gamma$, $z_1 + z_2 = z$.

Die Aussage (3.1 b) läßt sich nun wieder in Gestalt der erzeugenden Distributionen schreiben:

(3.1 b') Seien A,B, C erzeugende Distributionen, A = B + C.

Wenn T_1, T_2 primitiv sind und $D = \alpha(\varepsilon_x - \varepsilon_o)$, $E = \beta(\varepsilon_x - \varepsilon_o)$ elementare Poisson-Generatoren sind und wenn $B = T_1 + D$, $C = T_2 + E$, dann ist A auch von dieser Gestalt, nämlich $A = (T_1 + T_2) + (\alpha+\beta)(\varepsilon_x - \varepsilon_o)$; umgekehrt, wenn A von der Gestalt $A = T + \gamma(\varepsilon_x - \varepsilon_o)$, T primitiv, ist, dann sind auch B und C von dieser Gestalt.

In dieser Form gilt die Aussage wieder für beliebige lokalkompakte Gruppen, man erhält dies unmittelbar aus den kanonischen Zerlegungen; zusammenfassend gilt also der

Satz 3.1: $\mathcal{G}$ sei eine lokalkompakte Gruppe, es seien (μ_t), (ν_t), (λ_t) stetige Halbgruppen in $M^1(\mathcal{G})$ mit $\mu_o = \nu_o = \lambda_o = \varepsilon_e$; die erzeugenden Distributionen seien mit A, B, C bezeichnet und es sei A = B + C resp. $\mu_t = \nu_t \odot \lambda_t$.

(i) Wenn B und C von der Gestalt $B = T_1 + D$, $C = T_2 + E$ sind, wobei T_1, T_2 primitiv und D und E Poisson'sch sind, dann ist auch A von dieser Gestalt und umgekehrt, wenn A = T + F, T primitiv, F Poisson'sch ist, dann dann sind B und C von dieser Gestalt. Es ist stets $T = T_1 + T_2$, $F = D + E$.

(ii) Wenn F elementarer Poisson-Generator ist, $F = \gamma(\varepsilon_x - \varepsilon_e)$, dann sind auch B und C von der Gestalt $B = \alpha(\varepsilon_x - \varepsilon_e)$, $C = \beta(\varepsilon_x - \varepsilon_e)$, $\gamma = \alpha + \beta$.

[Der Beweis ist offensichtlich.]

Es bleibt wiederum zu bemerken, daß die Aussage (3.1 a) nicht für beliebige lokalkompakte Gruppen gilt. Wenn z.B. $\mathcal{G}$ Elemente endlicher Ordnung enthält, dann lassen sich Gegenbeispiele konstruieren (s. z.B. L. Schmetterer [55], A. Rukhin [54]).

Das Problem hängt eng mit der Frage zusammen, unter welchen Voraussetzungen die Wurzeln der unendlich teilbaren Maße - damit insbesondere der elementaren Poissonmaße - eindeutig bestimmt sind. Für Abelsche Gruppen ist dies der Fall, wenn $\mathcal{G}$ aperiodisch ist, i.e. keine echten kompakten Untergruppen besitzt, allgemein ist meines Wissens darüber sehr wenig bekannt (s. [28] Satz 2.5ff).

§ 4 Direkte Produkte von Faltungshalbgruppen

Es seien $\mathcal{G}_1$, $\mathcal{G}_2$ lokalkompakte Gruppen, die Einheitselemente werden mit e_1, e_2 bezeichnet, es sei $\mathcal{H} := \mathcal{G}_1 \times \mathcal{G}_2$. Weiter seien $j_i : \mathcal{G}_i \longrightarrow \mathcal{H}$ die kanonischen Injektionen, $\pi_i : \mathcal{H} \longrightarrow \mathcal{G}_i$ die kanonischen Projektionen, i = 1,2. $(\mu_t^{(i)}, t \geq 0, \mu_0^{(i)} = \varepsilon_{e_i})$ seien stetige Halbgruppen von Wahrscheinlichkeitsmaßen auf $\mathcal{G}_i$, i = 1, 2. Dann werden durch j_i stetige Halbgruppen auf $\mathcal{H}$ induziert, nämlich $(\bar{\mu}_t^{(i)} := j_i(\mu_t^{(i)}))$.

Es sei $C^\bullet := C_0(\mathcal{G}_1) \otimes C_0(\mathcal{G}_2) = \{\sum' a_i f_i \otimes g_i, a_i \in \mathbb{C}$ (resp. R_1), $f_i \in C_0(\mathcal{G}_1), g_i \in C_0(\mathcal{G}_2)\}$. Für $\mu_i \in M(\mathcal{G}_i)$, i = 1,2 sei $\mu_1 \otimes \mu_2$ definiert durch:

$$\mu_1 \otimes \mu_2 (\sum a_i f_i \otimes g_i) = \sum a_i \mu_1(f_i) \mu_2(g_i) \text{ für } \sum a_i f_i \otimes g_i \in C^\bullet.$$

Da $C^\bullet$ in $C_0(\mathcal{H})$ dicht liegt, ist damit $\mu_1 \otimes \mu_2$ eindeutig erklärt. Insbesondere gilt für $\mu \in M(\mathcal{G}_1)$: $j_1(\mu) = \mu \otimes \varepsilon_{e_2}$ resp. für $\mu \in M(\mathcal{G}_2)$: $j_2(\mu) = \varepsilon_{e_1} \otimes \mu$.

Mit den oben vereinbarten Bezeichnungen ist stets $(\mu_t = \mu_t^{(1)} \otimes \mu_t^{(2)})$ eine stetige Halbgruppe in $M^1(\mathcal{H})$, es ist $\mu_t = \mu_t^{(1)} \otimes \mu_t^{(2)} = j_1(\mu_t^{(1)})\, j_2(\mu_t^{(2)})$. Nun soll die erzeugende Distribution der Halbgruppe (μ_t) bestimmt werden. Dazu betrachtet man wieder das Tensorprodukt $\mathcal{D}^\bullet := \mathcal{D}(\mathcal{G}_1) \otimes \mathcal{D}(\mathcal{G}_2)$. $\mathcal{D}^\bullet$ ist invariant gegenüber links- und rechts-Translationen in $\mathcal{H}$, daher sind die Voraussetzungen des Satzes von Hirsch (s. 0, § 4) erfüllt. Eine erzeugende Distribution $A \in \mathcal{MD}(\mathcal{H})$ ist somit bestimmt durch die Einschränkung $A|\mathcal{D}^\bullet$. Das Tensor-Produkt $A \otimes B$, $A \in \mathcal{MD}(\mathcal{G}_1)$, $B \in \mathcal{MD}(\mathcal{G}_2)$ wird wie das Tensor-Produkt von Maßen definiert.

Es sei A die erzeugende Distribution der Halbgruppe $(\mu_t = \mu_t^{(1)} \otimes \mu_t^{(2)})$, dann ist für alle $f = \sum a_i f_i \otimes g_i \in \mathcal{D}^\bullet$:

$$A(f) = \frac{d^+}{dt} (\mu_t(f))\Big|_{t=0} = \frac{d^+}{dt} (\sum a_i \mu_t^{(1)}(f_i) \mu_t^{(2)}(g_i))\Big|_{t=0} =$$

$$= \sum a_i \frac{d^+}{dt} \mu_t^{(1)}(f_i)\mu_t^{(2)}(g_i)) \Big|_{t=o} = \sum a_i (\frac{d^+}{dt}\mu_t^{(1)}(f_i) \Big|_{t=o})\mu_o^{(2)}(g_i) +$$

$$+\mu_o^{(1)}(f_i)(\frac{d^+}{dt}\mu_t^{(2)}(g_i)\Big|_{t=0}) = \sum a_i\ A_1(f_i)\,\mathcal{E}_{e_2}(g_i) +$$

$$+ \mathcal{E}_{e_1}(f_i)\ A_2(g_i),$$

wobei A_i, $i = 1,2$ die erzeugenden Distributionen der Halbgruppen $(\mu_t^{(i)})$ sind.

Es ist also $A = A_1 \otimes \mathcal{E}_{e_1} + \mathcal{E}_{e_2} \otimes A_2$. (Zunächst gilt diese Gleichheit für alle Elemente des Raumes $\mathcal{D}^\bullet$, da aber A durch die Einschränkung auf $\mathcal{D}^\bullet$ bereits eindeutig festgelegt ist, ist diese Aussage sinnvoll.)

Man erhält sofort: Wenn beide Halbgruppen $(\mu_t^{(i)})$ Gauß-Halbgruppen (oder entartet) sind, dann hat auch (μ_t) diese Gestalt.

(3.1) Nun wird vorausgesetzt, daß $\mathcal{G}_1 = \mathcal{G}_2 = \mathcal{G}$. Es seien a, b, c, d stetige Abbildungen von $\mathcal{G} \to \mathcal{G}$ mit folgenden Eigenschaften:

(i) $a(e) = e = b(e) = c(e) = d(e)$

(ii) Mit $f \in \mathcal{D}(\mathcal{G})$ sind auch $f \circ a$, $f \circ b, \ldots \in \mathcal{D}(\mathcal{G})$.

(iii) a, b, c, d sind surjektiv und schließlich

(iv) sei mit $f \in \mathcal{D}(\mathcal{G} \times \mathcal{G}) = \mathcal{D}(\mathcal{H})$ auch die folgende Funktion in $\mathcal{D}(\mathcal{H})$: $(x,y) \to f(a(x)b(y),\ c(x)d(y)) = f \circ \varphi(x,y)$. Dabei bezeichnet $\varphi: \mathcal{H} \to \mathcal{H}$ die Abbildung $(x,y) \longrightarrow (a(x)b(y),\ c(x)d(y))$.

Man sieht leicht, daß diese Bedingungen erfüllt sind, wenn a, b, c, d topologische Automorphismen oder Antiautomorphismen sind.

Im folgenden seien a, b, c, d und damit φ fest gewählt. $\overline{\overline{\varphi}}: M^1(\mathcal{H}) \to M^1(\mathcal{H})$ sei (wie in I, Satz 2.6) durch $\overline{\overline{\varphi}}(A)(f) := A(f \circ \varphi)$, $A \in M^1(\mathcal{H})$, $f \in \mathcal{D}(\mathcal{H})$ definiert.
Wieder gilt natürlich: Wenn A Gauß'sch ist, dann ist auch $\overline{\overline{\varphi}}(A)$ Gauß'sch.

Im folgenden Satz wird zudem vorausgesetzt, daß $A_1 = A_2 = A_o$ und daß $a(x) = b(x) = c(x) = x$ und $d(x) = x^{-1}$ für alle $x \in \mathcal{G}$, i.e.
$\varphi(x,y) = (xy, xy^{-1})$.

Satz 3.1: Sei A_o eine Gauß'sche oder primitive Distribution ($A_o \in \mathbb{G} + \mathbb{P}$) und sei $\varphi: (x,y) \to (xy, xy^{-1})$. Dann gibt es Gauß'sche oder primitive Distributionen B_1, B_2, so daß $\overline{\overline{\varphi}}(A) = \overline{\overline{\varphi}}(A_o \otimes \mathcal{E}_e + \mathcal{E}_e \otimes A_o) =$

$= B_1 \otimes \mathcal{E}_e + \mathcal{E}_e \otimes B_2$. Es ist $B_1 = A_o + A_o = 2A_o$, $B_2 = A_o + \tilde{A}_o$.

Beweis: Sei zunächst $\varphi : (x,y) \longrightarrow (a(x)b(y),\ c(x)d(y))$, dann gilt:

(3.2) $\bar{\bar{\varphi}}(A)(f \otimes g) = (A_1 \otimes \mathcal{E}_e + \mathcal{E}_e \otimes A_2)(f \otimes g \circ \varphi) = A_1((f \circ a)(g \circ c)) + A_2((f \circ b)(g \circ d))$. Unter obigen Voraussetzungen gilt daher

(3.2) $\bar{\bar{\varphi}}(A)(f \otimes g) = A_o(fg) + A_o(fg^*)$, wobei $g^*(x) = g(x^{-1})$ ist.

Nun zerlegt man A_o in kanonischer Form: $A_o = P + G$, $P \in \mathbb{P}$, $G \in \mathbb{G}$.

Dann gilt: $\bar{\bar{\varphi}}(A)(f \otimes g) = P(fg) + P(fg^*) + G(fg+fg^*) = P(f)g(e) + f(e)P(g) + P(f)g(e) - f(e)P(g) + 2(G(f)g(e) + f(e)G(g)) = 2((P+G)(f))g(e) + 2f(e)G(g) = ((2(P+G)) \otimes \mathcal{E}_e + \mathcal{E}_e \otimes 2G)(f \otimes g) = (2A_o \otimes \mathcal{E}_e + \mathcal{E}_e \otimes (A_o + \tilde{A}_o))(f \otimes g)$. $\square$

Nun betrachtet man die Umkehrung: Es seien A_i, a, b, c, d wie in (3.1) gegeben. Wie müssen die Distributionen A_i beschaffen sein, damit man erzeugende Distributionen B_i finden kann, mit $\bar{\bar{\varphi}}(A) = \bar{\bar{\varphi}}(A_1 \otimes \mathcal{E}_e + \mathcal{E}_e \otimes A_2) = B_1 \otimes \mathcal{E}_e + \mathcal{E}_e \otimes B_2$.
Man erhält den

Satz 3.2: Seien A_i, φ wie in (3.1) gegeben, und es sei
$A = A_1 \otimes \mathcal{E}_e + \mathcal{E}_e \otimes A_2$.
Wenn es erzeugende Distributionen $B_i \in \mathcal{M}(\mathcal{G})$ gibt, so daß
$\bar{\bar{\varphi}}(A) = B_1 \otimes \mathcal{E}_e + \mathcal{E}_e \otimes B_2$, dann sind A_1, A_2, B_1, $B_2 \in \mathbb{P} + \mathbb{G}$, Gauß'sch oder entartet.

Beweis: Man stellt zunächst A_i und B_i in kanonischer Form bezüglich einer fest gewählten Lévy-Abbildung Γ dar (s. I, 2.1): $A_i = D_i + L_i$, $B_i = E_i + N_i$.
Dabei sind D_i, E_i die Anteile von lokalem Charakter ($\in \mathbb{P} + \mathbb{G}$) und L_i, N_i sind Distributionen ohne Gauß'schen Anteil mit Lévy-Maßen η_i, ξ_i.
Es seien f, $g \in \mathcal{D}(\mathcal{G})$, dann gilt für $f \otimes g \in \mathcal{D}^\bullet$ gemäß (3.2):

$\bar{\bar{\varphi}}(A)(f \otimes g) = A_1((foa)(goc)) + A_2((fob)(god)) = D_1((foa)(goc)) + D_2((fob)(god)) + L_1((foa)(goc)) + L_2((fob)(god))$.

Wenn nun $\bar{\bar{\varphi}}(A)$ die oben angegebene Zerlegung $\bar{\bar{\varphi}}(A) = B_1 \otimes \mathcal{E}_e + \mathcal{E}_e \otimes B_2$ hat, dann erhält man, indem man die Anteile von lokalem Charakter abspaltet:

$(E_1 \otimes \mathcal{E}_e + \mathcal{E}_e \otimes E_2)(f \otimes g) = D_1((foa)(goc)) + D_2((fob)(god))$ sowie

$(N_1 \otimes \varepsilon_e + \varepsilon_e \otimes N_2)(f \otimes g) = L_1((f\circ a)(g\circ c)) + L_2((f\circ b)(g\circ d))$.

Die letzte Gleichung lautet explizit:

$$\left[\int (f(x)-f(e)-\Gamma f(x))d\xi_1(x)\right]\cdot g(e)+f(e)\left[\int (g(x)-g(e)-\Gamma g(x))d\eta_2(x)\right] =$$
$$= \int (f(a(x))g(c(x))-f(e)g(e)-\Gamma((f\circ a)(g\circ c))(x))d\eta_1(x) +$$
$$+ \int (f(b(x))g(d(x))-f(e)g(e)-\Gamma((f\circ b)(g\circ d))(x))d\eta_2(x).$$

Dabei erstrecken sich die Integrale über den Bereich $\mathcal{G}\setminus\{e\}$.

Nun sei wieder $\Lambda_2 = \{f \in \mathcal{D}_+^r(\mathcal{G})$: f verschwindet in einer Umgebung von e, $0 \leq f \leq 1\}$.

Weiter seien f, $g \in \Lambda_2$. Dann folgt aus der obigen Gleichung:

<u>(3.4)</u> $0 = \int ((f\circ a)(g\circ c))d\eta_1 + \int ((f\circ b)(g\circ d))d\eta_2$.

Das Verschwinden von $B_1 \otimes \varepsilon_e + \varepsilon_e \otimes B_2$ auf $\{f \otimes g : f, g \in \Lambda_2\}$ für $B_1, B_2 \in \mathcal{MD}(\mathcal{G})$ bedeutet gerade, daß das Lévy-Maß dieser Distribution auf der Menge $K = \{(x,e), (e,y) : x,y \in \mathcal{G}\}$ konzentriert ist, wie man sofort sieht. Wenn η_1 oder η_2 nicht trivial ist und wenn a,b,c, d die geforderten Eigenschaften erfüllen, dann kann aber die rechte Seite von (3.4) nicht für alle f, $g \in \Lambda_2$ verschwinden. Daher müssen unter den Voraussetzungen des Satzes die Lévy-Maße η_1, η_2 verschwinden. □

Zusammenfassend erhält man die folgende Charakterisierung der Gauß'schen Distributionen:

<u>Satz 3.3:</u> Es sei $\mathcal{G}$ eine lokalkompakte Gruppe, $\mathcal{H} = \mathcal{G} \times \mathcal{G}$. Es sei $\varphi: \mathcal{H} \to \mathcal{H}$ definiert durch $\varphi(x,y) := (xy, xy^{-1})$. Weiter sei (μ_t) eine stetige Halbgruppe von Wahrscheinlichkeitsmaßen mit erzeugender Distribution $A_o \in \mathcal{MD}(\mathcal{G})$. Weiter sei $A := A_o \otimes \varepsilon_e + \varepsilon_e \otimes A_o \in \mathcal{MD}(\mathcal{H})$, $(\lambda_t := \mu_t \otimes \mu_t)$ sei die von A erzeugte Halbgruppe. Schließlich sei $B := \overline{\overline{\varphi}}(A)$ und (ν_t) die davon erzeugte Halbgruppe. Weiter seien $B_1, B_2 \in \mathcal{MD}(\mathcal{G})$, $B_3 = B_1 \otimes \varepsilon_e + \varepsilon_e \otimes B_2 \in \mathcal{MD}(\mathcal{G})$ erzeugende Distributionen, $(\nu_t^{(1)})$, $(\nu_t^{(2)})$, $(\nu_t^{(3)})$ seien die zugehörigen Halbgruppen. Dann gilt:

Genau dann können B_1, B_2 so gewählt werden, daß $B = B_3$, wenn alle auftretenden Distributionen in $\mathcal{G} + \mathbb{P}$ liegen, also Gauß'sch oder entartet sind. (Dann gilt überdies $B_1 = 2A_o$, $B_2 = A_o + \tilde{A}_o$.)

Für die Halbgruppen lautet diese Charakterisierung:

Genau dann ist $(\nu_t = \nu_t^{(1)} \otimes \nu_t^{(2)})$, wenn alle auftretenden Halbgruppen Gauß'sch sind. Es ist dann $\nu_t^{(1)} = \mu_{2t}$, $\nu_t^{(2)} = \lim_{k\to\infty} (\mu_{t/k}\tilde{\mu}_{t/k})^k$.

Der Satz 3.2 läßt sich allgemeiner formulieren:

Es seien $\mathcal{G}_1,\dots,\mathcal{G}_n$, $\mathcal{G}^1$, $\mathcal{G}^2$ lokalkompakte Gruppen mit Einheitselementen $e_1,\dots,e_n$, e^1, e^2. $a_1,\dots,a_n$, $b_1,\dots,b_n$ seien surjektive stetige Abbildungen $a_i: \mathcal{G}_i \longrightarrow \mathcal{G}^1$ $b_i: \mathcal{G}_i \longrightarrow \mathcal{G}^2$, so daß

(i) $a_i(e_i) = e^1$, $b_i(e_i) = e^2$,

(ii) $f \circ a_i \in \mathcal{D}(\mathcal{G}_i)$ $\left[f \circ b_i \in \mathcal{D}(\mathcal{G}_i) \right]$ für alle $f \in \mathcal{D}(\mathcal{G}^1)$ $[\in \mathcal{D}(\mathcal{G}^2)]$

(iii) für alle $f \in \mathcal{D}(\mathcal{G}^1 \times \mathcal{G}^2)$ folgt
$f \circ \Psi \in \mathcal{D}(\mathcal{G}_1 \times \dots \times \mathcal{G}_n)$,
(wobei $\Psi: \mathcal{G}_1 \times \dots \times \mathcal{G}_n \longrightarrow \mathcal{G}^1 \times \mathcal{G}^2$ definiert ist durch
$\Psi(x_1,\dots,x_n) := (a_1(x_1)\dots a_n(x_n),\ b_1(x_1)\dots b_n(x_n))$)

und es sei

(iv) Ψ surjektiv.

Weiter seien $A_1,\dots,A_n \in \mathcal{M}\mathcal{D}(\mathcal{G}_i)$ i=1,...,n und $B_i \in \mathcal{M}\mathcal{D}(\mathcal{G}^i)$ i=1,2,

$$A = A_1 \otimes \varepsilon_{e_2} \otimes \dots \otimes \varepsilon_{e_n} + \varepsilon_{e_1} \otimes A_2 \otimes \dots \otimes \varepsilon_{e_n} + \dots + \varepsilon_{e_1} \otimes \dots \otimes A_n,$$

$$B = B_1 \otimes \varepsilon_{e^2} + \varepsilon_{e^1} \otimes B_2.$$

Dann gilt der

<u>Satz 3.4</u> wenn es erzeugende Distributionen A_i, B_i gibt, so daß
$\bar{\Psi}(A) = B$,

dann sind $A_1,\dots,A_n$, B_1, B_2, A und B Gauß'sch oder entartet (also $\in \mathbb{G} + \mathbb{P}$).

<u>Beweis:</u> Seien $\Gamma_i : \mathcal{D}(\mathcal{G}_i) \longrightarrow \mathcal{D}(\mathcal{G}_i)$, $\Gamma^i : \mathcal{D}(\mathcal{G}^i) \longrightarrow \mathcal{D}(\mathcal{G}^i)$ fest gewählte Lévy-Abbildungen, η_i resp. η^i seien die Lévy-Abbildungen von A_i resp. B_i.

Wiederum stellt man A_i und B_i in kanonischer Form $A_i = D_i + L_i$, $B_i = E_i + N_i$ dar,

$$D_i \in (\mathbb{G} + \mathbb{P})(\mathcal{G}_i),\ L_i \in \mathbb{L}(\mathcal{G}_i),$$

$$E_i \in (\mathbb{G} + \mathbb{P})(\mathcal{G}^i),\ N_i \in \mathbb{L}(\mathcal{G}^i).$$

Seien $f_i \in \mathcal{D}^r_+ (\mathcal{G}^i)$, $i=1,2$, $f_i = 0$ in einer Einheitsumgebung, $g = f_1 \otimes f_2$. Dann verschwinden g und $g \circ \psi$ in Einheitsumgebungen von $\mathcal{G}^1 \times \mathcal{G}^2$ resp. $\mathcal{G}_1 \times \ldots \times \mathcal{G}_n$.

Dann ist $\bar{\bar{\Psi}}(A)(g) = A(g \circ \psi) = (A_1 \otimes \mathcal{E}_{e_1} \ldots \otimes \mathcal{E}_{e_n} + \ldots + \mathcal{E}_{e_1} \otimes \ldots \otimes A_n)$

$$(g \circ \psi) = (N_1 \otimes \mathcal{E}_{e^2} + \mathcal{E}_{e^1} \otimes N_2)(g) =$$

$$= (N_1 \otimes \mathcal{E}_{e^2} + \mathcal{E}_{e^1} \otimes N_2)(f_1 \otimes f_2) = N_1(f_1).f_2(e^2) +$$

$$+ f_1(e^1)\, N_2(f_2) = 0.$$

Also

$$\int [f_1(a_1(x_1)a_2(e_2)\ldots a_n(e_n))f_2(b_1(x_1)b_2(e_2)\ldots b_n(e_n)) -$$
$$- f_1(a_1(e_1)\ldots a_n(e_n))f_2(b_1(e_1)\ldots b_n(e_n)) \quad d\eta_1(x_1)$$
$$+ \int [f_1(a_1(e_1)a_2(x_2)\ldots a_n(e_n)f_2(b_1(e_1)b_2(x_2)\ldots b_n(e_n)) -$$
$$- f_1(a_1(e_1)\ldots a_n(e_n))f_2(b_1(e_1)\ldots b_n(e_n))] \, d\eta_2(x_2)$$
$$+ \ldots + \int [f_1(\ldots a_n(x_n))f_2(\ldots b_n(x_n)) - f_1(e^1)f_2(e^2)] d\eta_n(x_n)$$
$$= \int f_1(a_1(x_1))f_2(b_1(x_1))d\eta_1(x_1) + \ldots + \int f_1(a_n(x_n))f_2(b_n(x_n))d\eta_n(x_n) = 0.$$

Also, da alle Lévy-Maße $\eta_i \geqslant 0$ sind, folgt somit $\eta_i((f_1 \circ a_i)(f_2 \circ b_i)) = 0$.

Aus den Voraussetzungen folgt, wie in Satz 3.2, daß daher $\eta_1 = \eta_2 \ldots = \eta_n = 0$ sein muß, also $A_1,\ldots,A_n \in \mathcal{G} + \mathbb{P}$.
Dann sind offensichtlich auch A, $B = \bar{\bar{\Psi}}(A)$, B_1, $B_2 \in \mathcal{G} + \mathbb{P}$. □

Ähnliche Aussagen erhält man, wenn man allgemeinere Abbildungen

$$\psi : \mathcal{G}_1 \times \ldots \times \mathcal{G}_n \longrightarrow \mathcal{G}^1 \times \ldots \times \mathcal{G}^m, \; m \geqslant 2$$

$$\psi(x_1,\ldots,x_n) = (a_{11}(x_1)\ldots a_{1n}(x_n),\; a_{21}(x_1)\ldots a_{2n}(x_n),\ldots$$
$$a_{m1}(x_1)\ldots a_{mn}(x_n)),$$

wobei die a_{ij} die vorhin erwähnten Eigenschaften besitzen, betrachtet.

§ 5 Zum Satz von Bernstein

Die unter dem Namen Satz von Bernstein bekannte Charakterisierung der Normalverteilung lautet in einfachster Form:

4.1: X_1, X_2 seien identisch verteilte unabhängige zufällige Variable mit Werten in R_1, die von ihnen induzierte Wahrscheinlichkeitsverteilung sei mit μ bezeichnet. Dann gilt:

μ ist genau dann Gauß'sch oder entartet, wenn die Variablen $Y_1 = X_1 + X_2$ und $Y_2 = X_1 - X_2$ unabhängig sind. (Die Variablen Y_i, $i = 1,2$ sind Gauß'sch, wenn X_1 und X_2 Gauß'sch sind.)

Bezeichnet man die von den Variablen Y_i induzierten Verteilungen mit ν_i, dann erhält man die folgende äquivalente Form:

4.2: Das Maß μ ist genau dann Gauß'sch oder entartet, wenn die von der zweidimensionalen Variablen $(Y_1,Y_2) = \varphi(X_1,X_2)$ induzierte Verteilung mit $\nu_1 \otimes \nu_2$ übereinstimmt. (Dabei ist $\varphi(x,y) = \begin{pmatrix} 1 & 1 \\ 1 & -1 \end{pmatrix}(x,y) := (x+y, x-y)$.)

Die Aussage 4.2 läßt sich wieder in drei einzelne Aussagen zerlegen:

4.2 a: Seien die Voraussetzungen erfüllt, dann ist das Maß μ unendlich teilbar und daher in eine (eindeutig bestimmte) stetige Halbgruppe einbettbar. Diese Halbgruppe wird mit (μ_t) bezeichnet, $\mu_1 = \mu$.

Nun sei (μ_t) eine stetige Halbgruppe auf R_1. Sei $(\mu_t^\bullet := \mu_t \otimes \mu_t)$. Da φ ein stetiger Homomorphismus $R_2 \longrightarrow R_2$ ist, ist auch $(\nu_t := \varphi(\mu_t^\bullet))$ eine stetige Faltungshalbgruppe auf R_2. Seien A resp. $A^\bullet$ die erzeugenden Distributionen von (μ_t) resp $(\mu_t^\bullet)$ und B die erzeugende Distribution von (ν_t), dann ist $B = \overline{\overline{\varphi}}(A^\bullet)$. Es gilt:

4.2 b: Wenn (μ_t) Gauß'sch oder entartet ist, dann sind auch $(\mu_t^\bullet)$ und (ν_t) Gauß'sch oder entartet und es ist (ν_t) von der Gestalt $\nu_t = \nu_t^{(1)} \otimes \nu_t^{(2)}$.

4.2 c Wenn $\varphi(\mu_t^\bullet)$ von der Gestalt $(\nu_t = \nu_t^{(1)} \otimes \nu_t^{(2)})$ ist, dann sind alle Halbgruppen (μ_t), $(\mu_t^\bullet)$, $(\nu_t^{(i)})$, (ν_t) Gauß'sch oder entartet.

Der Satz von Bernstein (4.2) ist mehrfach verallgemeinert worden:

s. z.B. W. Feller [20] und die dort zitierte Literatur.

Ein analoges Resultat für positiv definite Funktionen auf topologischen Gruppen wurde von K. Schmidt [57] gezeigt. Die Gültigkeit des Satzes für Wahrscheinlichkeitsmaße auf Abel'schen Gruppen wurde von H. Heyer, Ch. Rall [33] untersucht, basierend auf Arbeiten von L. Corwin [11]. Ähnliche Resultate wurden unabhängig von den Corwin'schen Arbeiten von A. Rukhin [54] gefunden. Es zeigt sich, daß sich die Aussage 4.2 nur auf eine kleine Klasse Abel'scher Gruppen übertragen läßt, insbesondere solche, für die die Abbildung $\varphi : (x,y) \longrightarrow (x+y,\ x-y)$ ein Automorphismus von $\mathcal{G} \times \mathcal{G}$ ist. Wie bei den Übertragungen der Sätze von Cramér und Raikoff bereitet die Aussage 4.2 a, also die Einbettbarkeit in eine stetige Halbgruppe, große Schwierigkeiten. Dagegen sind die Aussagen 4.2 b und 4.2 c wieder für beliebige lokalkompakte Gruppen richtig, wenn man anstatt der Halbgruppen ihre erzeugenden Distributionen betrachtet: Dies folgt aus dem Satz 3.3, man braucht nur zu beachten, daß $\varphi: (x,y) \longrightarrow \begin{pmatrix} 1 & 1 \\ 1 & -1 \end{pmatrix} (x,y) := (x+y,\ x-y)$ die in Satz 3.3 geforderten Voraussetzungen erfüllt. Dabei ist $a(x) = x, b(x) = x, c(x) = x, d(x) = -x$.

Außerdem ist, da R_1 eine Abel'sche Gruppe ist, die erzeugende Distribution von $(\bar{\varphi}(\mu_t))$ durch $\bar{\bar{\varphi}}(A)$ gegeben, wobei A die erzeugende Distribution von (μ_t) ist.

Man erhält also wieder: Der Satz 3.3 kann als direkte Verallgemeinerung (einer äquivalenten Version) des Satzes von Bernstein aufgefaßt werden.

IV: Halbgruppen komplexer Maße und dissipative Distributionen

Wie in der Einleitung angekündigt, werden nun Halbgruppen komplexer Maße untersucht. Zunächst wird wieder die Struktur der erzeugenden Distributionen (resp. der Halbgruppengeneratoren) betrachtet. Anstelle der fast positiven Distributionen treten nun in natürlicher Weise die dissipativen Distributionen, die Rolle der Poisson-Generatoren übernehmen die C_o-beschränkten dissipativen Distributionen, i.e. komplexe Maße der Gestalt $a(\mu - \varepsilon_e)$ mit $Re(a) \geqslant 0$ und $\mu \in M(\mathcal{G}), \|\mu\| \leqslant 1$.

Es lassen sich im wesentlichen die im ersten Teil gewonnenen Ergebnisse auch auf den Fall komplexer Maße übertragen. In § 1 werden als Beispiele einige derartige Sätze genannt: Konvergenzsatz, Zerlegungssatz etc. An eine Übertragung sämtlicher Resultate, insbesondere solcher, die den Zusammenhang zwischen erzeugenden Distributionen auf Gruppen und Liealgebren beleuchten, ist nicht gedacht. Dagegen wird in § 2 der Zusammenhang zwischen erzeugenden Distributionen komplexer Maße einerseits und erzeugenden Distributionen von Halbgruppen von Wahrscheinlichkeitsmaßen (auf einer größeren Gruppe) andererseits studiert: Sei T der eindimensionale Torus, dann gibt es einen surjektiven Homomorphismus von der Menge der erzeugenden Distributionen von Wahrscheinlichkeitsmaßen auf $\mathcal{G} \times T$ auf die Menge der erzeugenden Distributionen von Halbgruppen komplexer Maße auf $\mathcal{G}$.

Schließlich wird in § 3 gezeigt, daß die hier in der Einleitung verwendete Interpretation berechtigt ist: Zu jeder stetigen Halbgruppe komplexer Maße $(\mu_t, t \geqslant 0, \mu_o = \varepsilon_e)$ mit $\|\mu_t\| \leqslant 1$ gibt es genau eine dissipative ("erzeugende") Distribution und umgekehrt. Diese Distribution charakterisiert den Halbgruppengenerator. Aus § 2 folgt dann, daß man solche Halbgruppen komplexer Maße als homomorphe Bilder von Halbgruppen von Wahrscheinlichkeitsmaßen darstellen kann.

In § 4 wird schließlich nochmals auf den ersten Teil der Arbeit Bezug genommen: Es werden die erzeugenden Distributionen von Halbgruppen komplexer resp. positiver Maße innerhalb der Distributionen auf der Gruppe $\mathcal{G}$ charakterisiert.

Besonders in § 2 werden Methoden herangezogen, die schon in anderen Arbeiten Verwendung fanden, s. Faraut [18], Faraut-Harzallah [19], Hirsch [37], Hirsch-Roth [38], Roth [53].

Im wesentlichen werden Resultate, die von Faraut [18] für den Spezialfall $\mathcal{G} = R^n$ bewiesen wurden, auf den Fall beliebiger lokalkompakter Gruppen übertragen, wobei die Farautschen Resultate zum Beweis herangezogen werden: Für C_0-beschränkte dissipative Distributionen ist der Sachverhalt einfach und man reduziert durch Abspalten von beschränkten Anteilen die Probleme auf Lie-projektive Gruppen, sodann auf Lie Gruppen und schließlich auf R^n, nun können die Farautschen Resultate angewandt werden.

In § 5 wird die Abbildung γ genauer studiert, dies ermöglicht ein tieferes Studium der Halbgruppen $M^1(\mathcal{G} \times T)$ und $Q(\mathcal{G})$ und ihrer idempotenten, unitären, nilpotenten und teilbaren Elemente.

In § 6 untersuchen wir die Frage, unter welchen Voraussetzungen zu einer Halbgruppe (μ_t) komplexer Maße eine Halbgruppe (ν_t) positiver Maße („positive Majorante") existiert mit $|\mu_t| \leq \nu_t$.

§ 1 Dissipative Distributionen

Im ersten Teil der Arbeit wurden sämtliche Funktionen- und Maßräume als reell vorausgesetzt. Nun wird, ohne Änderung der Bezeichnungsweise, vorausgesetzt, daß sämtliche Funktionen und Maße komplexwertig sind. Ansonsten werden weiter die Bezeichnungen von I. verwendet.

Definition 1.1: a) Ein lineares Funktional F auf $\mathcal{D}(\mathcal{G})$ heißt dissipativ, falls für alle $f \in \mathcal{D}$ mit $f(e) = \max_{x \in \mathcal{G}} |f(x)|$ folgt $\operatorname{Re} F(f) \leq 0$.

$\mathcal{H} = \mathcal{H}(\mathcal{G})$ sei die Menge aller dissipativen Funktionale; offensichtlich ist $\mathcal{H}$ ein konvexer Kegel.

b) F heißt fast positiv, wenn für alle $f \in \Lambda := \{ f \in \mathcal{D}^r_+(\mathcal{G})$ mit $f(e) = 0 \}$ (- "r" bezeichnet stets den Teilraum der reellen Funktionen resp. Maße -) gilt: $F(f) \geq 0$.

c) $\mathcal{P} = \mathcal{P}(\mathcal{G})$ bezeichnet die Menge der fast positiven und dissipativen Funktionale, weiter sei $\mathcal{H}^{\otimes} := \{ F + c\,\varepsilon_e ,\ F \in \mathcal{H} ,\ c \in R_1 \}$

sowie $\mathcal{P}^{\otimes} := \{ F + c\,\varepsilon_e ,\ F \in \mathcal{P} ,\ c \in R_1 \}$.

Man sieht leicht, daß $\mathcal{P}^{\otimes} \subseteq \mathcal{H}^{\otimes}$, $\mathcal{P} \subseteq \mathcal{P}^{\otimes}$, $\mathcal{H} \subseteq \mathcal{H}^{\otimes}$.

Wie in I. werden die auftretenden Funktionale "Distributionen" genannt, dies wird durch den folgenden Hilfssatz gerechtfertigt:

Hilfssatz 1.1: Jedes $F \in \mathcal{H}^{\otimes}$ ist eine Distribution im Sinne von Bruhat [5].
Zu jedem $F \in \mathcal{H}^{\otimes}$ gibt es ein komplexes Radonmaß $\eta = \eta_F$, so daß η auf dem Komplement jeder Einheitsumgebung beschränkt ist, i.e. $|\eta|(\mathcal{G} \setminus U) < \infty$ und so daß $\eta(f) = F(f)$ für jedes $f \in \mathcal{D}$, das in einer Umgebung der Einheit verschwindet. (η_F wird daher manchmal auch "Lévy-Maß" genannt werden.)

Beweis: Offenbar genügt es, die Aussage für $F \in \mathcal{H}$ zu beweisen. Sei also $F \in \mathcal{H}$ und sei $U = U(e)$ eine relativ kompakte Umgebung der Einheit. Weiter sei $\varphi \in \mathcal{D}^r_+$, so daß $\varphi(e) = 1$, $0 \leq \varphi \leq 1$ und $\operatorname{Tr}(\varphi) \subseteq U$. Schließlich sei $f \in \mathcal{D}$ beliebig, mit $\operatorname{Tr}(f) \subseteq \mathcal{G} \setminus U$, und c sei so gewählt, daß $|c| = 1$ und $cF(f) = F(cf) \geq 0$.

Dann ist mit $h = cf + \|f\|_0 \varphi$: $|h(x)| \leq cf(x) + \|f\|_0 \varphi(x) \leq$

$\leqslant \|f\|_0 + \|f\|_0 = h(e)$ und daher, da F dissipativ ist, Re $F(h) \leqslant 0$.
Daraus folgt dann $0 \geqslant \operatorname{Re}(cF(f) + \|f\|_0 F(\varphi)) = cF(f) + \|f\|_0 \operatorname{Re}F(\varphi)$, da $cF(f)$ reell ist. Da aber außerdem $cF(f) \geqslant 0$ und da wegen $\varphi(e) = \|\varphi_0\|$ auch $\operatorname{Re} F(\varphi) \leqslant 0$ ist, folgt daraus $cF(f) \leqslant - \operatorname{Re} F(\varphi) \|f\|_0$ resp. $F(f) \leqslant - \operatorname{Re} F(\varphi) \|f\|_0$.

Diese Abschätzung gilt bei festem φ für alle $f \in \mathcal{D}$ mit $\operatorname{Tr}(f) \subseteq \mathcal{G} \setminus U$, daher läßt sich $F \big| \{f \in \mathcal{D} : \operatorname{Tr}(f) \subseteq \mathcal{G} \setminus U\}$ zu einem beschränkten Maß auf $\mathcal{G} \setminus U$ fortsetzen.

Die Konstruktion des Maßes η auf $\mathcal{G} \setminus \{e\}$ ist nun offensichtlich.
Um nachzuweisen, daß F eine Distribution, also stetig auf dem lokalkonvexen Vektorraum $\mathcal{D}$ ist, genügt es daher nachzuweisen, daß die Einschränkung von F auf eine Einheitsumgebung U stetig ist. Da $\mathcal{G}$ offene Lie-projektive Untergruppen besitzt, darf man annehmen, daß $\mathcal{G}$ selbst Lie-projektiv ist.
Die Topologie von $\mathcal{D}$ ist so definiert, daß F genau dann stetig ist, wenn jede Projektion auf eine Lie-Gruppe stetig ist. Man darf also annehmen, daß $\mathcal{G}$ selbst Lie-Gruppe ist.

Zunächst folgt aus den ersten Überlegungen, daß die Einschränkungen von F auf U wieder in $\mathcal{H}$ liegen und daß die Eigenschaft dissipativ zu sein, unter homomorphen Bildern erhalten bleibt. Es genügt daher zu zeigen:

Sei $\mathcal{G}$ eine Lie-Gruppe und U eine (genügend kleine) Einheitsumgebung, weiter sei F ein dissipatives Funktional auf $\mathcal{D}$ mit $\operatorname{Tr}(F) \subseteq U$, dann ist $F \in \mathcal{D}^*$ also eine Distribution.

Man wählt nun eine Einheitsumgebung V, so daß die Exponentialabbildung $\exp : V' \longrightarrow V$ bijektiv ist (dabei bezeichnet V' eine passende Umgebung des Ursprunges in der Lie-Algebra $\mathfrak{g}$) und man wählt z.B. $U \subseteq V$, so daß $U^2 \subseteq V$.
Dann zeigt eine im ersten Teil mehrmals verwendete Schlußweise, daß exp das Funktional F in ein lineares Funktional $F' \in \mathcal{D}'(\mathfrak{g})$ überführt und man sieht leicht, daß F' wieder dissipativ ist. Da exp ein C^∞-Isomorphismus von $V' \longrightarrow V$ und da $\operatorname{Tr}(F) \subseteq U \subseteq V$, $\operatorname{Tr}(F') \subseteq \exp^{-1}(U) \subseteq V'$ ist, ist F genau dann stetig, wenn F' stetig ist. Da aber $\mathfrak{g}$ ein endlich dimensionaler Vektorraum ist, ist jedes dissipative Funktional auf $\mathcal{D}(\mathfrak{g})$ stetig, s. [18], Theoreme III,1, III,2. Damit ist der Hilfssatz bewiesen. □

Analog zum Zerlegungssatz in Teil I erhält man nun

Satz 1.1: (Zerlegungssatz) a) Zu jedem $f \in \mathcal{D}^r_+$ mit $0 \leq f \leq 1$, $f(e) = 1$ und zu jedem $F \in \mathcal{H}$ [$\in \mathcal{H}^{\otimes}$] ist das Funktional $fF \quad g \longrightarrow fF(g) := F(fg)$ sinnvoll erklärt und liegt in $\mathcal{H}$ [$\mathcal{H}^{\otimes}$].

b) Zu jedem $F \in \mathcal{H}^{\otimes}$ und zu jeder Einheitsumgebung $U = U(e)$ gibt es eine Zerlegung $F = F_1 + F_2$, so daß $F_i \in \mathcal{H}^{\otimes}$, $i=1,2$, $Tr(F_1) \subseteq U^-$, $Tr(F_2) \subseteq (\mathcal{G} \setminus U) \cup \{e\}$ und so daß F_2 C_0-beschränkt, also ein beschränktes Maß ist.

Beweis: a) wird fast wörtlich wie in [18], IV.2 bewiesen.

b) Sei $F \in \mathcal{H}$ und sei U eine Einheitsumgebung. $\eta = \eta_F$ sei das Lévy-Maß von F (s. Hilfssatz 1.1). Nun definiere man $F_2(f) := \int_{\mathcal{G} \setminus U} (f(x) - f(e)) d\eta(x)$ und $F_1 = F - F_2$. Man prüft leicht nach, daß diese Zerlegung die angegebenen Eigenschaften erfüllt. $\square$

Es wurde nicht gezeigt, daß man, wie im Falle der Distributionen in $\mathcal{M}(\mathcal{G})$, F_1 un F_2 in $\mathcal{H}$ wählen kann. Jedoch beweist man wie in [18], IV.2:

Lemma: Sei $F \in \mathcal{H}$ und seien f, g, h stetige beschränkte, lokale C^∞-Funktionen (d.h. jedes Produkt mit einer Funktion aus $\mathcal{D}$ liegt wieder in $\mathcal{D}$), es sei $0 \leq f, g, h \leq 1$, $f \equiv 1$ in einer Einheitsumgebung und $f + g + h \equiv 1$.
Dann gibt es reelle positive Zahlen a, b, $a + b = 1$, so daß $F = F_1 + F_2$ mit $F_1 = (af+g) F$, $F_2 = (bf+h) F$. Es sind dann $F_1, F_2 \in \mathcal{H}$. $\square$

Nun erhält man sofort den

Hilfssatz 1.2: Sei $F \in \mathcal{H}$ und der Träger von F enthalte mehr als zwei Punkte, dann gibt es $F_1, F_2 \in \mathcal{H}$, so daß $F_1 + F_2 = F$; weiter sind $Tr(F_i) \subseteq Tr(F)$ $i = 1,2$ und es sind je zwei der Funktionale F, F_1, F_2 linear unabhängig.
Daraus folgt: Die modulo $\{\mathcal{H} \cap -\mathcal{H}\}$ extremalen Strahlen des konvexen Kegels liegen in der Menge

$$\{a \varepsilon_x + b \varepsilon_e;\ x \neq e, Re(b) \leq 0, Re(a) \leq -Re(b)\} \cup \{F \in \mathcal{H} : Tr(F) \subseteq \{e\}\}.$$

[[Es ist bloß zu zeigen, daß aus $a \varepsilon_x + b \varepsilon_e \in \mathcal{H} (x \neq e)$ die obigen Bedingungen an $Re(a)$ und $Re(b)$ folgen. Sei aber $f \in \mathcal{D}^r$, $f(x) \leq f(e)$, dann ist $0 \leq Re(F(f)) = Re(af(x) + bf(e))$.

Wählt man f reell mit $f(x) = 0$ $f(e) = 1$, so folgt $Re(b) \leq 0$, wählt man f reell mit $f(x) = f(e) = 1$, so erhält man $Re(a) \leq -Re(b)$.]]

Zu jedem $F \in \mathcal{H}^{\otimes}$ definiert man nun einen linearen Operator (der

Faltungsoperator genannt wird), nämlich R_F : $R_F\, f(x) := F({}_x f)$, $f \in \mathcal{D}$. Dabei ist ${}_x f(.) := f(x.)$.

Lemma: R_F ist ein linearer Operator von $\mathcal{D} \to C_o(\mathcal{G})$.

[[Man sieht sofort, daß es auf Grund des Zerlegungssatzes genügt, dies für $F \in \mathcal{H}$ mit hinreichend kleinem Träger zu beweisen. Insbesondere darf man unter Abspaltung eines C_o-beschränkten Anteiles annehmen, daß $\mathcal{G}$ Lie-projektiv ist und die Wiederholung eines ständig verwendeten Argumentes zeigt, daß man sogar annehmen kann, daß $\mathcal{G}$ Lie-Gruppe ist. Eine weitere Anwendung des Zerlegungssatzes zeigt, daß man sich auf F mit kompaktem Träger beschränken kann.

Sei nun $f \in \mathcal{D}$, dann gilt natürlich $Tr(R_F f) = Tr(F) . Tr(f)$, und, da die Gruppenoperation analytisch ist, ist $x \to F({}_x f) = R_F\, f(x)$ stetig. Daraus und aus der Trägerrelation folgt: $R_F \mathcal{D} \subseteq C_c$ (wenn Tr(F) kompakt ist), allgemein $R_F \mathcal{D} \subseteq C_o$.]]

Wie in I. erhält man auch für dissipative Distributionen den

Satz 1.2 (Konvergenzsatz): Sei $\{F_\alpha\}$ ein gleichmäßig straffes Netz von Distributionen in $\mathcal{H}\,[\mathcal{H}^\otimes]$, so daß für alle $f \in \mathcal{D}$ das Supremum $\sup_\alpha |F_\alpha(f)| < \infty$.

Es existiere $F(f) := \lim_\alpha F_\alpha(f)$ für alle $f \in \mathcal{D}$.

Dann ist $F \in \mathcal{H}\,[\mathcal{H}^\otimes]$ und es ist $\| R_{F_\alpha} f - R_F f \|_o \to 0$ für alle $f \in \mathcal{D}$.

[[Der Beweis stimmt mit dem Beweis des Konvergenzsatzes in I. überein.]]

Da $\{F_\alpha\}$ als gleichmäßig straff vorausgesetzt wurde, darf man die schwächere Topologie $\sigma'(\mathcal{D})$ anstelle $\sigma'(\mathcal{E})$ (s. Teil I, § 2) verwenden.

In § 4 werden Konvergenzbegriffe, die durch $\sigma'(\mathcal{D})$ und $\sigma'(\mathcal{E})$ induziert werden, sowie eine andere Version des Satzes 1.2 betrachtet.

§ 2 Lévy-Hinčin-Hunt-Darstellung

Im folgenden wird auf eine bereits mehrfach beim Studium von Halbgruppen komplexer Maße verwendete Methode zurückgegriffen (s. [16], [17], [18], [19], [37], [38], [53]):

Es sei T der eindimensionale Torus, $T = \{ e^{iy},\ 0 \leq y < 2\pi \}$ und $\gamma : C_o(\mathcal{G}) \longrightarrow C_o(\mathcal{G} \times T)$ sei die bereits im ersten Teil I betrachtete Abbildung $(\gamma f)(x, e^{iy}) := f(x)\, e^{iy}$.

γ besitzt folgende Eigenschaften:

(i) $\| \gamma f \|_o = \| f \|_o$ für alle $f \in C_o(\mathcal{G})$, also γ ist eine Isometrie.

(ii) γ ist ein injektiver Homomorphismus.

(iii) $\gamma(\mathcal{D}(\mathcal{G})) \subseteq \mathcal{D}(\mathcal{G} \times T)$

(iv) $f(e) = \| f \|_o \Longrightarrow (\gamma f)(e,1) = \| \gamma f \|_o$

(v) $f(e) = 0 \Longrightarrow (\gamma f)(e,1) = 0$

Hilfssatz 2.1: Seien $\mathcal{G}$, $\mathcal{G}_1$ lokalkompakte Gruppen, $\gamma' : C_o(\mathcal{G}) \to C_o(\mathcal{G}_1)$ sei ein Homomorphismus mit folgenden Eigenschaften:

$$\gamma'(\mathcal{D}(\mathcal{G})) \subseteq \mathcal{D}(\mathcal{G}_1);\ (\gamma' f)(e_1) = \| \gamma' f \|_o,\ \text{wenn } f(e) = \| f \|_o.$$

Dann ist die durch $\bar{\bar{\gamma}}'(F)(f) := F(\gamma' f)$, $f \in \mathcal{D}(\mathcal{G})$, $F \in \mathcal{H}(\mathcal{G}_1)$ definierte Abbildung $\bar{\bar{\gamma}}'$ ein Kegelhomomorphismus von $\mathcal{H}(\mathcal{G}_1)$ in $\mathcal{H}(\mathcal{G})$.

[Die beiden Bedingungen haben nämlich zur Folge, daß $\bar{\bar{\gamma}}'(F)$ ein auf $\mathcal{D}(\mathcal{G})$ definiertes dissipatives Funktional ist.]

Der Hilfssatz 2.1 gilt natürlich insbesondere für die oben definierte Abbildung γ. Die Abbildung $\bar{\bar{\gamma}}'$ läßt sich natürlich auf alle Distributionen $F \in \mathcal{D}'$ anwenden, insbesondere folgt, wenn γ' ein Isomorphismus ist, $\bar{\gamma}'(M(\mathcal{G}_1)) = M(\mathcal{G})$. (Wie in I. sei $\bar{\bar{\gamma}}' \big|_{M(\mathcal{G})}$ mit $\bar{\gamma}'$ bezeichnet.)

Nun sei $\gamma' = \gamma$ die oben definierte Abbildung, $\mathcal{G}_1 = \mathcal{G} \times T$.

Hilfssatz 2.2: Zu jedem beschränkten Maß $\mu \in M(\mathcal{G})$ gibt es ein positives Maß $\mu' \in M_+(\mathcal{G} \times T)$, so daß $\bar{\gamma}(\mu') = \mu$.

[Man nehme nämlich $h(.) = d\mu / d|\mu|(.)$, dann ist $|h(.)| \equiv 1$ und für alle $f \in C_o(\mathcal{G})$ ist $\int_{\mathcal{G}} f(x) d\mu(x) = \int_{\mathcal{G}} f(x) h(x) d|\mu|(x)$.

Nun definiert man $\mu' := \int_{\mathcal{G}} \mathcal{E}_{(x,h(x))} \, d|\mu|(x)$ als schwaches Integral.
Zunächst muß man zeigen, daß das schwache Integral
$\int_{\mathcal{G}} \mathcal{E}_{(x,h(x))} \, d|\mu|(x)$ definiert ist.
Wegen $|h(.)| \equiv 1$ kann h als Abbildung von $\mathcal{G} \to T$ aufgefaßt werden.
Nun seien $g \in C_o(\mathcal{G})$, $k \in C(T)$, $f = g \otimes k$, so ist die Abbildung
$x \longrightarrow g(x).k \circ h(x)$ $|\mu|$ –meßbar und beschränkt,
$|g(.) \, k \circ h(.)| \leq \|g\|_o \cdot \|k\|_o$.
Somit ist

$$L(f) := \int_{\mathcal{G}} \mathcal{E}_{(x,h(x))} (g \otimes k) d|\mu|(x) = \int_{\mathcal{G}} g(x) k \circ h(x) d|\mu|(x)$$

wohldefiniert.
Weiter ist damit das Integral $\int_{\mathcal{G}} \mathcal{E}_{(x,h(x))}(f) \, d|\mu|(x)$ für alle $f \in C_o(\mathcal{G}) \otimes C(T)$ wohldefiniert und es ist
$|L(f)| \leq \|\mu\| \, \|f\|_o$.
Daher läßt sich L in eindeutiger Weise zu einem beschränkten positiven Maß μ' auf $\mathcal{G}_1 = \mathcal{G} \times T$ fortsetzen.
Schließlich ist für alle $f \in C_o(\mathcal{G})$

$$\mu'(\gamma f) = \int_{\mathcal{G}_1} \mathcal{E}_{(x,h(x))}(f) d|\mu|(x) = \int_{\mathcal{G}_1} f(x)h(x)d|\mu|(x) =$$

$$= \int_{\mathcal{G}_1} f(x) d\mu(x) = \mu(f), \text{ also } \bar{\gamma}(\mu') = \mu. \qquad \square$$

<u>Hilfssatz 2.3:</u> Es sei $\mathcal{G}$ eine Lie-Gruppe, weiter sei γ wie vorhin erklärt. Dann ist $\bar{\gamma}$ ein surjektiver Homomorphismus von $\mathcal{P}(\mathcal{G} \times T)$ auf $\mathcal{H}(\mathcal{G})$.

<u>Beweis:</u> Sei $\mathfrak{g}$ die Lie-Algebra von $\mathcal{G}$, weiter sei $\varphi = \exp$ die Exponentialabbildung und $U \subseteq \mathcal{G}$, $V \subseteq \mathfrak{g}$ seien offene relativkompakte Umgebungen, die vermöge φ homöomorph sind. φ induziert nun in natürlicher Weise Isomorphismen zwischen

$$D_1 := \{f \in \mathcal{D}(\mathcal{G}) : Tr(f) \subseteq U^-\} \longrightarrow D_2 := \{f \in \mathcal{D}(\mathfrak{g}) : Tr(f) \subseteq V^-\}$$

$$D_1' := \{F \in \mathcal{D}'(\mathcal{G}) : Tr(F) \subseteq U^-\} \longrightarrow D_2' := \{F \in \mathcal{D}'(\mathfrak{g}) : Tr(F) \subseteq V^-\}$$

$$E_1 := \{f \in \mathcal{D}(\mathcal{G} \times T) : Tr(f) \subseteq U^- \times T\} \longrightarrow E_2 := \{f \in \mathcal{D}(\mathfrak{g} \times T) : Tr(f) \subseteq V^- \times T\}$$

$$E_1' := \{F \in \mathcal{D}'(\mathcal{G} \times T) : Tr(F) \subseteq U^- \times T\} \longrightarrow E_2' := \{F \in \mathcal{D}'(\mathfrak{g} \times T) : Tr(F) \subseteq V^- \times T\}$$

Die induzierten Isomorphismen seien der Einfachheit halber stets wieder mit φ bezeichnet.

Es sei $H_1 := \mathcal{H}(\mathcal{G}) \cap D_1'$, $H_2 := \varphi(H_1) \cap D_2'$; $P_1 := \mathcal{P}(\mathcal{G} \times T) \cap E_1'$

und $P_2 := \varphi(P_1) \cap E_2'$.

Weiter seien $\gamma: C_o(\mathcal{G}) \longrightarrow C_o(\mathcal{G} \times T)$ sowie $\gamma': C_o(\mathcal{g}) \longrightarrow C_o(\mathcal{g} \times T)$

wie vorhin erklärt. Da $\mathcal{g}$ ein endlich dimensionaler Vektorraum ist, kann man die Ergebnisse von Faraut ([18], Prop. N. 8, Théorème N. 1) anwenden und erhält, daß $\bar{\bar{\gamma}}': P_2 \longrightarrow H_2$ surjektiv ist.

Wendet man darauf γ^{-1} an, so erhält man, daß auch $\bar{\bar{\gamma}}: P_1 \longrightarrow H_1$ surjektiv ist.

Nun sei $F \in \mathcal{H}(\mathcal{G})$ beliebig. Dann zeigt der Zerlegungssatz, daß man F in der Form $F = F_1 + F_2$ zerlegen kann, wobei $Tr(F_1) \subseteq U$ und wobei F_2 ein beschränktes Maß ist; aus den eben angestellten Überlegungen folgt, daß ein $F_1' \in P_1$ existiert, so daß $\bar{\bar{\gamma}}(F_1') = F_1$. Der Hilfssatz 2.2 liefert die Existenz eines positiven Maßes F_2' auf $\mathcal{G} \times T$ mit $\bar{\gamma}(F_2') = F_2$.

Damit ist gezeigt, daß es ein $F' = F_1' + F_2'$ in $\mathcal{P}(\mathcal{G} \times T)$ gibt, so daß $\bar{\bar{\gamma}}(F') = F$. $\square$

Durch Betrachtung der Extremalpunkte geeignet gewählter konvexer kompakter Teilmengen von $\mathcal{D}'(\mathcal{G} \times T)$ resp. $\mathcal{H}(\mathcal{G})$ kann man noch ähnlich wie in [18] zeigen, daß F' dissipativ gewählt werden kann.

Darauf soll aber nicht näher eingegangen werden. Vielmehr soll hervorgehoben werden, daß F' nicht eindeutig ist:

Sei $\mu \in M(T)$, so daß $\int_T e^{iy}\, d\mu(e^{iy}) = 0$. Dann gilt für jedes $\nu \in M(\mathcal{G})$, daß $\bar{\gamma}(\nu \otimes \mu) = 0$.

Es ist nämlich für alle $f \in C_o(\mathcal{G})$: $\int_{\mathcal{G}} f(x)d\bar{\gamma}(\nu \otimes \mu)(x) =$

$$\int_{\mathcal{G} \times T} e^{iy} f(x) d\nu \otimes \mu(x, e^{iy}) = \int_{\mathcal{G}} \int_T e^{iy} f(x) d\mu(e^{iy}) d\nu(x) =$$

$$\left(\int_{\mathcal{G}} f(x) d\nu(x)\right) . \left(\int_T e^{iy} d\mu(e^{iy})\right) = 0.$$

Allgemeiner gilt für alle $\mu \in M(T)$, $\nu \in M(\mathcal{G})$: $\bar{\gamma}(\nu \otimes \mu)(f) = \nu(f) . \mu(\varkappa)$, wobei $\varkappa$ die Abbildung $\varkappa : e^{iy} \in T \longrightarrow e^{iy} \in \mathbb{C}$ bezeichnet.

Sei insbesondere $\nu = \varepsilon_e$, $\mu = \omega_T - \varepsilon_1 \in \mathcal{M}\mathcal{D}(T)$, dann ist

$$\nu \otimes \mu = \varepsilon_e \otimes \omega_T - \varepsilon_{(e,1)} \in \mathcal{M}\mathcal{D}(\mathcal{G} \times T) \text{ und es ist}$$

$\bar{\gamma}(\nu \otimes \mu) = (\mathcal{E}_e \otimes e_T - \mathcal{E}_{(e,1)}) = \bar{\gamma}(\mathcal{E}_e \otimes e_T) - \bar{\gamma}(\mathcal{E}_{(e,1)}) = 0 - \mathcal{E}_e$, da $\omega_T(x) = 0$.

Andererseits ist natürlich auch $\bar{\gamma}(\nu \otimes \mu_1) = - \mathcal{E}_e$ für $\mu_1 = \frac{1}{2}(\mathcal{E}_{e^{i\pi/2}} + \mathcal{E}_{e^{i3\pi/2}})$. ▭

<u>Satz 2.1:</u> $\mathcal{G}$ sei eine lokalkompakte Gruppe, dann gilt mit den vorher erklärten Bezeichnungen: $\bar{\bar{\gamma}} : \mathcal{P}(\mathcal{G} \times T) \longrightarrow \mathcal{H}(\mathcal{G})$ ist ein surjektiver Kegelhomomorphismus.

<u>Korollar</u> (Lévy-Hinčin-Hunt-Darstellung 1. Teil): Zu jeder dissipativen Distribution $F \in \mathcal{H}(\mathcal{G})$ $[\mathcal{H}^{\otimes}(\mathcal{G})]$ gibt es eine normierte (erzeugende) fast positive Distribution $F' \in \mathcal{M}\mathcal{D}(\mathcal{G} \times T)$, so daß $\bar{\gamma}(F') = F + c\,\mathcal{E}_e$, wobei $c \geq 0$ [reell] ist.

<u>Beweis des Satzes:</u> O.B.d.A. darf man annehmen, daß $F \in \mathcal{H}(\mathcal{G})$.

<u>1. Schritt:</u> $\mathcal{G}_1$ sei eine offene Lie-projektive Untergruppe in $\mathcal{G}$. Der Zerlegungssatz und der Hilfssatz 2.2 zeigen, daß es genügt, den Satz für Lie-projektive Gruppen zu beweisen.

<u>2. Schritt:</u> Sei also $\mathcal{G} = \lim\limits_{\alpha} \mathcal{G}_\alpha$, $\mathcal{G}_\alpha$ Lie-Gruppen. Es seien $\pi_\alpha : \mathcal{G} \to \mathcal{G}_\alpha$ und $\pi_{\alpha,\beta} : \mathcal{G}_\alpha \longrightarrow \mathcal{G}_\beta$ für $\alpha \prec \beta$ die kanonischen Homomorphismen.

Zu jedem α findet man ein $F' \in \mathcal{P}(\mathcal{G} \times T)$, so daß $\bar{\bar{\gamma}}_\alpha(F') = \pi_\alpha(F)$. Dabei ist $\gamma_\alpha : C_o(\mathcal{G}) \longrightarrow C_o(\mathcal{G}_\alpha \times T)$ die anfangs definierte Abbildung.

Das Studium der Beweise des Hilfssatzes 2.3 bzw. des Theorems Nr. 1 in [18] zeigen, daß die $\{F'_\alpha\}$ so gewählt werden können, daß sie ein projektives System bilden, daraus folgt, daß $F' := \lim\limits_{\alpha} F'_\alpha$ die Bedingung $\bar{\bar{\gamma}}(F') = F$ erfüllt. ▭

Der Beweis des Satzes 2.1 wurde nur skizziert, da auch ein anderer Beweis, der nicht explizit die Lie-Approximation verwendet, aus einem Resultat von J.P. Roth (s. [53], Corollaire 1) abgeleitet werden kann. Die hier angegebene Beweismethode scheint jedoch besser in den Rahmen dieser Arbeit zu passen.

Dies zeigen auch die folgenden Überlegungen:

Sei $\mathcal{G}$ nun eine Lie-Gruppe, $\mathfrak{g}$ die Lie-Algebra und es sei $F \in \mathcal{H}^{\otimes}(\mathcal{G})$. Weiter seien U und V Einheitsumgebungen in $\mathcal{G}$ und $\mathfrak{g}$, die vermöge exp homöomorph sind. Man darf nach dem Zerlegungssatz annehmen (unter Unterdrückung eines C_o-beschränkten Anteiles), daß $Tr(F) \subseteq U$ liegt. Es gibt dann ein $F_1 \in \mathcal{H}^{\otimes}(\mathfrak{g})$ mit $Tr(F_1) \subseteq V$, so daß $\overline{\overline{\exp}}\,(F_1) = F$.

Weiter gibt es nach Satz 2.1 ein $F_1' \in \mathcal{P}(\mathcal{G} \times T)$, so daß $\overline{\overline{\gamma}}'(F_1') = F_1$.
Da F_1' außerhalb jeder Einheitsumgebung ein beschränktes positives Maß ist, kann man mittels der kanonischen Einbettung $T \longrightarrow [0,2\pi) \subseteq R_1$ die Torus-Gruppe T auf natürliche Weise in den euklidischen R_1 einbetten.

Insbesondere wird daher $(\mathcal{G} \times T)$ in $(\mathcal{G} \times R_1) \cong (R_{n+1})$ eingebettet.
Definiert man nun $\gamma'' : C_o(\mathcal{G}) \longrightarrow C(\mathcal{G} \times R_1)$ durch $(\gamma''f)(x,y) := f(x)e^{iy}$ $x \in \mathcal{G}$, $y \in R_1$, dann läßt sich zeigen, daß dadurch wie im Falle $\gamma : C_o(\mathcal{G}) \longrightarrow C_o(\mathcal{G} \times T)$ ein Kegelhomomorphismus $\overline{\overline{\gamma}}'' : \mathcal{P}(\mathcal{G} \times R_1) \longrightarrow \mathcal{H}(\mathcal{G})$ definiert wird, der wieder surjektiv ist.
Es gibt also ein $F_1'' \in \mathcal{P}(\mathcal{G} \times R_1) \cong \mathcal{P}(R_{n+1})$, so daß $Tr(F_1'') \subseteq \mathcal{G} \times [0,2\pi)$ und so daß $\overline{\overline{\gamma}}''(F_1'') = F_1'$.
Die Lévy-Hinčin-Hunt-Formel auf dem Raum $R_{n+1} \cong \mathcal{G} \times R_1$ stimmt jedoch mit der klassischen Lévy-Hinčin-Formel überein, auf diese Weise wäre somit eine explizite Darstellung der Distribution $F = \overline{\overline{\exp}}\,(F_1) = \overline{\overline{\exp}}\ \overline{\overline{\gamma}}''(F_1'')$ gefunden. Auf Details sei an dieser Stelle nicht näher eingegangen.

§ 3 Stetige Halbgruppen komplexer Maße

Definition 3.1: Eine schwach stetige Halbgruppe von Maßen $(\mu_t, t \geq 0, \mu_o = \varepsilon_e)$ in $M(\mathcal{G})$ heiße von Typ H [resp. $H^{\otimes}$], wenn

(i) $\|\mu_t\| \leq 1$ [resp. wenn ein $c \geq 0$ existiert, so daß $\|\mu_t\| \leq e^{ct}$],

(ii) wenn der Definitionsbereich des Generators der Halbgruppe der Faltungsoperatoren den Raum $\mathcal{D}(\mathcal{G})$ umfaßt.

Es ist also (μ_t) genau dann von Typ $H^{\otimes}$, wenn es ein $c \geq 0$ gibt, so daß $(e^{-tc}\mu_t)$ von Typ H ist.

Die Bedeutung des § 2 wird durch den folgenden Satz erklärt:

Satz 3.1: Sei (μ_t) von Typ $H\left[H^{\otimes}\right]$, dann ist das Funktional

$$(*) \quad F : F(f) = \lim_{t \searrow 0} \frac{1}{t}(\mu_t(f) - \varepsilon_e(f)), \quad f \in \mathcal{D}(\mathcal{G}) \text{ in } \mathcal{H}(\mathcal{G}) \left[\mathcal{H}^{\otimes}(\mathcal{G})\right]$$

Umgekehrt gibt es zu jedem $F \in \mathcal{H}(\mathcal{G})\left[\mathcal{H}^{\otimes}(\mathcal{G})\right]$ eine Halbgruppe (μ_t) von Typ H [resp. $H^{\otimes}$], so daß $(*)$ erfüllt ist.

Die Zuordnung $F \longrightarrow (\mu_t)$ ist bijektiv.

Der infinitesimale Generator der Halbgruppe $\{R_{\mu_t}, t \geq 0\}$ auf $C_o(\mathcal{G})$ stimmt mit der kleinsten abgeschlossenen Fortsetzung des Faltungsoperators $R_F : \mathcal{D}(\mathcal{G}) \longrightarrow C_o(\mathcal{G})$ überein.

Beweis: Aus der Stetigkeit der Halbgruppe (μ_t) folgt, daß $\left\{\frac{1}{t}(\mu_t - \varepsilon_e), t \geq 0\right\}$ gleichmäßig straff ist. Da außerdem jedes Maß $\frac{1}{t}(\mu_t - \varepsilon_e)$ in $\mathcal{H}(\mathcal{G})\left[\mathcal{H}^{\otimes}(\mathcal{G})\right]$ liegt, folgt aus dem Konvergenzsatz, daß $F \in \mathcal{H}(\mathcal{G})\left[\mathcal{H}^{\otimes}(\mathcal{G})\right]$.

Sei nun andererseits $F \in \mathcal{H}(\mathcal{G})$, dann ist $R_F : \mathcal{D}(\mathcal{G}) \longrightarrow C_o(\mathcal{G})$ ein dicht definierter Operator, der außerdem dissipativ ist. Da die Voraussetzungen des Satzes von Hirsch (s. o. § 4) erfüllt sind, folgt daraus, daß eine eindeutig bestimmte Halbgruppe (μ_t) von Typ H existiert, so daß R_F die Einschränkung des infinitesimalen Generators auf $\mathcal{D}(\mathcal{G})$ ist. Weiter stimmt die kleinste abgeschlossene Fortsetzung von $(R_F, \mathcal{D}(\mathcal{G}))$ mit dem infinitesimalen Generator der Operatorhalbgruppe $\{R_{\mu_t}\}$ überein. □

Nun seien wieder γ und $\overline{\gamma}$ wie am Beginn des § 2 erklärt. Zunächst überlegt man sicht leicht, daß $\overline{\gamma}$: M ($\mathcal{G}$ x T) $\longrightarrow$M ($\mathcal{G}$) ein Algebrenhomomorphismus ist: $\overline{\gamma}$ ist nämlich sicher ein Vektorraumhomomorphismus.

Weiter ist

$$\overline{\gamma}(\mu\nu)(f) = \mu\nu(\gamma f) = \int_{\mathcal{G}\times T}\int_{\mathcal{G}\times T} (\gamma f)(xy, e^{iu}e^{iv})d\mu(x,e^{iu})d\nu(y,e^{iv}) =$$

$$= \int_{\mathcal{G}\times T} e^{iv}\int_{\mathcal{G}\times T} e^{iu} f(xy)d\mu(x,e^{iu})d\nu(y,d^{iv}) = \int_{\mathcal{G}}\int_{\mathcal{G}\times T} e^{iu} f(xy)d\mu(x,e^{iu})\overline{\gamma}\nu(y)$$

$$= \int_{\mathcal{G}}\int_{\mathcal{G}} f(xy)d\overline{\gamma}\mu(x)d\overline{\gamma}\nu(y) = (\overline{\gamma}\mu)(\overline{\gamma}\nu)(f).$$

(s. Teil I, Beispiel 1.1)

Damit erhält man:

<u>Satz 3.2:</u> Zu jeder Halbgruppe (μ_t, $t \geq 0, \mu_o = \varepsilon_e$) von Typ H[$H^{\circledast}$] gibt es ein $c \in R_1$ und eine stetige Halbgruppe von Wahrscheinlichkeitsmaßen ($\mu_t^{!}$, $t \geq 0, \mu_o^{!} = \varepsilon_{e_1}$) auf $\mathcal{G}$ x T, so daß $\overline{\gamma}(e^{ct}\mu_t^{!}) = \mu_t$ für alle $t \geq 0$.

[[Der <u>Beweis</u> folgt unmittelbar aus dem Satz 3.1]]

Als wichtigstes Ergebnis des § 3 erhält man nun unter Verwendung von Resultaten von F. Hirsch und J.P. Roth einen Satz, der für $\mathcal{G} = R_n$ erstmals von J. Faraut [18] bewiesen wurde:

<u>Satz 3.3:</u> Jede Halbgruppe komplexer Maße (μ_t, $t \geq 0, \mu_o = \varepsilon_e$), die schwach stetig ist und der Normbedingung $\|\mu_t\| \leq 1$ [$\|\mu_t\| \leq e^{ct}$] genügt, ist von Typ H [$H^{\circledast}$].

<u>Beweis:</u> Sei B der Generator der Halbgruppe $\{R_{\mu_t}\}$, D sei sein Definitionsbereich. Nach Roth [53], Corollaire 1 (s. auch Roth, Hirsch [38]) gibt es einen Generator A einer invarianten Feller'schen Halbgruppe auf $\mathcal{G}$ x T, also den Generator einer Halbgruppe von Faltungsoperatoren positiver Maße mit $\|\mu_t^{!}\| \leq 1$, mit folgender Eigenschaft:

Es sei D' der Definitionsbereich von A, so ist $f \in D \Longleftrightarrow \gamma f \in D'$ und $(A\gamma f)(x,1) = Bf(x)$ für alle $x \in \mathcal{G}$. Anders ausgedrückt ([53], Corollaire 2) $\overline{\gamma}\mu_t^{!} = \mu_t$ für alle $t \geq 0$.

Nun ist aber A bereits durch die Einschränkung auf $\mathcal{D}(\mathcal{G}$ x T) eindeutig bestimmt (s.I Satz 2.1 b) und es ist $\gamma\mathcal{D}(\mathcal{G}) \subseteq \mathcal{D}(\mathcal{G}$ x T).

Also ist $\gamma\mathcal{D}(\mathcal{G}) \subseteq$ D' und daher nach der oben zitierten Eigenschaft:

$\mathcal{D}(\mathcal{G}) \subseteq D$, i.e. (μ_t) ist von Typ H.

Der Beweis für den Fall $H^{\otimes}$ ist nun offensichtlich. □

Zusammenfassend: Es wurde gezeigt, daß es zu jeder stetigen Halbgruppe komplexer Maße $(\mu_t, t \geq 0, \mu_0 = \varepsilon_e)$, $\|\mu_t\| \leq 1$, eine Halbgruppe positiver Maße $(\mu'_t, t \geq 0, \mu_0 = \varepsilon_e)$ in $M^+(\mathcal{G} \times T)$ gibt, sodaß $\|\mu'_t\| \leq 1$ und sodaß $\gamma(\mu'_t) = \mu_t$ für alle $t \geq 0$. Die Halbgruppe (μ'_t) ist nicht eindeutig bestimmt, aber man kann zeigen, daß es (mindestens) eine Halbgruppe (μ'_t) gibt, die in $M^1(\mathcal{G} \times T)$ liegt :

Sei $c := -\log \|\mu'_1\|$, dann ist $(\nu_t := e^{-ct}\mu'_t, t \geq 0)$ eine stetige Halbgruppe in $M^1(\mathcal{G} \times T)$, $A^\cdot$ sei deren erzeugende Distribution. Dann setze man

$$A := A^\cdot - c\,\varepsilon_{(e,1)} + c\,\omega_T = A^\cdot + c(\omega_T - \varepsilon_{(e,1)}) \in \mathcal{MD}(\mathcal{G} \times T).$$

A ist die erzeugende Distribution einer Halbgruppe von Wahrscheinlichkeitsmaßen $(\nu_t := \mathcal{E}x(tA), t \geq 0)$, beachtet man, daß der Poissongenerator $c(\omega_T - \varepsilon_{(e,1)})$ im Zentrum von $M(\mathcal{G} \times T)$ liegt und daß $\gamma(\omega_T) = 0$ ist, so erhält man :

$$\bar{\bar{\gamma}}(\mathcal{E}x(tA)) = \bar{\bar{\gamma}}(\mathcal{E}x(t(A^\cdot + c(\omega_T - \varepsilon_{(e,1)})))) = \bar{\bar{\gamma}}(\mathcal{E}x(tA^\cdot)\exp(tc(\omega_T - \varepsilon_{(e,1)}))) = \bar{\bar{\gamma}}(\mathcal{E}x(tA^\cdot))\,\bar{\bar{\gamma}}(e^{-tc}(\varepsilon_{(e,1)} + \sum_{k \geq 1} c^k t^k \omega_T \cdot 1/k!)) =$$
$$= (e^{ct}\mu_t)(e^{-ct}\varepsilon_e) = \mu_t .$$

Damit ist der folgende Satz bewiesen :

<u>Satz 3.4</u> Zu jeder stetigen Halbgruppe $(\mu_t, t \geq 0, \mu_0 = \varepsilon_e)$ von komplexen Maßen mit $\|\mu_t\| \leq 1$ in $M(\mathcal{G})$ gibt es eine stetige Halbgruppe von Wahrscheinlichkeitsmaßen $(\nu_t, t \geq 0, \nu_0 = \varepsilon_{(e,1)}) \subseteq M^1(\mathcal{G} \times T)$ mit $\gamma(\nu_t) = \mu_t$ für alle $t \geq 0$. Oder äquivalenterweise : Zu jedem $F \in \mathcal{H}$ gibt es ein $A \in \mathcal{MD}(\mathcal{G}_1)$ mit $\bar{\bar{\gamma}}(A) = F$.

§ 4 Die Gestalt der Kegel $\mathcal{H}(\mathcal{G})$ und $\mathcal{M}(\mathcal{G})$

Es seien $M = \{a(\mu - \varepsilon_e),\ \mu \in M^1(\mathcal{G}),\ a \geq 0\}$,

$M_1 = \{\mu - b\varepsilon_e,\ \mu \in M,\ b \geq 0\} = \{a\mu - b\varepsilon_e,\ 0 \leq a \leq b,\ \mu \in M^1(\mathcal{G})\}$

$M_2 = \{a\mu + b\varepsilon_e,\ a \geq 0,\ b \text{ reell},\ \mu \in M^1(\mathcal{G})\}$

$N_1 = \{a\mu - b\varepsilon_e,\ \mu \in M(\mathcal{G}),\ 0 \leq \|\mu\| \leq 1,\ 0 \leq a \leq b\}$

$N_2 = \{a\mu + b\varepsilon_e,\ \mu \in M(\mathcal{G}),\ 0 \leq \|\mu\| \leq 1,\ a \geq 0,\ b \text{ reell}\}$.

Offensichtlich sind M, M_i, N_i $i = 1,2$ konvexe Kegel in $\mathcal{H}^{\otimes}(\mathcal{G})$ und überdies ist $M \subseteq \mathcal{M}(\mathcal{G})$; $M \subseteq M_1 \subseteq M_2 \subseteq \mathcal{P}^{\otimes}(\mathcal{G})$, $N_1 \subseteq \mathcal{H}(\mathcal{G})$, $N_2 \subseteq \mathcal{H}^{\otimes}(\mathcal{G})$ und $M_1 \subseteq \mathcal{P}(\mathcal{G})$.

Es soll gezeigt werden, daß diese Teilkegel bezüglich einer geeigneten Topologie dicht in $\mathcal{M}(\mathcal{G})$, $\mathcal{P}(\mathcal{G})$, $\mathcal{P}^{\otimes}(\mathcal{G})$, $\mathcal{H}(\mathcal{G})$ und $\mathcal{H}^{\otimes}(\mathcal{G})$ liegen. Dazu benötigt man zunächst eine Verschärfung des Konvergenzsatzes:

<u>Definition 4.1:</u> Es sei $\mathcal{E}(\mathcal{G})$ der Raum der beschränkten lokal C^{∞}-Funktionen auf $\mathcal{G}$, i.e. $\mathcal{E}(\mathcal{G}) = \{f \in C(\mathcal{G}) : fg \in \mathcal{D}(\mathcal{G})$ für alle $g \in \mathcal{D}(\mathcal{G})\}$ (s. I, § 2).

Da nach dem Zerlegungssatz jedes $F \in \mathcal{H}^{\otimes}(\mathcal{G})$ außerhalb einer jeden Einheitsumgebung mit einem beschränkten Maß (Lévy-Maß) η_F übereinstimmt, lassen sich alle Distributionen $F \in \mathcal{H}^{\otimes}(\mathcal{G})$ in natürlicher Weise auf $\mathcal{E}(\mathcal{G})$ fortsetzen. Nun definiert man in $\mathcal{H}^{\otimes}(\mathcal{G})$ zwei Topologien: Sei $\{F_\alpha\}$ ein Netz in $\mathcal{H}^{\otimes}(\mathcal{G})$, dann heiße $\{F_\alpha\}$ $\sigma(\mathcal{E})$-konvergent gegen $F \in \mathcal{H}^{\otimes}(\mathcal{G})$, wenn $F(f) = \lim_\alpha F_\alpha(f)$ für alle $f \in \mathcal{E}(\mathcal{G})$.
$\{F_\alpha\}$ heiße τ_1 konvergent gegen $F \in \mathcal{H}^{\otimes}(\mathcal{G})$, wenn F $\sigma(\mathcal{E})$-konvergent ist, wenn für alle $f \in \mathcal{D}(\mathcal{G})$ $\sup_\alpha |F_\alpha(f)| < \infty$, wenn für eine relativkompakte Einheitsumgebung gilt: Die Normen der Einschränkungen $\|\eta_{F_\alpha}|_{\mathcal{G} \setminus U}\|$ konvergieren gegen $\|\eta_F|_{\mathcal{G} \setminus U}\|$.

<u>Satz 4.1:</u> (s. auch I, Satz 2.3, 2.4): a) $\mathcal{M}(\mathcal{G})$ ist gegenüber $\sigma(\mathcal{E})$-Konvergenz abgeschlossen, genauer:
Sei $\{F_\alpha\}$ ein $\sigma(\mathcal{E})$-konvergentes Netz, in $\mathcal{M}(\mathcal{G})$, dann ist $\{F_\alpha\}$ τ_1-konvergent und $F = \lim_\alpha F_\alpha \in \mathcal{M}(\mathcal{G})$.

b) Zu jeder Menge $A \subseteq \mathcal{H}(\mathcal{G})$ bezeichne $A^{\odot}$ die folgenvollständige τ_1-Hülle.
Dann gilt: $\mathcal{M}(\mathcal{G}) = M^{\odot}$; $\mathcal{P}(\mathcal{G}) = M_1^{\odot}$ und $\mathcal{P}^{\otimes}(\mathcal{G}) = M_2^{\odot}$

Beweis: Sei $\{F_\alpha\} \subseteq \mathcal{M}(\mathcal{G})$ ein $\sigma(\mathcal{E})$-konvergentes Netz. Weiter sei U eine relativkompakte Einheitsumgebung und $\eta^U_{F_\alpha}$ seien die Einschränkungen von F_α auf $\mathcal{G} \setminus U$, also die Einschränkungen der Lévy-Maße η_F auf $\mathcal{G} \setminus U$.
Aus den Voraussetzungen folgt, daß $\eta^U_{F_\alpha}(f) \longrightarrow \eta^U_F(f)$ für alle $f \in C(\mathcal{G})$ konvergieren. Da die Konstante $\mathbb{1} \in \mathcal{E}(\mathcal{G})$ folgt, daß $F_\alpha(\mathbb{1}) \longrightarrow F(\mathbb{1})$ (Die Lévy-Maße sind ja positiv!). Damit erhält man aber sofort die schwache Konvergenz $\eta^U_{F_\alpha} \longrightarrow \eta^U_F$ und $\|\eta^U_{F_\alpha}\| \longrightarrow \|\eta^U_F\|$, also ist $\{F_\alpha\}$ τ_1 konvergent.
Die Aussage $\mathcal{M}(\mathcal{G}) = M^{\odot}$ wird auf folgendem Weg bewiesen: Einerseits ist nach den obigen Überlegungen $M^{\odot}$ in der abgeschlossenen τ_1-Hülle von M und daher in $\mathcal{M}(\mathcal{G})$, andererseits ist jedes $F \in \mathcal{M}(\mathcal{G})$ erzeugendes Funktional einer stetigen Halbgruppe (μ_t) und es ist daher $n(\mu_{1/n} - \varepsilon_e)(f) \longrightarrow F(f)$ für alle $f \in \mathcal{D}(\mathcal{G})$, sogar für alle f, die lokal zu $\mathcal{D}(\mathcal{G})$ gehören (s. [25]). Daraus folgt aber, daß $n(\mu_{1/n} - \varepsilon_e) \longrightarrow F$ τ_1-konvergent ist.

Die übrigen Behauptungen werden ähnlich bewiesen. □

Satz 4.2: $\mathcal{H}(\mathcal{G})$ ist $\sigma(\mathcal{D})$ abgeschlossen.
Sei $A^{\odot\odot}$ der $\sigma(\mathcal{D})$ Folgenabschluß einer Menge $A \subseteq \mathcal{H}(\mathcal{G})$, dann gilt:

$$\mathcal{H}(\mathcal{G}) = N_1^{\odot\odot} \quad \text{und} \quad \mathcal{H}^{\otimes}(\mathcal{G}) = N_2^{\odot\odot}.$$

[Man sieht sofort, daß Grenzwerte dissipativer Distributionen wieder dissipativ sind. Da, anders als im Falle $\mathcal{M}(\mathcal{G})$, keine Normierungsbedingung gefordert wird, genügt es, die schwache Konvergenz $\sigma(\mathcal{D})$ zu betrachten. Die übrigen Aussagen werden nun ähnlich wie im Satz 4.1 bewiesen.]

Schließlich erhält man die folgende Verschärfung des Konvergenzsatzes 1.2 (und damit gleichzeitig eine Verschärfung von [27], 5.9).

Satz 4.3: Seien $\{F_\alpha\}$ ein Netz in $\mathcal{H}(\mathcal{G})\,[\mathcal{P}(\mathcal{G})]$, das in $\tau_1\,[\sigma(\mathcal{E})]$ gegen F konvergiert. Dann konvergiert für jedes $f \in \mathcal{D}(\mathcal{G})$
$\| R_{F_\alpha} f - R_F f \|_0 \longrightarrow 0$.
Seien (μ_t^α), (μ_t) die von F_α, F erzeugten Faltungshalbgruppen, dann konvergieren $\mu_t^\alpha \longrightarrow \mu_t$ schwach, kompakt-gleichmäßig in t.

<u>Beweis:</u> Sei U eine relativkompakte Einheitsumgebung und F_α^U, F^U seien die Einschränkungen auf U. Dann folgt: $F_\alpha^U \xrightarrow{\sigma(\mathcal{E})} F^U$, die Distributionen sind gleichmäßig straff und gleichmäßig beschränkt (i.e. $\sup_{\alpha \geq \alpha_0} |F_\alpha(f)| < \infty$ für alle $f \in \mathcal{D}(\mathcal{G})$).

Aus dem Konvergenzsatz (Satz 1.2) folgt nun $R_{F_\alpha^U} f \longrightarrow R_{F^U} f$ für alle $f \in \mathcal{D}(\mathcal{G})$.

Nun betrachtet man die Einschränkungen auf $\mathcal{G} \setminus U$: Alle auftretenden Distributionen sind nun beschränkte Maße, die schwach konvergieren, außerdem konvergieren die Normen $\| F_\alpha^{\mathcal{G} \setminus U} \| \longrightarrow \| F^{\mathcal{G} \setminus U} \|$.

Damit sind aber die Voraussetzungen eines Satzes von Siebert erfüllt (s. [63], Prop. 4.2 - der Beweis wird dort nur für Wahrscheinlichkeitsmaße geführt, der Beweis läßt sich aber auf Netze komplexer Maße übertragen -), daher konvergieren die Faltungsoperatoren

$R_{F_\alpha^{\mathcal{G} \setminus U}} f \longrightarrow R_{F^{\mathcal{G} \setminus U}} f$ für alle $f \in C_o(\mathcal{G})$, insbesondere für alle $f \in \mathcal{D}(\mathcal{G})$.

Damit ist der Satz bewiesen: Die Konvergenz der Maßhalbgruppen folgt nun aus [27], 5.9, beziehungsweise aus 0.§ 4, Satz 42, Folgerung 1. □

§ 5 Ergänzungen. Allgemeines über die Abbildungen $\bar{\gamma} : M(\mathcal{G}\times T) \longrightarrow M(\mathcal{G})$
$\vartheta, \vartheta_1 : M(\mathcal{G}) \longrightarrow M_+(\mathcal{G}\times T)$.

Wir beschäftigen uns nun allgemein mit den Abbildungen $\bar{\gamma}$, ϑ, ϑ_1 und deren Eigenschaften. Dies führt natürlich zunächst einmal von dem ursprünglichem Ziel, der Untersuchung von Faltungshalbgruppen, weg, gestattet uns jedoch einen genaueren Einblick in die Struktur der Halbgruppe der " kontraktiven Maße ", i.e. Maße mit $\|\cdot\| \leq 1$. Es werden in dieser Halbgruppe einige spezielle Klassen von Maßen untersucht, nämlich idempotente Maße (i.e. $\mu^2 = \mu$), unitäre Maße ($\mu\mu^\sim = \mu^\sim\mu = \varepsilon_e$), nilpotente Maße und Nullteiler und schließlich teilbare Maße und gleichmäßig stetige Halbgruppen. Mit der letzten Klasse wird das zentrale Thema wieder aufgegriffen.

Definition 5.1 $Q(\mathcal{G})$ sei die Halbgruppe der komplexen Maße mit $\|\mu\| \leq 1$, (Halbgruppe der kontraktiven Maße), $Q_o(\mathcal{G})$ sei der Rand der Einheitskugel, i.e. $Q_1(\mathcal{G}) := \{\mu \in Q(\mathcal{G}) \text{ mit } \|\mu\| = 1\}$.

In Hilfssatz 2.2 wurde gezeigt, daß es zu der Abbildung

$\bar{\gamma} : M_+(\mathcal{G}\times T) \longrightarrow M(\mathcal{G})$, $\bar{\gamma}(\mu)(f) := \mu(f\otimes\chi)$, $\chi : T \xrightarrow{\text{id}} T$,

eine rechtsinverse Abbildung gibt: $\vartheta : M(\mathcal{G}) \longrightarrow M_+(\mathcal{G}\times T)$

mit $\vartheta(\mu)(f) := \int_{\mathcal{G}} f(x, \frac{d\mu}{d|\mu|}(x))\, d|\mu|(x) = \int_{\mathcal{G}} \varepsilon_{(x,\frac{d\mu}{d|\mu|}(x))}\, d|\mu|(x)(f)$,

wobei eine Version der Dichte $d\mu/d|\mu|(.)$ so gewählt war, daß sie als Abbildung von $\mathcal{G} \longrightarrow T$ aufgefaßt werden kann. Dann ist $\bar{\gamma}\vartheta = \text{id}$, es ist $\|\vartheta(\mu)\| = \||\mu|\| = \|\mu\|$, ϑ ist positiv homogen, aber weder Vektorraum - noch Faltungshomomorphismus (während $\bar{\gamma}$ ein schwach stetiger Algebrenhomomorphismus $\bar{\gamma}: M(\mathcal{G}\times T) \longrightarrow M(\mathcal{G})$ ist).

Um zu zeigen, daß $\bar{\gamma}(M^1(\mathcal{G}\times T)) = Q(\mathcal{G})$, definiert man weiter

Definition 5.2 $\vartheta_1 : M(\mathcal{G}) \longrightarrow M_+(\mathcal{G}\times T)$ sei die Abbildung

$\vartheta_1(\mu) := \vartheta(\mu) + |1-\|\mu\||\omega_T$.

Dann gilt der

Hilfssatz 5.1 a) $\vartheta(Q(\mathcal{G})) \subseteq M_+(\mathcal{G}\times T) \cap Q(\mathcal{G}\times T)$-

b) $\bar{\gamma}\vartheta_1 = \text{id}_{M_+(\mathcal{G}\times T)}$. c) $\vartheta_1(Q(\mathcal{G})) \subseteq M^1(\mathcal{G}\times T)$. Daraus folgt insbesondere $\bar{\gamma}(M^1(\mathcal{G}\times T)) = Q(\mathcal{G})$.

[[Der Beweis ist offensichtlich, da $\bar{\gamma}(\omega_T) = 0$ und da ϑ_1 gerade so definiert ist, daß $\|\vartheta_1(\mu)\| = \|\vartheta(\mu)\| + (1-\|\mu\|) = 1$ für $\|\mu\| \leq 1$.]]

Entscheidend für die weiteren Überlegungen ist der folgende

Satz 5.1 Die Restriktion der Abbildung $\vartheta : Q_1(\mathcal{G}) \longrightarrow M^1(\mathcal{G}\times T)$ stimmt mit $\vartheta_1 : Q_1(\mathcal{G}) \longrightarrow M^1(\mathcal{G}\times T)$ überein und ist injektiv.

Beweis : Man setzt $\mathcal{A}(\mu) := \{\nu \in M^1(\mathcal{G}\times T) : \bar{\gamma}(\nu) = \mu\}$, $\mu \in Q(\mathcal{G})$.

Die Aussage des Satzes ist äquivalent zu der Aussage $\mathcal{A}(\mu) = \{\vartheta(\mu)\}$ für alle $\mu \in Q_1(\mathcal{G})$.

1. Sei $\mathcal{G}$ separabel. Sei $\mu \in Q_1(\mathcal{G})$, $\nu \in \mathcal{A}(\mu)$. Dann existiert eine Desintegration $\nu = \int_{\mathcal{G}}^{\otimes} \nu_x d\lambda(x)$ (s.z.B. Bourbaki [4]) mit $\nu_x \in M^1(T)$, $x \in \mathcal{G}$, $\lambda \in M^1(\mathcal{G})$, sodaß für alle $f \in C(\mathcal{G})$, $g \in C(T)$

$\nu(f \otimes g) = \int_{\mathcal{G}} f(x)\, \nu_x(g)\, d\lambda(x)$.

Es ist nun $1 = \|\mu\| = \|\tilde{\gamma}\nu\| = \sup\{|\nu(f \otimes \chi)| : f \in C_o(\mathcal{G}), 0 \le |f| \le 1\} =$

$= \sup\{|\int_{\mathcal{G}} \nu_x(\chi)\, f(x)\, d\lambda(x)|\} \le \sup\{\int_{\mathcal{G}} |\nu_x(\chi)|\, |f(x)|\, d\lambda(x)\} \le$

$\le \int_{\mathcal{G}} |\nu_x(\chi)|\, d\lambda(x) \le 1.$

Ist ν_x ein Punktmaß λ - fast überall, dann ist $|\nu_x(\chi)| \equiv 1$, ist aber andererseits ν_x auf einer Menge positiven λ - Maßes kein Punktmaß, dann ist auf dieser Menge $|\nu_x(\chi)| < 1$ und daher muß $\int_{\mathcal{G}} |\nu_x(\chi)|\, d\lambda < 1$ sein, im Widerspruch zur obigen Ungleichung.

Es muß also eine Abbildung $\mathcal{G} \ni x \longrightarrow t(x) \in T$ geben, sodaß $\nu_x = \varepsilon_{t(x)}$ λ - fast überall.

Andererseits gibt es für $\vartheta(\mu) = \vartheta_1(\mu)$ bereits eine Darstellung in desintegrierter Form, nämlich

$$\vartheta(\mu) = \int_{\mathcal{G}} \varepsilon_{(x, \frac{d\mu}{d|\mu|}(x))}\, d|\mu|(x) = \int_{\mathcal{G}} \varepsilon_x \otimes \varepsilon_{\frac{d\mu}{d|\mu|}(x)}\, d|\mu| =$$

(im Sinne obiger Bezeichnung) $= \int_{\mathcal{G}}^{\otimes} \varepsilon_{\frac{d\mu}{d|\mu|}(x)}\, d|\mu|(x)$.

Es ist also noch zu zeigen, daß (i) $\lambda = |\mu|$ und (ii) $\nu_x = \varepsilon_{\frac{d\mu}{d|\mu|}(x)}$ für $|\mu|$ - fast alle x .

Sei $f \in C(\mathcal{G})$, $\chi : T \xrightarrow{id} T$, $\nu_x = \varepsilon_{t(x)}$, dann ist

$$\mu(f) = \tilde{\gamma}(\nu)(f \otimes \chi) = \int_{\mathcal{G}}^{\otimes} \nu_x\, d\lambda(x)(f \otimes \chi) = \int_{\mathcal{G}} f(x) t(x) d\lambda(x) ,$$

also ist $d\mu = t(.)d\lambda$. Wegen $|t(.)| \equiv 1$ und wegen $\lambda \in M^1(\mathcal{G})$ folgt $\lambda = |\mu|$ und $t(.) = d\mu/d|\mu|(.)$.

2. Nun sei $\mathcal{G}$ eine beliebige lokalkompakte Gruppe, $\mu \in Q_1(\mathcal{G})$, $\nu \in \mathcal{A}(\mu)$. Dann ist $\mathrm{Tr}(\mu)$ σ - kompakt, daher ist μ in einer σ - kompakten offenen Untergruppe $\mathcal{G}_1 \subseteq \mathcal{G}$ konzentriert. Wir zeigen : $\vartheta_1 : Q_1(\mathcal{G}_1) \longrightarrow M^1(\mathcal{G}_1 \times T)$ ist injektiv, dann folgt unmittelbar, daß auch die Behauptung des Satzes gilt.

Die σ - kompakte Gruppe $\mathcal{G}_1$ ist projektiver Limes separabler Gruppen (s.[69] oder [4]), $\mathcal{G}_1 = \varprojlim \mathcal{G}_1^{\alpha}$. $\pi_{\alpha} : \mathcal{G}_1 \longrightarrow \mathcal{G}_1^{\alpha}$ seien die kanonischen

Homomorphismen, dann werden dadurch in natürlicher Weise Homomorphismen $\pi'_\alpha : \mathcal{G}_1 \times T \longrightarrow \mathcal{G}_1^\alpha \times T$, $\vartheta^\alpha : M(\mathcal{G}_1^\alpha) \longrightarrow M_+(\mathcal{G}_1^\alpha \times T)$ induziert und man prüft nach, daß $\bar{\bar{\pi}}'_\alpha \vartheta(\mu) = \vartheta^\alpha \bar{\bar{\pi}}_\alpha(\mu)$.

Nach 1. ist nun $\bar{\bar{\pi}}_\alpha(\mathcal{A}(\mu)) = \mathcal{A}(\bar{\bar{\pi}}_\alpha(\mu)) = \{\vartheta^\alpha(\bar{\bar{\pi}}_\alpha(\mu))\}$, daher muß auch $\mathcal{A}(\mu)$ einpunktig, nämlich $\mathcal{A}(\mu) = \{\vartheta(\mu)\}$ sein.

A. Idempotente in $Q(\mathcal{G})$.

Für nicht kommutative Gruppen ist die Struktur der Idempotenten in $M(\mathcal{G})$ bedeutend komplizierter als im Falle kommutativer Gruppen. Insbesondere brauchen die Träger idempotenter Maße keineswegs kompakt zu sein. Außerdem gibt es Idempotente mit kompaktem Träger, deren Norm größer als 1 ist, die sich nicht als Summe von Idempotenten mit Norm = 1 darstellen lassen.

[Sei etwa $\mathcal{G}$ kompakt, nicht kommutativ, D sei eine irreduzible Darstellung mit $\dim(D) > 1$. $\mathcal{X}$ sei der Charakter der Darstellung D. Dann ist $\mu := (\dim(D))^{-1/2}\, \mathcal{X} . \omega_{\mathcal{G}}$ idempotent mit $\|\mu\| = (\dim(D))^{1/2} > 1$.]

Beschränkt man sich dagegen auf die Betrachtung der Idempotenten in $Q(\mathcal{G})$, so erhält man die selben Resultate wie im kommutativen Fall:

Satz 5.2 Sei $\mu \in Q(\mathcal{G})$ $\mu^2 = \mu \neq 0$. Dann ist $\mu \in Q_1(\mathcal{G})$ und es gilt :

(i) Es gibt eine kompakte Untergruppe $H \subseteq \mathcal{G} \times T$, sodaß $\mu = \bar{\gamma}(\omega_H)$.

(ii) Es gibt eine kompakte Untergruppe $K = H/T \subseteq \mathcal{G}$ und einen Charakter (= stetigen Homomorphismus) $\mathcal{X} : K \longrightarrow T$, sodaß $\mu = \mathcal{X} . \omega_K$.

(iii) $H = \{ (x, \mathcal{X}(x)) : x \in K \}$, $|\mu| = \omega_K$, $d\mu/d|\mu| = \mathcal{X}$ und

$$\vartheta(\mu) = \omega_H = \int_{\mathcal{G}} \otimes \varepsilon_{\mathcal{X}(x)}\, d\omega_K(x) .$$

Beweis : Aus $0 < \|\mu\| = \|\mu^2\| \leq \|\mu\|^2 \leq 1$ folgt $\|\mu\| = 1$, also $\mu \in Q_1(\mathcal{G})$. Daher ist $\bar{\gamma}(\vartheta(\mu)^2) = (\bar{\gamma}(\vartheta(\mu)))^2 = \mu^2 = \mu$, also ist $\vartheta(\mu)$ idempotent in $M^1(\mathcal{G} \times T)$ und daher von der Gestalt $\vartheta(\mu) = \omega_H$ für eine passende kompakte Untergruppe $H \subseteq \mathcal{G} \times T$.

Sei $\pi : \mathcal{G} \times T \longrightarrow \mathcal{G}$ die kanonische Projektion, sei $\pi(H) =: K$, so ist $\bar{\pi}(\vartheta(\mu)) = \bar{\pi}(\omega_H) = \omega_K$. Man prüft nach, daß allgemein gilt $\bar{\pi}(\vartheta(\mu)) = |\mu|$

[Es ist nämlich $\bar{\pi}(\vartheta(\mu))(f) = \vartheta(\mu)(f \otimes 1_T) = \int_{\mathcal{G}} \varepsilon_{\frac{d\mu}{d|\mu|}(x)} (f \otimes 1_T)\, d|\mu|$ $= \int_{\mathcal{G}} f(x)\, d|\mu|(x)$]

Daher ist $|\mu| = \omega_K$ und $\mu = \mathcal{X} . \omega_K$ mit $\mathcal{X} := d\mu/d|\mu|$.

Aus der Invarianz von ω_H folgt : $\mu = \bar{\gamma}(\omega_H) = \gamma(\varepsilon_{(x,t)}\,\omega_H)$ $= \bar{\gamma}(\varepsilon_{(x,t)})\,\bar{\gamma}(\omega_H) = t\,\varepsilon_x\,\mu$ für alle $(x,t) \in H$, also $t\,\varepsilon_x \mu = \mu$ für alle $(x,t) \in H$.

Andererseits ist $\mu = t\,\mathcal{E}_x\,\mu = t\,\mathcal{E}_x\,(\mathcal{H}.\omega_K) = t\,\mathcal{H}(x^{-1}.)\,\omega_K$, i.e. $t\,\mathcal{H}(x^{-1}.) = t^{-1}\mathcal{H}(.)$. Das bedeutet aber gerade: zu $x,y \in K\ \exists t=t(x) \in T$ sodaß $\forall (x,t) \in H$ gilt $\mathcal{H}(x^{-1}y) = t^{-1}\mathcal{H}(y)$, ω_K - fast überall, also ist $\mathcal{H}(.)$ - ω_K - fast überall ein Charakter mit $t(x) = \mathcal{H}(x)$. Und da aus der Gleichung $\mu^2 = \mu$ folgt $\mathcal{H} * \mathcal{H} = \mathcal{H}$, ist $\mathcal{H}: K \to T$ auch stetig.

Schließlich folgt aus $\vartheta(\mu) = \omega_H = \int_{\mathcal{G}} \otimes \mathcal{E}_{\mathcal{H}(x)}\, d\,\omega_K(x)$, daß $H = \{ (x, \mathcal{H}(x)) : x \in K \}$. □

B. Unitäre Maße.

Ein Maß μ werde unitär genannt, wenn $\mu\tilde{\mu} = \tilde{\mu}\mu = \mathcal{E}_e$. Während die allgemeine Gestalt der unitären Maße nur schwer überschaubar ist (s.z.B. L.Corwin [7], E.Hewitt [32]), haben die unitären Maße in $Q(\mathcal{G})$ eine sehr einfache Gestalt, sie sind nämlich gerade die Maße der Gestalt $\mu = \alpha\,\mathcal{E}_x$, $\alpha \in T$, $x \in \mathcal{G}$ (s.z.B. [23]). Das Studium der Abbildungen $\bar{\gamma}$, ϑ, ϑ_1 liefert hierfür einen einfachen Beweis, der als Korollar aus einem allgemeineren Satz folgt. Zunächst eine Definition

Definition 5.3 Sei $\mathcal{E} \neq 0$ ein idempotentes Maß, daher von der Gestalt $\mathcal{E} = \bar{\gamma}(\omega_H)$, $H \subseteq \mathcal{G} \times T$, $H = \{ (x, \mathcal{H}(x)), x \in K \}$. $\mu \in Q(\mathcal{G})$ heißt rechtsinvertierbar in $Q(\mathcal{G})$ bezüglich $\mathcal{E}$, falls (i) $\mathcal{E}\mu = \mu$ und falls (ii) ein $\nu = \nu\mathcal{E} \in Q(\mathcal{G})$ existiert mit $\mu\nu = \mathcal{E}$.

Satz 5.2 Sei $\mu \in Q(\mathcal{G})$ rechtsinvertierbar in $Q(\mathcal{G})$ bezüglich $\mathcal{E}$, dann gibt es ein $\alpha \in T$, $x \in \mathcal{G}$, sodaß $\mu = \alpha\,\mathcal{E}\,\mathcal{E}_x = \bar{\gamma}(\omega_H\,\mathcal{E}_{(x,\alpha)})$.

Ist μ linksinvertierbar, so muß $\mu = \alpha\,\mathcal{E}_x\,\mathcal{E}$ sein, ist μ rechts- und linksinvertierbar, dann ist $xK = Kx$, also liegt x im Normalisator von K.

Beweis : Aus der Invertierbarkeit folgt wegen

$$1 = \|\mathcal{E}\| = \|\mu\nu\| \leq \|\mu\|\,\|\nu\| \leq 1 \text{, daß } \mu, \nu \in Q_1(\mathcal{G}).$$

Daher ist nach den vorigen Überlegungen $\mathcal{A}(\mu) = \{\vartheta(\mu)\}$, $\mathcal{A}(\nu) = \{\vartheta(\nu)\}$, somit erhält man :

(a) $\vartheta(\mu) = \vartheta(\mathcal{E}\mu) = \vartheta(\mathcal{E})\,\vartheta(\mu)$, $\vartheta(\nu) = \vartheta(\nu\mathcal{E}) = \vartheta(\nu)\,\vartheta(\mathcal{E})$.

(b) $\vartheta(\mathcal{E}) = \vartheta(\mu\nu) = \vartheta(\mu)\,\vartheta(\mathcal{E})$

beziehungsweise $\omega_H\,\vartheta(\mu) = \vartheta(\mu)$, $\vartheta(\nu)\,\omega_H = \vartheta(\nu)$ und $\vartheta(\mu)\vartheta(\nu) = \omega_H$.

Aus den letzten drei Gleichungen folgt leicht (s.z.B. H.Carnal [6] resp. L.Schmetterer [55]): $\vartheta(\mu) = \omega_H\,\mathcal{E}_{(x,\alpha)}$, $\vartheta(\nu) = \mathcal{E}_{(x^{-1},\alpha^{-1})}\,\omega_H$.

Die übrigen Aussagen sind unmittelbar einzusehen. □

Korollar 1 Im Falle $H = \{e\}$ gilt : Die unitären Maße in $Q(\mathcal{G})$ sind

gerade die Maße in $Q(\mathcal{G})$, die rechts-(äquivalenterweise links-) invertierbar in $Q(\mathcal{G})$ bezüglich $\mathcal{E}_e$ sind. Also sind die unitären Maße in $Q(\mathcal{G})$ gerade von der Gestalt $\mu = \alpha\mathcal{E}_x$, $\alpha \in T$, $x \in \mathcal{G}$.
Wegen $\bar{\gamma}(\mathcal{E}_{(x,\alpha)}) = \alpha\mathcal{E}_x$, und da die unitären Maße in $M^1(\mathcal{G}\times T)$ gerade die Punktmaße sind, erhält man überdies :

$\bar{\gamma}$ induziert einen Isomorphismus zwischen den unitären Maßen in $M^1(\mathcal{G}\times T)$ und den unitären Maßen in $Q(\mathcal{G})$.
[[Der Beweis ist offensichtlich.]]

Korollar 2 Sei $\Gamma \subseteq Q(\mathcal{G})$ eine Gruppe von Maßen mit Einheit $\mathcal{E}$. ($\mathcal{E}$ ist idempotent $\neq 0$ und daher von der Gestalt $\mathcal{E} = \bar{\gamma}(\omega_H)$). Dann gibt es eine Gruppe $\Gamma_1 \subseteq M^1(\mathcal{G}\times T)$, sodaß $\bar{\gamma}: \Gamma_1 \longrightarrow \Gamma$ ein Isomorphismus ist.

[Jedes $\mu \in \Gamma$ ist rechts- und linksinvertierbar in $Q(\mathcal{G})$ bezüglich $\mathcal{E}$. Daher ist $\vartheta(\mu) = \mathcal{E}_{(x,\alpha)}\,\omega_H = \omega_H\,\mathcal{E}_{(x,\alpha)}$. x gehört zum Normalisator von K - wobei $H = \{(x, \varkappa(x)), x \in K\}^-$, da

$$(x,\alpha)H = (x,\alpha)\{(y,\varkappa(y)), y \in K\} = H(x,\alpha) = \{(y,\varkappa(y)), y \in K\}(x,\alpha)$$

beziehungsweise $\{(xy, \alpha\cdot\varkappa(y)), y \in K\} = \{(yx, \alpha\varkappa(y)), y \in K\}$.

Man erhält also eine Zuordnung $\Gamma \ni \mu \longrightarrow x_\mu \in N(K)$, $\Gamma \ni \mu \longrightarrow \alpha_\mu \in T$, sodaß $\Gamma = \{\bar{\gamma}(\mathcal{E}_{(x_\mu,\alpha_\mu)}\,\omega_H)\}$. Es sei $\Gamma_1 := \{\mathcal{E}_{(x_\mu,\alpha_\mu)}\,\omega_H\} = \vartheta(\Gamma)$.
Dann ist offensichtlich Γ_1 eine Gruppe, Γ_1 ist vermöge $\bar{\gamma}$ resp. ϑ isomorph (algebraisch) zu Γ.
Da die Projektionen $N(H) \longrightarrow N(H)/H$ und $N(K) \longrightarrow N(K)/K$ stetig sind, sind die Abbildungen $(x,\alpha) \longrightarrow \mathcal{E}_{(x,\alpha)}\,\omega_H$ und $(x,\alpha) \longrightarrow \alpha\,\mathcal{E}_x\,\omega_K$ schwach stetig. Schließlich sind die Abbildungen $N(H)/H \ni (x,\alpha)H \longrightarrow \mathcal{E}_{(x,\alpha)}\,\omega_H$ und $N(K)/K \ni xK \longrightarrow \mathcal{E}_x\,\omega_K$ stetig in beiden Richtungen, daher ist Γ_1 auch topologisch isomorph zu Γ (bezüglich der schwachen Topologie).]]

Zusatz: Jede Gruppe $\Gamma \subseteq Q(\mathcal{G})$ ist stetig- homomorphes Bild einer Untergruppe von $\mathcal{G}\times T$.
[[Seien $\{(x_\mu,\alpha_\mu)\}$ wie im Beweis des Korollars 2 gewählt,dann setzt man $\Gamma_2 := \{(x_\mu,\alpha_\mu)H\}$. Offensichtlich ist Γ_2 eine Untergruppe von $N(H) \subseteq \mathcal{G}\times T$. Nun betrachtet man den Homomorphismus $(x,\alpha) \in \Gamma_2 \longrightarrow (x,\alpha)H \in \Gamma_2/H \longrightarrow \mathcal{E}_{(x,\alpha)}\,\omega_H \in \Gamma_1$ und erhält die gewünschte Beziehung.]]

C. Nullteiler und nilpotente Maße.

Wir heben nun an einem Spezialfall die wesentlichen algebraischen Unterschiede zwischen den Halbgruppen $M^1(\mathcal{G} \times T)$ und $Q(\mathcal{G})$ hervor : Während $M^1(\mathcal{G}\times T)$ kein Nullelement zu besitzen braucht - es existiert genau dann ein Nullelement, wenn $\mathcal{G}$ kompakt ist - hat $Q(\mathcal{G})$ stets eine Null, nämlich das Nullmaß 0, darüberhinaus kann man in vielen Fällen Nullteiler angeben. Zum Beispiel, wenn $Q(\mathcal{G})$ ein nicht triviales idempotentes Maß $\mathcal{E}_1 \neq 0, \neq \mathcal{E}_e$ besitzt, dann besitzt $Q(\mathcal{G})$ auch nicht triviale Nullteiler, etwa $\mathcal{E}_1$ und $(\mathcal{E}_e - \mathcal{E}_1) \cdot \| \mathcal{E}_e - \mathcal{E}_1 \|^{-1}$.

Wir setzen $\mathcal{A}(0) := \bar{\gamma}^{-1}(0) \cap M^1(\mathcal{G} \times T)$.

<u>Satz 5.4</u> a) $\mathcal{A}(0)$ ist eine abgeschlossene Unterhalbgruppe von $M^1(\mathcal{G} \times T)$.
b) Sie enthält stets idempotente Elemente, nämlich sämtliche Haarmaße auf kompakten Untergruppen H mit $H \cap (e,T) \neq \{(e,1)\}$.
Daraus folgt c) $\mathcal{A}(0)$ ist kompakt genau dann, wenn $\mathcal{G}$ kompakt ist.
d) Nun sei $\mathcal{G}$ separabel, jedes $\nu \in M^1(\mathcal{G} \times T)$ sei in desintegrierter Form dargestellt, $\nu = \int_{\mathcal{G}}^{\otimes} \nu_x \, d\lambda(x)$. Dann ist $\nu \in \mathcal{A}(0)$ genau dann, wenn $\nu_x(\chi) = 0$ λ - fast überall.

Beweis :Alle Aussagen mit Ausnahme von b) sind offensichtlich. Um d) zu beweisen, braucht man nur $\bar{\gamma}(\int^{\otimes} \nu_x \, d\lambda(x))(f) = 0$, $f \in C(\mathcal{G})$ zu betrachten.

b) Sei H eine kompakte Untergruppe $\subseteq \mathcal{G} \times T$, $H \cap (e,T) \neq \{(e,1)\}$. Dann ist, da $\bar{\gamma}(\omega_H)$ idempotent in $Q(\mathcal{G})$ ist, $\bar{\gamma}(\omega_H) = 0$, sonst wäre nach Satz 5.2 $H = \{(x, \varkappa(x)), x \in K\}$.

Sei andererseits $H \cap (e,T) = \{(e,1)\}$, sei $\pi : \mathcal{G} \times T \longrightarrow \mathcal{G}$ die kanonische Projektion, sei $K := \pi(H)$, dann gibt es stets einen stetigen Homomorphismus $\varkappa : K \longrightarrow T$, sodaß $H = \{(x, \varkappa(x)), x \in K\}$ und dann ist $\bar{\gamma}(\omega_H) = \varkappa . \omega_K \neq 0$. $\square$

Man weiß, daß $M(\mathcal{G})$ und damit $Q(\mathcal{G})$ genau dann nilpotente Elemente besitzen, wenn $\mathcal{G}$ nicht kommutativ ist (s.H.Behnke [1]). Weiter weiß man, daß man für eine beliebige lokalkompakte Gruppe, die eine nicht triviale kompakte Untergruppe K besitzt, stets nicht triviale Nullteiler finden kann, die beide idempotent in $Q(\mathcal{G})$ sind (Sei etwa $\varkappa : K \longrightarrow T$ ein nicht trivialer Charakter, dann sind ω_K und $\varkappa . \omega_K$ idempotent und Nullteiler) Wenn $\mathcal{G}$ separabel ist, dann liefert der folgende Satz, der einfach zu beweisen ist, eine Charakterisierung der Nullteiler resp. der nilpotenten Elemente in $Q(\mathcal{G})$:

<u>Satz 5.5</u> Sei $\mathcal{G}$ separabel, $\nu \in Q(\mathcal{G} \times T)$ sei in desintegrierter Form $\nu = \int^{\otimes} \nu_x \, d\lambda(x)$ dargestellt. Dann gilt :

a) $\nu^n \in \mathcal{A}(0)$, i.e. $\bar{\gamma}(\nu)$ ist nilpotent mit Ordnung n , genau dann, wenn für alle $f \in C(\mathcal{G})$

$$\int_{\mathcal{G}^n} f(x_1 \dots x_n) \int_T \chi(u_1) d\nu_{x_1}(u_1) \dots \int_T \chi(u_n) \, d\nu_{x_n}(u_n) \quad d\lambda^n = 0.$$

Dabei ist $\mathcal{G}^n = \mathcal{G} \times \cdots \mathcal{G}$ und λ^n bezeichnet in diesem Fall das Produktmaß $\lambda \otimes \cdots \otimes \lambda$ auf $\mathcal{G}^n$.

b) Sei überdies $\mu \in M^1(\mathcal{G} \times T)$ in desintegrierter Form dargestellt, $\mu = \int^{\otimes} \mu_x \, d\sigma(x)$, dann gilt : $\nu \mu \in \mathcal{A}(0)$, i.e $\bar{\gamma}(\nu)\ \bar{\gamma}(\mu) = 0$, genau dann, wenn für alle $f \in C(\mathcal{G})$

$$0 = \int_{\mathcal{G}} \int_{\mathcal{G}} f(x_1 x_2) \int_T \chi(u_1)\, d\nu_{x_1}(u_1) \int_T \chi(u_2)\, d\mu_{x_2}(u_2) \quad d\lambda(x_1)\, d\sigma(x_2)$$

D. Teilbare Maße und Logarithmen von Maßen.

Definition 5.4 Ein Maß $\mu_1 \in Q(\mathcal{G})$ heißt unendlich teilbar in $Q(\mathcal{G})$, wenn es zu jedem $n \in \mathbb{N}$ eine n-te Wurzel in $Q(\mathcal{G})$ gibt, i.e. ein $\mu_{1/n} \in Q(\mathcal{G})$ mit $\mu_{1/n}^{\ n} = \mu_1$ (s. auch O. § 3, Definition 3.1).

Definition 5.5 $b \in M(\mathcal{G})$ heißt Logarithmus von μ , falls $\exp(b) = \mu$. Allgemeiner : Sei ε idempotent , sei $\varepsilon \mu \varepsilon = \mu$, $\varepsilon b \varepsilon = b$, dann heißt b ε- Logarithmus von μ, falls $\exp_{\varepsilon}(b) := \varepsilon + \sum_{k \geq 1} b^k/k! = \mu$.

Wir setzen stets voraus, daß $\varepsilon, \mu \in Q(\mathcal{G})$.

Offensichtlich gelten :

1. Es sei $\mu_{1/n} \in Q(\mathcal{G})$ eine n-te Wurzel von $\mu_1 \in Q_1(\mathcal{G})$, dann ist auch $\mu_{1/n} \in Q_1(\mathcal{G})$ und $\vartheta(\mu_{1/n})$ ist eine n-te Wurzel von $\vartheta(\mu_1)$.

2. Ist $\exp_{\varepsilon}(b) = \mu$, $\vartheta(\varepsilon) = \omega_H$, dann gibt es ein $b' = \omega_H b' \omega_H \in M(\mathcal{G} \times T)$ mit $\bar{\gamma} \exp_{\omega_H}(b') = \mu$

[Man wählt einfach $b' = \omega_H \vartheta(b) \omega_H$.]

3. Sei b ein ε - Logarithmus von μ , dann bildet $\{\exp_{\varepsilon}(tb),\ t \geq 0\}$ eine normstetige Halbgruppe von Maßen, in die μ eingebettet ist.

Sei umgekehrt, $(\mu_t, t \geq 0, \mu_0 = \varepsilon)$ eine normstetige Halbgruppe von Maßen, dann existiert in der Normtopologie der Limes $b := \lim_{t \searrow 0} (1/t)(\mu_t - \mu_0)$ und b ist ε- Logarithmus von μ_1, $\mu_t = \exp_{\varepsilon}(tb)$.

Wir suchen nun in Analogie zu den Poissonmaßen nach Bedingungen, die garantieren, daß $\exp_{\varepsilon}(tb) \in Q(\mathcal{G})$ für alle $t \geq 0$. Man erhält sofort :

4. Sei $\nu \in Q(\mathcal{G})$, $\alpha > 0$, $b := \alpha(\nu - \varepsilon_e)$, dann ist $\exp(tb) \in Q(\mathcal{G})$ für alle $t \geq 0$. Weiter gibt es eine Poissonhalbgruppe in $M^1(\mathcal{G} \times T)$, deren $\bar{\gamma}$ - Bild mit $\{\exp(tb),\ t \geq 0\}$ übereinstimmt.

Dies gilt allgemeiner, wenn man ε_e durch ein beliebiges idempotentes Maß in $Q(\mathcal{G})$ $(\varepsilon \neq 0)$ ersetzt, wobei nun $\nu = \varepsilon \nu \varepsilon$ zu fordern ist.

[Sei $\alpha \geq 0$, sei $\varepsilon = \bar{\gamma}(\omega_H)$, $\nu = \varepsilon \nu \varepsilon \in Q(\mathcal{G})$, schließlich setzt man $\bar{\nu} := \omega_H \vartheta_1(\nu) \omega_H$, $b' := \alpha(\bar{\nu} - \omega_H)$, dann gilt :

b' ist ein H - Poissongenerator, i.e. $\exp_{\omega_H}(tb') \in M^1(\mathcal{G} \times T)$, $t \geq 0$ und b' ist gerade so konstruiert, daß

$\bar{\gamma}(\exp_{\omega_H}(tb')) = \exp_{\varepsilon}(tb)$ für alle $t \geq 0$. Daher ist insbesondere $\exp(tb) \in Q(\mathcal{G})$ für $t \geq 0$.]

Dies legt die Vermutung nahe, daß alle normstetigen Halbgruppen in $Q(\mathcal{G})$ $\bar{\gamma}$- Bilder von Poissonhalbgruppen sind. Für Halbgruppen von Wahrscheinlichkeitsmaßen weiß man ja, daß eine solche Halbgruppe genau dann normstetig ist, i.e. $\| \mu_t - \mu_o (= \omega_H) \| \to 0$, wenn (μ_t) Poissonsch ist. Also ist in diesem Fall für jedes H die Menge der Maße $\alpha(\nu - \omega_H)$ abgeschlossen. Insbesondere ist $\lim_{t \to 0} (1/t)(\mu_t - \mu_o)$ von der Gestalt $\alpha(\nu - \omega_H)$. (Wenn der Limes existiert).

Wenn man analog zeigen könnte, daß die Menge der Erzeuger normstetiger Halbgruppen in $Q(\mathcal{G})$ der Gestalt $\alpha(\nu - \mathcal{E})$, $\alpha \geq 0$, $\nu = \mathcal{E}\nu\mathcal{E} \in Q(\mathcal{G})$ abgeschlossen ist, dann würde nach 4. folgen : Jede normstetige Halbgruppe in $Q(\mathcal{G})$ ist $\bar{\gamma}$- Bild einer Poissonhalbgruppe. Dies ist jedoch falsch, wie das folgende einfache Beispiel zeigt :

5. Sei $\mathcal{G}$ beliebig $\mu_t := e^{it}\varepsilon_e$, dann ist $\vartheta(\mu_t) = \varepsilon_{(e,e^{it})}$, also eine Halbgruppe von Punktmaßen (diese ist eindeutig bestimmt, da $\mathcal{A}(\mu_t) = \{\vartheta(\mu_t)\}$), und somit nicht Poissonsch. Dagegen ist aber $\mu_t = \exp t(i\,\varepsilon_e)$, also ist die Halbgruppe (μ_t) normstetig. □

6. Allgemeiner gilt: Seien $\mathcal{E} = \mathcal{E}^2 \in Q(\mathcal{G})$, $\nu = \mathcal{E}\nu\mathcal{E} \in Q(\mathcal{G})$, α, β komplex mit $\mathrm{Re}\,\beta \geq |\alpha|$, $t \geq 0$, dann ist $\mu_t := \exp_{\mathcal{E}} t(\alpha\nu - \beta\mathcal{E}) \in Q(\mathcal{G})$ [unmittelbar nachzuprüfen].

7. Es können aber normstetige Halbgruppen $(\mu_t) \subset M(\mathcal{G})$ existieren, so daß für ein $t_o > 0$ $\mu_t \in Q(\mathcal{G})$, $t > t_o$, $\mu_t \notin Q(\mathcal{G})$, $t < t_o$.

[Man wähle $\nu \in Q_1(\mathcal{G})$, $\nu^2 = 0$, $\nu(\{e\}) = 0$, $\alpha = 1$, $0 < \beta < 1$

dann ist $\mu_t = \exp t(\alpha\nu - \beta\varepsilon_e) = e^{-t}(\varepsilon_e + t\nu)$, $\|\mu_t\| = (1+t)e^{-t\beta}$.]

§6 Positive Majoranten

Das Problem, mit dem sich § 6 beschäftigt, läßt sich kurz auf folgende Weise beschreiben : Gegeben sei eine stetige Halbgruppe in $Q(\mathcal{G})$, etwa (μ_t), gesucht sind Halbgruppen positiver Maße (ν_t), sodaß $\nu_t \geqslant |\mu_t|$ für alle $t \geqslant 0$.

Dabei sagt man für reelle Maße a, b " a majorisiert b" oder " $a \geqslant b$" wenn $a(f) \geqslant b(f)$ für alle $f \in C_+(\mathcal{G})$. Entsprechend sagt man für Distributionen $A,B \in \mathcal{D}'(\mathcal{G})$, $A \geqslant B$, falls $A(f) \geqslant B(f)$ für alle $f \in \mathcal{D}_+(\mathcal{G})$.

Allgemein, sei $a \in M_+(\mathcal{G})$, $b \in M(\mathcal{G})$, dann sagt man " a majorisiert b" wenn $a \geqslant |b|$ ($|b|$ bezeichnet die Totalvariation von b).

Definition 6.1 Sei (μ_t) eine stetige Halbgruppe in $Q(\mathcal{G})$, dann heißt eine stetige Halbgruppe $(\nu_t) \subseteq M_+(\mathcal{G})$ positive Majorante von (μ_t), falls $\nu_t \geqslant |\mu_t|$ für alle $t \geqslant 0$.

$(|\mu_t|)$ ist im allgemeinen keine Halbgruppe, es gilt aber stets $|\mu_t||\mu_s| \geqslant |\mu_{t+s}|$.

Satz 6.1 Sei $\pi : \mathcal{G} \times T \longrightarrow \mathcal{G}$ die kanonische Projektion. Sei (μ_t) eine stetige Halbgruppe in $Q(\mathcal{G})$, sei (ν_t) eine stetige Halbgruppe in $M_+(\mathcal{G} \times T)$, sodaß $\bar{\gamma}(\nu_t) = \mu_t$ für alle $t \geqslant 0$. Dann ist $(\lambda_t := \bar{\pi}(\nu_t))$ eine positive Majorante von (μ_t).

Der Beweis folgt unmittelbar aus dem allgemeineren

Hilfssatz 6.1 Sei $\mu \in Q(\mathcal{G})$, $\nu \in M_+(\mathcal{G} \times T)$ mit $\bar{\gamma}(\nu) = \mu$. Dann ist $\bar{\pi}(\nu) \geqslant |\mu|$. Wenn insbesondere $\nu = \vartheta(\mu)$, so ist $\bar{\pi}(\nu) = |\mu|$.

[Da μ in einer σ- kompakten Untergruppe konzentriert ist, darf man wieder annehmen , daß $\mathcal{G}$ separabel ist und daß daher ν in desintegrierter Form dargestellt ist, $\nu = \int \otimes \, \nu_x \, d\lambda(x)$, $\nu_x \in M^1(T)$, $\lambda \in M_+(\mathcal{G})$.

Dann ist für jedes $f \in C(\mathcal{G})$

$$\bar{\pi}(\nu)(f) = \nu(f \otimes 1_T) = \int_{\mathcal{G}} \nu_x(1_T) f(x) d\lambda(x) = \lambda(f), \text{ also } \bar{\pi}(\nu) = \lambda .$$

Andererseits ist mit $h(x) := \nu_x(\chi)$,

$$\mu(f) = \bar{\gamma}(\nu)(f) = \nu(f \otimes \chi) = \int f(x) \, \nu_x(\chi) d\lambda(x) = \int f(x) h(x) d\lambda(x),$$

i.e. $h = d\mu / d|\mu|$. Wegen $|h(.)| \equiv 1$ ist $|\mu| \leqslant \lambda$.

Wenn nun $\nu = \vartheta(\mu)$, dann ist $\nu_x(\chi) = d\mu/d|\mu|(x) = h(x)$, also $\lambda = |\mu|$.]

Wir interessieren uns nun für minimale positive Majoranten zu einer gegebenen stetigen Halbgruppe $(\mu_t) \subseteq Q(\mathcal{G})$. Dazu untersuchen wir einmal die Frage, unter welchen Voraussetzungen eine positive Halbgruppe $(\nu_t) \subseteq M_+(\mathcal{G})$ eine andere Halbgruppe $(\lambda_t) \subseteq M_+(\mathcal{G})$ majorisiert.

Seien beide Halbgruppen nicht $\equiv 0$, sei $\dot{\nu}_t := \|\nu_1\|^{-t} \nu_t$, $\dot{\lambda}_t := \|\lambda_1\|^{-t} \lambda_t$.

Dann sind $(\dot{\nu}_t)$ und $(\dot{\lambda}_t)$ stetige Halbgruppen von Wahrscheinlichkeitsmaßen, daher von der Gestalt $\dot{\nu}_t = \mathcal{E}x(t\dot{A})$, $\dot{\lambda}_t = \mathcal{E}x(t\dot{B})$. Nun sei

$A := \dot{A} + \log\|\nu_1\| \, \varepsilon_e$, $B := \dot{B} + \log\|\lambda_1\| \, \varepsilon_e$, dann schreiben wir

$\nu_t = \mathcal{E}x(tA)$, $\lambda_t = \mathcal{E}x(tB)$.

Satz 6.2 Seien ($\nu_t = \mathcal{E}x(tA)$), ($\lambda_t = \mathcal{E}x(tB)$) stetige Halbgruppen in $M_+(\mathcal{G})$. Dann sind äquivalent :

(i) $\nu_t \geq \lambda_t$ für alle $t \geq 0$.

(ii) $A \geq B$

(iii) $A-B := C$ ist die Einschränkung eines beschränkten, nicht negativen Maßes auf $\mathcal{D}(\mathcal{G})$. Dies ist gleichbedeutend damit, daß die kanonischen Darstellungen von A und B in folgender Beziehung stehen :
Sei Γ eine feste Lévy-Abbildung, seien $A = P + G + L + a\,\varepsilon_e$, $B = P_1 + G_1 + L_1 + a_1\,\varepsilon_e$ die kanonischen Zerlegungen , P, P_1 primitiv, G, G_1 Gaußsch, a, a_1 reell, L, L_1 seien die zu den Lévy-Maßen η, η_1 gehörenden Integralterme. Dann gibt es ein beschränktes nicht negatives Maß η_2 mit $\eta_2(\{e\}) = 0$ und ein $c \geq 0$, sodaß

$$G = G_1 \, , \; \eta - \eta_1 = \eta_2 \, , \; P(f) = P_1(f) - \int \Gamma f \, d\eta_2 \, , \; f \in \mathcal{D}(\mathcal{G}) \text{ und}$$

$$a = a_1 + \|\eta_2\| + c \, .$$

Beweis : (i) $\Longrightarrow$ (ii)
Es ist $A(f) = \lim_{t\downarrow 0} (1/t)(\nu_t(f) - f(e)) \geq \lim_{t\downarrow 0} (1/t)(\lambda_t(f) - f(e)) = B(f)$ für alle $f \in \mathcal{D}^+(\mathcal{G})$.

(ii) $\Longrightarrow$ (iii) : Sei $A \geq B$, $C := A-B$ ist eine nicht negative Distribution, daher die Einschränkung eines nicht negativen Radonmaßes auf $\mathcal{D}(\mathcal{G})$.
Aus der Gestalt von A und B folgt : Außerhalb einer offenen Lieprojektiven Untergruppe ist das zu C gehörige Maß $\bar{\eta}_2$ beschränkt. Man darf sich also auf Lieprojektive Untergruppen und damit auf Liegruppen beschränken. Dann gilt aber - wiederum wegen der Gestalt von A und B,- daß $|C(f)| = |\bar{\eta}_2(f)| \leq \text{const} \, \|f\|_{\mathbb{C}^2}$, also ist $\sup\{\bar{\eta}_2(f) : 0 \leq f \leq 1, f \in \mathcal{D}(\mathcal{G})\} < \infty$ und $\bar{\eta}_2$ ist ein beschränktes Maß.

Setzt man nun $\eta_2 := \bar{\eta}_2 - \bar{\eta}_2(\{e\})\,\varepsilon_e$, $c := \bar{\eta}_2(\{e\}) \geq 0$, so erhält man : $A(f) = B(f) + \eta_2(f) + c\,\varepsilon_e(f)$ resp.

$$P(f) + G(f) + \int_{\mathcal{G}\setminus(e)} (f - f(e) - \Gamma f)\, d\eta + af(e) = P_1(f) + G_1(f) +$$

$$+ \int_{\mathcal{G}\setminus(e)} (f - f(e) - \Gamma f)\, d\eta_1 + a_1 f(e) + cf(e) + \int_{\mathcal{G}\setminus(e)} f \, d\eta_2 =$$

$$P_1(f) + \int \Gamma f \, d\eta_2 + G_1(f) + \int (f - f(e) - \Gamma f)\, d(\eta_1 + \eta_2) +$$

$$+ (a_1 + c + \|\eta_2\|)\, f(e) \quad \text{für alle } f \in \mathcal{D}(\mathcal{G}).$$

Aus der Eindeutigkeit der kanonischen Zerlegung, die sofort aus der

Eindeutigkeit der kanonischen Zerlegung für Distributionen aus $\mathcal{M}(\mathcal{G})$ gefolgert wird, schließt man nun : $G = G_1$, $a = a_1 + c + \|\eta_2\|$, $\eta = \eta_1 + \eta_2$ und $P(f) = P_1(f) + \int \Gamma f \, d\eta_2$.

(iii) $\Longrightarrow$ (i) . Dies folgt unmittelbar, wenn man $\mathcal{E}x(tA) = \mathcal{E}x(t(B+C))$ in eine Störungsreihe entwickelt. Es ist ja dann

$\mathcal{E}x(t(B+C)) = \mathcal{E}x(tB) + \sum_{k \geq 1} v_k(t)$, wobei die Reihenglieder $v_k(.)$ wegen $C \geq 0$ alle nicht negativ sind. □

Damit ist im Prinzip eine Möglichkeit aufgezeigt, minimale positive Majoranten aufzufinden.

Wenn $(\mu_t) \subseteq Q_1(\mathcal{G})$, dann ist nach §5 $\{\vartheta(\mu_t)\} = \mathcal{A}(\mu_t)$, daher ist $(\vartheta(\mu_t), t \geq 0)$ eine Halbgruppe in $M^1(G \times T)$. Da $(\vartheta(\mu_t))$ die einzige Halbgruppe in $M^1(\mathcal{G} \times T)$ ist, deren $\bar{\gamma}$- Bild (μ_t) ist und da es eine stetige Halbgruppe dieser Art gibt, ist $(\vartheta(\mu_t))$ selbst eine stetige Halbgruppe. Daraus folgt nach Satz 6.1, daß $(\pi \vartheta(\mu_t))$ eine minimale positive Majorante ist .(Die Minimalität folgt aus $\pi\vartheta(\mu_t) = |\mu_t|$!)

Wir beschränken uns bei der Behandlung des Falles $(\mu_t) \subseteq Q(\mathcal{G})$ auf die Untersuchung eines Spezialfalles :

Sei $\nu \in Q(\mathcal{G}), \alpha > 0, \mu_t := \exp t\alpha(\nu - \mathcal{E}_e)$. Dann ist natürlich $(\lambda_t := \exp t\alpha(|\nu| - \mathcal{E}_e))$ eine positive Majorante in $Q(\mathcal{G})$.Diese muß aber nicht minimal sein .

Sei nämlich etwa $\nu := -\mathcal{E}_e$, so ist $\mu_t = e^{-2t\alpha}\mathcal{E}_e \subseteq M_+(\mathcal{G})$ und daher stimmt die minimale positive Majorante von (μ_t) mit (μ_t) überein, dagegen ist $\lambda_t \equiv \mathcal{E}_e$.

Man muß also die Konstruktion etwas verbessern :

Sei $\nu_1 := \nu - \nu(\{e\})\mathcal{E}_e$, $a := \nu(\{e\})$, so ist $\|\nu_1\| + |a| \leq 1$. Weiter $|\nu - \mathcal{E}_e| = |\nu_1| + |1-a|\mathcal{E}_e$ und

$$\exp t\alpha(\nu - \mathcal{E}_e) = \exp t\alpha(\nu_1 - (1-a)\mathcal{E}_e) = e^{-t\alpha(1-a)}\exp t\alpha(\nu_1) .$$

Daher ist $\lambda_t' := e^{-t\alpha(1-\mathrm{Re}\,a)}\exp t\alpha|\nu_1| = \exp(t\alpha[(|\nu_1| + \mathrm{Re}(a)\mathcal{E}_e - \mathcal{E}_e)])$.

eine positive Majorante von (μ_t).

In dem vorigen Beispiel ist $\nu_1 = 0$, $\mathrm{Re}(a) = -1$, also $\lambda_t' = \mu_t$.

Nun sei (σ_t) eine weitere positive Majorante von (μ_t), dann ist

$$\frac{1}{t}(\sigma_t - \mathcal{E}_e) \geq \frac{1}{t}(|\mu_t| - \mathcal{E}_e) = \frac{1}{t}(|\mu_t - \mu_t(\{e\})\mathcal{E}_e| - (1 - |\mu_t|(\{e\}))\mathcal{E}_e .$$

Es ist aber $\mu_t(\{e\}) = e^{-t\alpha(1-a)}(\mathcal{E}_e - t\alpha\nu_1 + \sum_{k \geq 2}\alpha^k t^k \nu_1^k / k!)(\{e\})$
$= e^{-t\alpha(1-a)}(1 + 0 + t\,o(t))$ resp.

$(1/t)(|\mu_t|(\{e\}) - 1) \longrightarrow \alpha(1 - \mathrm{Re}(a))$.

Daraus aber folgt nun :

$$\lim_{t\downarrow 0} (1/t)(\sigma_t - \varepsilon_e) \geq \alpha\{|\nu - \nu(\{e\})| - (1 - \mathrm{Re}(a))\varepsilon_e\} = \alpha\{|\nu_1| + \mathrm{Re}(a)\varepsilon_e - \varepsilon_e\}$$

(Der erste Limes ist als Distribution zu verstehen !).

Daraus folgt aber nach Satz 6.2, daß $\sigma_t \geq \lambda_t'$ für alle $t \geq 0$.

Damit ist gezeigt : Die vorhin definierte Halbgruppe (λ_t') ist eine minimale positive Majorante. □

Beispiel 1. Sei $\nu = \varepsilon_e, \alpha = 1$, $a = i$, also

$\mu_t := \exp t(i-1)\varepsilon_e = e^{it}\, e^{-t}\, \varepsilon_e$, so ist $\nu_1 = 0$, $a = i$, $\mathrm{Re}\, a = o$ und

daher $\lambda_t' = e^{-t} \exp t\, 0 = e^{-t}\, \varepsilon_e = |\mu_t|$.

Beispiel 2. Sei $\nu \in Q(\mathcal{G}), \nu^2 = o, \nu(e) = o, \alpha = 1, \mu_t = \exp t(\nu - \varepsilon_e) =$

$= e^{-t}(\varepsilon_e + t\nu)$, so ist $\lambda_t' = \exp t(|\nu| - \varepsilon_e) = e^{-t}(\varepsilon_e + t|\nu| + \sum_{k\geq 2} \frac{t^k}{k!} |\nu|^k)$

Bemerkung: Ist (μ_t) eine Halbgruppe, so daß es keine $c > o$ gibt mit $\|\mu_t\| \leq e^{ct}$, dann gibt es keine positive Majorante (denn für positive Maße (ν_t) ist $\|\nu_t\| = \|\nu_1\|^t$!).

Literaturhinweis: Positive Majoranten von (diskreten und) stetigen Operatorhalbgruppen wurden in letzter Zeit mehrfach betrachtet, s.z.B. C. Kipnis, Majoration des semigroupes de contractions de L^1 et applications. Ann.Inst. H. Poincaré 10(1974) 369 - 384 und die dort zitierte Literatur.

VI : Anhang. Faltungshalbgruppen mit nicht trivialen idempotenten Faktoren

§ 1 Lévy-Hinčin-Hunt-Darstellung

Bisher hatten wir stets vorausgesetzt, daß die betrachteten Faltungshalbgruppen $(\mu_t, t \geq 0)$ nur triviale idempotente Faktoren besitzen, i.e. $\mu_0 = \varepsilon_e$. Allgemein gilt : Sei $t \longrightarrow \mu_t$ ein stetiger Homomorphismus von $(0,\infty)$ in $M^1(\mathcal{G})$, dann existiert $\mu_0 := \lim_{t \searrow 0} \mu_t$, μ_0 ist ein idempotentes Wahrscheinlichkeitsmaß und es gibt daher eine kompakte Untergruppe $K \subseteq \mathcal{G}$, sodaß μ_0 das normierte Haarsche Maß ω_K auf K ist. (μ_t) kann nun als Faltungshalbgruppe auf dem homogenen Raum $\mathcal{G}/K$ aufgefaßt werden, oder, äquivalenterweise als Halbgruppe von K-invarianten Maßen auf $\mathcal{G}$. Wenn $\mathcal{G}$ eine Lie-Gruppe ist, dann läßt sich (μ_t) durch die erzeugende Distribution beschreiben, diese erzeugende Distribution besitzt eine kanonische Darstellung analog zur Lévy-Hinčin-Formel, nämlich

$$\lim_{t \searrow 0} (1/t)(\mu_t - \mu_0)(f) =: A(f) = P(f) + G(f) + L(f)$$

$$\text{für alle } f \in \mathcal{D}_K(\mathcal{G}) := f \in \mathcal{D}(\mathcal{G}) : f(xk) = f(x) \text{ für alle } x \in \mathcal{G},\ k \in K .$$

Dabei sind P, G, L, A K-invariante lineare Funktionale auf $\mathcal{D}_K(\mathcal{G})$, P ist primitiv, G quadratisch und L ist ein Integralterm, der durch das Lévymaß gegeben ist (s. G.A.Hunt [40]).

Verwendet man wiederum die Bezeichnungsweise von E.Siebert [60], so erhält man : Die erzeugenden Distributionen der stetigen Faltungshalbgruppen $(\mu_t, t > 0, \mu_0 = \omega_K)$ in $M^1(\mathcal{G})$ sind genau die normierten, fastpositiven, K-invarianten linearen Funktionale auf $\mathcal{D}_K(\mathcal{G})$.

Wenn nun $\mathcal{G}$ eine beliebige lokalkompakte Gruppe und K eine beliebige kompakte Untergruppe von $\mathcal{G}$ ist, dann ist bis heute keine vollständige Übertragung des Huntschen Satzes bzw. der Lévy-Hinčin-Formel bekannt. Und zwar läßt sich die eben genannte schwache Version von Siebert übertragen, wie im folgenden ausgeführt wird, dagegen ist die Existenz einer K-invarianten Lévy-Abbildung und daher auch die kanonische Zerlegung einer erzeugenden Distribution noch nicht bewiesen. Dies rechtfertigt es, daß wir uns stets auf Maßhalbgruppen mit $\mu_0 = \varepsilon_e$ beschränkt hatten, nochdazu, da die auftretenden Schwierigkeiten nur technischer und nicht prinzipieller Natur sind.

Für spezielle homogene Räume, (z.B. symmetrische Riemannsche Räume) die so beschaffen sind, daß die Algebra der K-invarianten Maße kommutativ ist, wurden Faltungshalbgruppen (komplexer Maße) und ihre erzeugenden Distributionen eingehend untersucht, s.z.B. J.Faraut , K.Harzallah [19], F.Hirsch, J.P.Roth [38].

Die folgenden Überlegungen zeigen, daß wir in der Lage sind, ausgehend von der Huntschen Arbeit und mit nur geringem zusätzlichen Aufwand den Zusammenhang zwischen erzeugenden Distributionen und Faltungshalbgruppen $(\mu_t, t \geq 0, \mu_0 = \omega_K)$ zumindest in groben Zügen zu beschreiben.

Man definiert wie oben : $\mathcal{D}_K(\mathcal{G}) := \{ f \in \mathcal{D}(\mathcal{G}) : f_k = f$ für $k \in K \}$.
Ein lineares Funktional $A \in \mathcal{D}_K'(\mathcal{G})$ heißt K invariant, falls $A({}_k f_h) = A(f)$ für alle $f \in \mathcal{D}_K(\mathcal{G})$, $k, h \in K$.

A heißt fast positiv und normiert, falls (i) $A(f) \geq 0$ für alle $f \in \mathcal{D}_K^+(\mathcal{G})$, die in einer Umgebung von K verschwinden und (ii) falls für ein $u \in \mathcal{D}_K^+(\mathcal{G})$, das in einer Umgebung von K = 1 ist, $0 \leq u \leq \mathbb{1}$, folgt : $\sup \{ A(f) : u \leq f \leq \mathbb{1},\ f \in \mathcal{D}_K^+(\mathcal{G}) \} = 0$.

Ein komplexes lineares Funktional $\in \mathcal{D}_K'(\mathcal{G})$ heißt K-invariant und dissipativ, falls A K-invariant ist und falls aus $f(K) = \max f(x)$ folgt $\mathrm{Re}(A(f)) \leq 0$. Offensichtlich sind die normierten K-invarianten, fast positiven Funktionale dissipativ. Man erhält sofort den

<u>Satz 1.1</u> A sei ein K-invariantes, dissipatives Funktional auf $\mathcal{D}_K(\mathcal{G})$, dann gibt es genau eine stetige Halbgruppe komplexer Maße $(\mu_t, t \geq 0)$ mit $\mu_0 = \omega_K, \|\mu_t\| \leq 1$, sodaß $\lim_{t \downarrow 0} (1/t)(\mu_t - \mu_0)(f) = A(f)$ für $f \in \mathcal{D}_K(\mathcal{G})$.

[[Der Beweis ist eine unmittelbare Folgerung aus dem Satz von F.Hirsch, s.o.§4,Satz 4.1 . Man hat dabei $\mathcal{D} := \mathcal{D}_K(\mathcal{G})$, $j := \omega_K$ zu setzen.]]

<u>Zusatz</u> : Wenn A überdies fast positiv und normiert ist, dann ist (μ_t) eine stetige Faltungshalbgruppe in $M^1(\mathcal{G})$.
(Dies ist das Analogon zum <u>zweiten Teil der Lévy-Hinčin-Formel</u>).

[[Aus dem Satz von F.Hirsch folgt, daß der Faltungsoperator R_A mit dem Definitionsbereich $\mathcal{D}_K(\mathcal{G})$ abschließbar ist und daß der Abschluß gerade der Generator der Operatorhalbgruppe $(R_{\mu_t} : R_{\omega_K} C_0(G) \to R_{\omega_K} C_0(G))$ ist. Weiter zeigt man wortwörtlich wie in IV,Hilfss.1.1, daß A außerhalb einer jeden Umgebung von K mit einem beschränkten K-invarianten Maß η - das wieder Lévy-Maß genannt werde-übereinstimmt. Man kann daher wieder zu gegebener Umgebung U von K eine Zerlegung $A = A_1 + A_2$ angeben, sodaß $\mathrm{Tr}(A_1) \subseteq U^-$ und sodaß A_2 ein beschränktes Maß ist. Da A fast positiv ist, kann man annehmen, daß A_2 Poissongenerator ist, nämlich $A_2 = (\eta|_{\mathcal{G} \setminus U}) - (\eta(\mathcal{G} \setminus U)) \cdot \omega_K$.(Da A fast positiv ist, ist ja $\eta \geq 0$ und man prüft sofort nach, daß $A_1 := A - A_2$ wieder normiert und fast positiv ist.)

Für den weiteren Beweis benötigt man einen Hilfssatz, dessen Beweis ich Herrn K.H.Hofmann verdanke :

<u>Hilfssatz 1.1</u> $\mathcal{G}$ sei eine lokalkompakte Gruppe, K eine kompakte Untergruppe, dann gibt es eine offene, Lie-projektive Untergruppe $\mathcal{G}_1$, so-

daß $K \subseteq \mathcal{G}_1$.

1.Schritt : H sei eine lokalkompakte, total unzusammenhängende Gruppe, H_1 eine kompakte Untergruppe. Dann gibt es eine kompakte offene Untergruppe V mit $H_1V = VH_1$, daher ist $H_2 := VH_1$ eine kompakte offene Untergruppe mit $H_1 \subseteq H_2$.

⟦ H besitzt eine Umgebungsbasis der Einheit, die aus kompakten offenen Untergruppen besteht. Sei also U eine kompakte offenen Untergruppe, dann ist $V := \bigcap_{k \in H_1} k^{-1} U k$ eine kompakte Untergruppe $\subseteq U$, die $VH_1 = H_1V$ erfüllt. Es bleibt daher bloß zu zeigen, daß V offen ist.

Für jedes $k \in H_1$ gibt es Umgebungen U_k und W_k der Einheit, sodaß $kU_kW_k(kU_k)^{-1} \subseteq U$. Da H_1 kompakt ist, gibt es wegen $\bigcup_{k \in H_1} kU_k \supseteq H_1$ endlich viele $k_1,\dots k_n \in H_1$, sodaß $\bigcup_{i=1}^{n} k_iU_{k_i} \supseteq H_1$. Es sei $W_0 := \bigcap_{i=1}^{n} W_{k_i}$, dann gibt es zu jedem $k \in H_1$ ein $i = i(k)$, sodaß $k \in k_iU_{k_i}$ und somit $kW_0 k^{-1} \subseteq k_i U_{k_i} W_{k_i} (k_i U_{k_i})^{-1} \subseteq U$, beziehungsweise $W_0 \subseteq k^{-1}U k$. Da $k \in H_1$ beliebig gewählt war, folgt daraus,daß $W_0 \subset V$, also, daß V offen ist. ⟧

2.Schritt : Nun sei $\mathcal{G}$ beliebig lokalkompakt, K eine kompakte Untergruppe. $\mathcal{G}_0$ sei die Zusammenhangskomponente der Einheit und $H := \mathcal{G}/\mathcal{G}_0$. $\pi : \mathcal{G} \to H$ sei die kanonische Projektion, dann ist H eine lokalkompakte totalunzusammenhängende Gruppe, $H_1 := \pi(K)$ eine kompakte Untergruppe von H, daher gibt es (wie eben gezeigt) eine kompakte offene Untergruppe $H_2 \supseteq H_1$.

Es sei $\mathcal{G}_1 := \pi^{-1}(H_2)$, dann ist (i) $K \subseteq \mathcal{G}_1$, (ii) $\mathcal{G}_1$ ist offen und (iii) $\mathcal{G}_1 / (\mathcal{G}_1)_0 = H_2$ ist kompakt, daher ist $\mathcal{G}_1$ Lie-projektiv (s.z.B. [49])

Nun kann man den Beweis der Lévy-Hinčin-Formel (Satz 1.1, Zusatz) weiterführen :

Man wählt als Umgebung U von K die offene Gruppe $\mathcal{G}_1$ und konstruiert dazu die Zerlegung $A = A_1 + A_2$, A_2 Poissongenerator, $Tr(A_1) \subseteq \mathcal{G}_1$, wie beschrieben.

Wir zeigen zunächst : A_1 ist erzeugende Distribution einer Halbgruppe von Wahrscheinlichkeitsmaßen.

Wir wissen bereits : A_1 ist erzeugende Distribution einer Halbgruppe komplexer Maße mit $\|\bar{\mu}_t\| \leq 1$, $\bar{\mu}_0 = \omega_K$. Es genügt daher zu zeigen, daß bei jeder Projektion von $\mathcal{G}_1$ auf eine Lie-Faktorgruppe die Halbgruppe

$(\bar{\mu}_t)$ auf eine Halbgruppe von Wahrscheinlichkeitsmaßen abgebildet wird. Genauer, sei $\mathcal{G}_1 = \varprojlim \mathcal{G}_1^\alpha$, $\mathcal{G}_1^\alpha$ Lie-Gruppe, $\pi_\alpha : \mathcal{G}_1 \longrightarrow \mathcal{G}_1^\alpha$ und $\pi_{\alpha\beta} : \mathcal{G}_1^\alpha \longrightarrow \mathcal{G}_1^\beta$ seien die kanonischen Homomorphismen, sodaß $\ker(\pi_\alpha)$ kompakt ist für alle α. Da $\mathcal{D}_K(\mathcal{G}_1)$ Vereinigung der $\ker(\pi_\alpha)$ und der K- invarianten Funktionen aus $\mathcal{D}(\mathcal{G}_1)$ ist, ist A_1 durch die Projektionen $\pi_\alpha(A_1)$ bereits eindeutig festgelegt.

Für jedes α ist $\pi_\alpha(A_1)$ ein $\pi_\alpha(K)$ - invariantes normiertes fast positives Funktional auf $\mathcal{D}_{\pi_\alpha(K)}(\mathcal{G}_1^\alpha)$, ist daher nach der Huntschen Lévy-Hinčin-Formel für homogene Räume Liescher Gruppen das erzeugende Funktional einer stetigen Halbgruppe von Wahrscheinlichkeitsmaßen auf $\mathcal{G}_1^\alpha$, diese Halbgruppe sei mit $(\bar{\mu}_t^{(\alpha)}, t \geq 0, \bar{\mu}_0^{(\alpha)} = \omega_{\pi_\alpha(K)})$ bezeichnet. Da die $\{\pi_\alpha(A_1)\}$ ein projektives System mit Limes A_1 bilden, folgt leicht, daß auch die Maße $\{\bar{\mu}_t^{(\alpha)}\}$ projektive Systeme bilden und daß deren Limes $\bar{\mu}_t$ sein muß. Das bedeutet aber gerade, daß jedes $\bar{\mu}_t$ Wahrscheinlichkeitsmaß ist.

$(\bar{\mu}_t, t \geq 0, \mu_0 = \omega_K)$ ist also eine stetige Halbgruppe von Wahrscheinlichkeitsmaßen auf $\mathcal{G}_1$ und kann daher als Halbgruppe auf $\mathcal{G}$ mit erzeugender Distribution A_1 aufgefaßt werden.

A_2 erzeugt eine Halbgruppe von Wahrscheinlichkeitsmaßen auf $\mathcal{G}$, nämlich die Poissonhalbgruppe $(\exp_K(tA_2) := \omega_K + tA_2 + t^2 A_2^2/2! + \dots)$

Daher muß die von $A = A_1 + A_2$ erzeugte Halbgruppe (μ_t) eine Halbgruppe von Wahrscheinlichkeitsmaßen sein, die durch die Lie Trotter Produktformeln oder durch Störungsreihen darstellbar ist (s. 0, § 2, Hilfss.2.1).

Mit ähnlichen Methoden beweist man auch das Analogon zum ersten Teil der Lévy-Hinčin-Formel :

Satz 1.2 $\mathcal{G}$ sei eine lokalkompakte Gruppe, K eine kompakte Untergruppe, $(\mu_t, t \geq 0, \mu_0 = \omega_K)$ sei eine stetige Halbgruppe von Wahrscheinlichkeitsmaßen auf $\mathcal{G}$. Dann existiert für alle $f \in \mathcal{D}_K(\mathcal{G})$ der Grenzwert

$$A(f) := \lim_{t \searrow 0} (1/t)(\mu_t - \mu_0)(f)$$

und A ist ein normiertes fast positives Funktional auf $\mathcal{D}_K(\mathcal{G})$.

[[Man verwendet wiederum die durch den Hilfssatz 1.1 gesicherte Existenz einer offenen Lie-projektiven Untergruppe $\mathcal{G}_1 \supseteq K$. Es sei $\{N_\alpha\}$ das System kompakter Normalteiler in $\mathcal{G}_1$, sodaß $\mathcal{G}_1^\alpha := \mathcal{G}_1 / N_\alpha$ Lie-Gruppe ist, $\pi_\alpha : \mathcal{G}_1 \longrightarrow \mathcal{G}_1^\alpha$, $\pi_{\alpha\beta} : \mathcal{G}_1^\alpha \longrightarrow \mathcal{G}_1^\beta$ seien die kanonischen Projektionen, dann werden dadurch kanonische Projektionen zwischen den homogenen Räumen $\mathcal{G} \xrightarrow{\pi_\alpha} \mathcal{G}/N_\alpha$, $\mathcal{G}/N_\alpha \longrightarrow \mathcal{G}/N_\beta$, $\mathcal{G}/K \longrightarrow \pi_\alpha(\mathcal{G})/\pi_\alpha(K)$ $\pi_\alpha(\mathcal{G})/\pi_\alpha(K) \longrightarrow \pi_\beta(\mathcal{G})/\pi_\beta(K)$ induziert. (Dabei ist etwa $\mathcal{G}/N_\alpha := \{N_\alpha x\}$,

$\mathcal{G}/K := \{xK\}$, $\pi_\alpha(\mathcal{G})/\pi_\alpha(K) := \{N_\alpha xK\}$, ...).

Der homogene Raum $\mathcal{G}/K := \{xK, x \in \mathcal{G}\}$ ist also darstellbar als projektiver Limes homogener Räume $\{N_\alpha xK, x \in \mathcal{G}\}$, die so beschaffen sind, daß das Bild der Einheit $N_\alpha K$ in dem homogenen Raum einer Liegruppe liegt, nämlich in $\pi_\alpha(\mathcal{G}_1)/\pi_\alpha(K) = (\mathcal{G}_1/N_\alpha)/(KN_\alpha/N_\alpha)$. und dieser ist offen und abgeschlossen in $\pi_\alpha(\mathcal{G})/(\pi_\alpha(K))$.

Nun kann man ganz ähnlich verfahren wie beim Beweis der Lévy-Hinčin-Formel für Faltungshalbgruppen mit trivialen idempotenten Faktoren (s. I § 1 oder [60]): Als Vorlage dient nun der Beweis von Hunt für den Fall eines homogenen Raumes einer Lie-Gruppe, s. [40] .

Diese Beweisskizze soll hier genügen, da, wie schon eingangs erwähnt bisher keine kanonische Zerlegung der erzeugenden Distributionen A bekannt ist, die von der Approximation durch die Mannigfaltigkeiten $\pi_\alpha(\mathcal{G})/\pi_\alpha(K)$ unabhängig ist.

Ein analoges Resultat wurde von M.Duflo angegeben, das sogar etwas allgemeiner ist (s.[16,17]) :Es wird gezeigt, daß die Aussagen von Satz 1.1 und 1.2 - in entsprechend modifizierter Form auch gelten, wenn (μ_t) eine Halbgruppe komplexer Maße mit $\|\mu_t\| \leq 1$ ist, wobei nun anstelle des idempotenten Faktors ω_K ein beliebiges idempotentes komplexes Maß μ_o mit $\|\mu_o\| = 1$ zugelassen wird. Dies liefert jedoch nichts wesentlich neues, da dann μ_o von der Gestalt $\mu_o = \mathcal{H} \cdot \omega_K$ ist, wobei $\mathcal{H}$ ein Charakter von K ist. Die Beweismethode von Duflo ist aber von der oben skizzierten wesentlich verschieden.

§ 2 Approximation durch Faltungshalbgruppen mit trivialen idempotenten Faktoren

Abschließend diskutieren wir einen anderen Weg, Faltungshalbgruppen mit idempotenten Faktoren zu beschreiben, der es uns erlaubt, auf Lévy-Hinčin-Formeln auf homogenen Räumen weitgehend zu verzichten : Faltungshalbgruppen mit nicht trivialen idempotenten Faktoren werden dargestellt als Projektionen von Faltungshalbgruppen mit trivialen idempotenten Faktoren oder als Limiten solcher Halbgruppen. Die folgenden Sätze sind aber auch unabhängig von dem erwähnten Zweck - nämlich der Umgehung der Lévy-Hinčin-Formel für homogene Räume - von Interesse.

Zunächst benötigt man einen Hilfssatz über Operatorhalbgruppen, der von T.G.Kurtz [46] Theorem 2.1 etwas allgemeiner bewiesen wurde :

Hilfssatz 2.1 Seien $\mathbb{B}$ ein Banach-Raum, $\mathcal{D} \subseteq \mathbb{B}$ ein dichter linearer Teilraum. ($U(t), t \geq 0$, $U(0) = I$), $(S(t), t \geq 0, S(0) = I)$ seien stetige Halbgruppen linearer Kontraktionen auf $\mathbb{B}$ mit infinitesimalen Generatoren A resp. B und deren Definitionsbereichen D_A resp. D_B. Es sei $\mathcal{D} \subseteq D_A \cap D_B$ und überdies sei $\mathcal{D}$ so beschaffen, daß die Abschlüsse der Einschränkungen von A resp. B auf $\mathcal{D}$ wieder mit A resp. B übereinstimmen.

Dann erzeugt der Abschluß von A + uB eine Kontraktionshalbgruppe $(T_u(t), t \geq 0, T_u(0) = I)$, die durch die Lie-Trotter Produktformel gegeben ist, $T_u(t) = \lim_{n \to \infty} [U(t/n)\, S(ut/n)]^n$

Es existiere $P := \lim_{\lambda \to \infty} \int_0^{\infty} e^{-\lambda t} S(t)dt$ in der starken Operatorentopologie. (Dies ist insbesondere dann der Fall, wenn $P = \lim_{t \to \infty} S(t)$ existiert).

Sei $\mathbb{D} := P(\mathbb{B}) \cap D_A$, $C: \mathbb{D} \longrightarrow \mathbb{D}^-$ sei definiert durch $Cf := PAf$. Dann ist C Generator einer stetigen Kontraktionshalbgruppe (T_t) auf $\mathbb{D}^-$ und es konvergiert $T_u(t)f \xrightarrow[u \to \infty]{} T(t)f$ für alle $f \in \mathbb{D}^-$.

Wenn insbesondere P und $\mathcal{D}$ so beschaffen sind, daß $P\mathcal{D} \subseteq \mathcal{D}$, dann ist $\mathbb{D} \supseteq P\mathcal{D}$, daher $\mathbb{D}^- = P(\mathbb{B})$ und $T(t)$ kann als stetige Kontraktionshalbgruppe auf dem ganzen Raum $\mathbb{B}$ aufgefaßt werden, also $(T(t), t \geq 0, T(0) = P)$. □

Zunächst werden Halbgruppen von Poissonmaßen betrachtet, i.e. Halbgruppen von Wahrscheinlichkeitsmaßen der Gestalt $(\mu_t = \exp_H(t\alpha(a-\omega_H))$ $t \geq 0, \alpha \geq 0$, $a = \omega_H a \omega_H \in M^1(\mathcal{G})$). Dabei ist $\exp_H(b) := \omega_H + \sum_{j \geq 1} b^j/j!$ und H ist eine kompakte Untergruppe. Wenn $H = \{e\}$, dann schreibt man $\exp(b)$ anstatt $\exp_{\{e\}}(b)$.

Hilfssatz 2.2 Seien $(\mu_t, t \geq 0, \mu_0 = \omega_K)$, $(\nu_t, t \geq 0, \nu_0 = \omega_K)$ Poissonhalbgruppen auf $\mathcal{G}$, $\mu_t = \exp_K(t\alpha(a-\omega_K))$, $\nu_t = \exp_K(t\beta(b-\omega_K))$, sodaß

$\omega_H := \lim_{t\to\infty} \nu_t$ in der schwachen Topologie existiert (dann ist H eine kompakte Untergruppe $\supsetneq$ K). Für jedes $u>0$ definiert man

$\mu_t^{(u)} := \exp_K(t(\alpha a + u\beta b - (\alpha+u\beta)\,\omega_K))$, dann ist $(\mu_t^{(u)}, t\geq 0)$

für jedes $u>0$ eine Poissonhalbgruppe mit $\mu_0^{(u)} = \omega_K$ und es konvergiert

$\mu_t^{(u)}(f) \xrightarrow[u\to\infty]{} \lambda_t(f) := \exp_H(t\alpha(\omega_H\, a\,\omega_H - \omega_H))(f)$ für alle

$f\in R_{\omega_H} C_o(\mathcal{G})$.

[[Dies folgt unmittelbar aus Hilfssatz 2.1, wenn man anstelle der Maße die Faltungsoperatoren betrachtet: Man setzt also $\mathbb{B} := R_{\omega_K} C_o(\mathcal{G})$, $P := R_{\omega_H}$,

$U(t) := R_{\mu_t}$, $S(t) := R_{\nu_t}$, $T_u(t) := R_{\mu_t^{(u)}}$, $T(t) := R_{\lambda_t}$, wobei zu beachten ist, daß $U(0) = S(0) = T_u(0) = R_{\omega_K}$ die Einheit auf $\mathbb{B}$ ist, sowie, daß $\mathcal{D} = \mathbb{B}$ und $\mathbb{D} = P\,\mathbb{B}$ ist.]]

Geht man andererseits von zwei kompakten Untergruppen $K\subsetneq H$ aus - z.B. $K = \{e\}$ - und betrachtet eine Poissonhalbgruppe mit Idempotent ω_H, etwa $\lambda_t := \exp_H(t\alpha(a - \omega_H))$, $t,\alpha\geq 0$, $a = \omega_H\, a\,\omega_H \in M^1(\mathcal{G})$, dann gilt

<u>Satz 2.1</u> Sei $(\lambda_t = \exp_H(t\alpha(a - \omega_H)), t\geq 0)$ eine Poissonhalbgruppe, sei $(\nu_t := \exp_K(t\beta(b - \omega_K)), t\geq 0)$ eine weitere Poissonhalbgruppe mit Idempotent ω_K, die so beschaffen ist, daß $\nu_t \xrightarrow[t\to\infty]{} \omega_H$ (dies gilt z.B. für $\beta>0$ und $b = \omega_H$). Weiter sei $\mu_t := \exp_K(t\alpha(a - \omega_K))$ und es sei schließlich $\mu_t^{(u)} := \exp_K(t(\alpha a + \beta ub - (\alpha+\beta u)\,\omega_K)$ für alle $u>0$, dann ist

(i) $\lambda_t = \omega_H \mu_t = \mu_t \omega_H = \omega_H \mu_t^{(u)} = \mu_t^{(u)} \omega_H$ für alle $t,u\geq 0$

i.e. jedes H - Poissonmaß ist Projektion eines K Poissonmaßes ,

(ii) $\mu_t^{(u)}(f) \xrightarrow[u\to\infty]{} \lambda_t(f)$ für alle $t>0$ und alle $f\in C_o(\mathcal{G})$

i.e. jedes H- Poissonmaß ist Limes einer Folge von K-Poissonmaßen.

Beweis : (i) Man prüft sofort durch einfache Rechnung nach, daß - wegen $\omega_K\omega_H\omega_K = \omega_H$ und $a\omega_H = \omega_H a = a$ -

$$\omega_H \mu_t = \omega_H \exp_K(t\alpha(a - \omega_K)) = \omega_H\, e^{-t\alpha}(\omega_K + \sum_{j\geq 1} t^j \alpha^j a^j/j!\,) =$$

$$= e^{-t\alpha}(\omega_H + \sum_{j\geq 1} t^j\alpha^j (\omega_H a)^j/j!\,) = e^{-t}(\omega_H + \sum_{j\geq 1} t^j\alpha^j a^j/j!\,) =$$

$$= \exp_H(t\alpha(a - \omega_H)) = \lambda_t \quad \text{für alle } t\geq 0.$$

Analog zeigt man $\mu_t\omega_H = \lambda_t$ und es ist wegen $\nu_\infty = \omega_H$ auch $\omega_H \nu_t \omega_H = \omega_H$ und somit $\omega_H\, b\, \omega_H = \omega_H$. Daraus folgt

$$\omega_H \mu_t^{(u)} = \omega_H(\omega_K + \sum_{j\geq 1} t^j \left(\left[(\alpha a+\beta u\, b) - (\alpha+\beta u)\,\omega_K\right]^j / j!\right) =$$
$$= \omega_H + \sum_{j\geq 1} t^j \left(a + \beta u \omega_H - (\alpha+\beta u)\,\omega_H\right)^j / j! = e^{-t\alpha}(\omega_H + \sum_{j\geq 1} t^j \alpha^j \, a^j / j!$$
$$= \lambda_t \quad \text{und analog} \quad \mu_t^{(u)} \omega_H = \lambda_t \quad \text{für alle } t,\ u \geq 0 .$$

(ii) Sei zunächst $f = R_{\omega_K} f \in C_o(\mathcal{G})$, dann ist nach Hilfssatz 2.2 $\mu_t^{(u)}(f) \underset{u\to\infty}{\longrightarrow} \lambda_t(f)$ für alle $t > 0$.

[[Man kann dies auch sofort einsehen, ohne den Hilfssatz 2.2 resp.2.1 zu verwenden : $\mu_t^{(u)}(f) = \mu_t^{(u)}(R_{\omega_H} f) = (\mu_t^{(u)}\omega_H)(f) = \lambda_t(f)$ nach (i).

Nun sei $t > 0$, $f = (R_{\varepsilon_e} - R_{\omega_H})\, f$, dann sind $\omega_H(f) = a(f) = 0$ und wegen $b(\varepsilon_e - \omega_H) = (\varepsilon_e - \omega_H)\, b = b - \omega_H$ ist somit

$$\mu_t^{(u)}(f) = e^{-t(\alpha+\beta u)}\left[\omega_K + \sum_{j\geq 1} (t/(\alpha+\beta u))^j \, (\alpha a + \beta u\, b)^j / j!\right](f) =$$
$$= e^{-t(\alpha+\beta u)} \omega_K(f) + \sum_{j\geq 1} (t/(\alpha+\beta u))^j \beta^j u^j \, b^j(f) / j! =$$
$$= e^{-t(\alpha+\beta u) + t\beta u/(\alpha+\beta u)} \exp_K\left(\frac{t\beta u}{\alpha+\beta u}\,(b - \omega_K)\right)(f) =$$
$$= e^{-t(\alpha+\beta u) + t\alpha u/(\alpha+\beta u)} \, \nu_s(f), \quad \text{mit } s = t\alpha u/(\alpha+\beta u).$$

Da $t > 0$, strebt der erste Faktor gegen 0 mit $u \to \infty$, der zweite ist beschränkt, also ist gezeigt, daß $\mu_t^{(u)}(f) \longrightarrow 0$ mit $u \to \infty$.]]

Zusatz : Man kann die Halbgruppe (μ_t) stets so wählen, daß $\mu_t \nu_s = \nu_s \mu_t$ für alle $s,\ t > 0$, oder, äquivalenterweise, daß $b\, a = a\, b$ und somit $\mu_t^{(u)} = \mu_t \, \nu_{tu}$ für alle $t, u > 0$.
Überdies kann man erreichen, daß $\|\mu_t^{(u)} - \lambda_t\| < 2e^{-t\beta u} \longrightarrow 0$.

[[Man wählt etwa $b = \omega_H$, dann ist $\|\mu_t^{(u)} - \lambda_t\| = \|(\nu_{tu} - \omega_H)\,\mu_t\| \leq$
$\|\exp_K(t\beta(\omega_H - \omega_K)) - \omega_H\| = \| e^{-t\beta u}\omega_K + (1 - e^{-t\beta u})\,\omega_H - \omega_H\| \leq$
$2\, e^{-t\beta u} \longrightarrow 0.$]]

Nun betrachten wir anstelle der Poissonhalbgruppen beliebige stetige Faltungshalbgruppen, der Einfachheit halber setzen wir ab nun $K = \{e\}$.

Satz 2.2 Seien $(\mu_t,\ t \geq 0,\ \mu_o = \varepsilon_e)$, $(\nu_t, t \geq 0,\ \nu_o = \varepsilon_e)$ stetige Faltungshalbgruppen in $M^1(\mathcal{G})$. H sei eine kompakte Untergruppe, sodaß $\nu_t \underset{t\to\infty}{\longrightarrow} \omega_H$ in der schwachen Topologie konvergiert. A und B seien die erzeugenden Distributionen von (μ_t) und (ν_t), weiter sei $(\mu_t^{(u)})$ die von A + uB erzeugte Faltungshalbgruppe.(In der vereinbarten Schreibweise gilt also : $\mu_t = \mathcal{E}x\,(tA)$, $\nu_t = \mathcal{E}x(tB)$, $\mu_t^{(u)} = \mathcal{E}x\,(t(A + uB))$.

Dann existiert eine stetige Faltungshalbgruppe $(\lambda_t, t \geq 0, \lambda_o = \omega_H)$ in $M^1(\mathcal{G})$ mit idempotentem Faktor ω_H, sodaß

(i) $\mu_t^{(u)}(f) \xrightarrow[u\to\infty]{} \lambda_t(f)$ für alle $t > 0, f \in R_{\omega_H} C_o(\mathcal{G})$ und

(ii) die erzeugende Distribution von (λ_t) hat die Gestalt

$$R_{\omega_H} \mathcal{D}(\mathcal{G}) =: \mathcal{D}_H(\mathcal{G}) \ni f \longrightarrow A^{\bullet}(f) := R_{\omega_H} R_A f(e)$$

Beweis : Man wendet den Hilfssatz 2.1 an mit $\mathbb{B} := C_o(\mathcal{G})$, $P := R_{\omega_H}$, $U(t) := R_{\mu_t}$, $S(t) := R_{\nu_t}$, $T(t) := R_{\lambda_t}$, $T_u(t) := R_{\mu_t^{(u)}}$, $\mathcal{D} := \mathcal{D}(\mathcal{G})$. Dann ist $R_{\omega_H} \mathcal{D}(\mathcal{G}) = \mathcal{D}_H(\mathcal{G}) \subseteq \mathcal{D}(\mathcal{G})$ und daher $\mathbb{D}^- = \mathcal{D}_H(\mathcal{G})^- =$ $= R_{\omega_H} C_o(\mathcal{G})$. Nach Hilfssatz 2.1 konvergiert dann

$T_u(t)f(e) = \mu_t^{(u)}(f) \xrightarrow[u\to\infty]{} \lambda_t(f)$ für $f \in \mathbb{D}$ und der Generator von $(T(t))$ hat die Gestalt $\mathbb{D} \ni f \longrightarrow R_{\omega_H} R_A f$, also ist die erzeugende Distribution $A^{\bullet}$ der Halbgruppe (λ_t) von der angegebenen Gestalt. □

Andererseits erhält man als Analogon zum Satz 2.1

<u>Satz 2.3</u> $(\lambda_t, t > 0, \lambda_o = \omega_H)$ sei eine stetige Faltungshalbgruppe in $M^1(\mathcal{G})$ mit idempotenten Faktor ω_H. Dann gibt es eine Folge von Poissonhalbgruppen $(\mu_t^{(k)}, t > 0, \mu_o^{(k)} = \varepsilon_e)_{k \geq 1}$ mit trivialen idempotenten Faktoren, sodaß

$$\mu_t^{(k)}(f) \xrightarrow[k\to\infty]{} \lambda_t(f) \qquad \text{für alle } f \in C_o(\mathcal{G}),\ t > 0$$

Beweis : 1. Es ist zunächst für alle $f \in C_o(\mathcal{G})$

$$\lambda_t(f) = \lim_{n\to\infty} \exp_H(nt(\lambda_{1/n} - \omega_H))(f), \bar{\mu}_t^{(n)} := \exp_H(nt(\lambda_{1/n} - \omega_H)).$$

Dies folgt zunächst aus dem Satz von Hille-Yosida für alle $f \in R_{\omega_H} C_o(\mathcal{G})$ andererseits aber ist für alle $f = (R_{\varepsilon_e} - R_{\omega_H})f$ wegen $\omega_H \bar{\mu}_t^{(n)} =$ $= \bar{\mu}_t^{(n)} \omega_H = \bar{\mu}_t^{(n)}$ und wegen $\omega_H \lambda_t = \lambda_t \omega_H = \lambda_t$ stets $\bar{\mu}_t^{(u)}(f) = \lambda_t(f) = 0$.

2. Nach Satz 2.1 kann man zu jedem $n \in \mathbb{N}$ eine Folge von Poissonmaßen $(\bar{\mu}_t^{(n,k)}, t \geq 0, \bar{\mu}_o^{(n,k)} = \varepsilon_e)$ finden, sodaß $\| \bar{\mu}_t^{(n,k)} - \bar{\mu}_t^{(n)} \| \leq 2e^{-kt}$.

Setzt man nun $\mu_t^{(n)} := \bar{\mu}_t^{(n,n)}$, $t \geq 0$, $n \in \mathbb{N}$, dann ist für $f \in C_o(\mathcal{G})$:

$$|\mu_t^{(n)}(f) - \lambda_t(f)| \leq |\lambda_t(f) - \bar{\mu}_t^{(n)}(f)| + |\bar{\mu}_t^{(n)}(f) - \bar{\mu}_t^{(n,n)}(f)| \leq$$

$$|\lambda_t(f) - \bar{\mu}_t^{(n)}(f)| + \|f\|_o\, 2\, e^{-nt} \xrightarrow[n\to\infty]{} 0 \text{ , falls } t > 0 .$$

Für $t = 0$ ist natürlich $\lambda_o = \omega_H$ und $\mu_o^{(n)} = \varepsilon_e$! □

Es bleibt ein offenes <u>Problem</u>, ob die im Satz 2.1 (i) bewiesene Aussage für beliebige Faltungshalbgruppen gilt, genauer :

Sei $(\lambda_t, t \geq 0, \lambda_o = \omega_H)$ eine stetige Faltungshalbgruppe in $M^1(\mathcal{G})$ mit nicht trivialem idempotenten Faktor ω_H, gibt es dann stets eine Faltungshalbgruppe mit trivialem idempotenten Faktor $(\mu_t, t > 0, \mu_o = \varepsilon_e)$, sodaß $\lambda_t = \omega_H \mu_t = \mu_t \omega_H$ für alle $t > 0$?

Wir untersuchen abschließend diese Frage und das vorher behandelte Approximationsproblem für Gaußhalbgruppen auf einer Lie-Gruppe und auf einem homogenen Raum . Sei also $\mathcal{G}$ eine Lie-Gruppe der Dimension n, H sei eine kompakte Untergruppe, $\mathfrak{g}$ resp. $\mathfrak{h}$ seien die Lie-Algebren von $\mathcal{G}$ resp. H. Wir wählen nun eine Basis von $\mathfrak{g}$ - die Elemente der Lie-Algebra werden wieder als invariante Differentialoperatoren aufgefaßt -, die so beschaffen ist, daß $X_{m+1}, \dots X_n$ eine Basis von $\mathfrak{h}$ bilden und sodaß die Operatoren X_i, $1 \leq i \leq m$ mit den Operatoren $R_x, x \in H$, vertauschbar sind. (Dann ist auch $X_i R_{\omega_H} = R_{\omega_H} X_i$.)

Nun sei (a_{ij}) eine positiv semidefinite **n×n** Matrix reeller Zahlen, dann ist $A(f) = \sum a_{ij} X_i X_j f(e)$ die erzeugende Distribution einer Gaußhalbgruppe auf $\mathcal{G}$ und jede Gaußsche erzeugende Distribution ist von dieser Gestalt. Nach Satz 2.2. ist dann $\mathcal{D}_H(\mathcal{G}) \ni f \longrightarrow R_{\omega_H} R_A f(e) =: \dot{A}(f)$ die erzeugende Distribution einer Faltungshalbgruppe $(\lambda_t, t \geq 0, \lambda_o = \omega_H)$. Diese Halbgruppe ist wieder Gaußsch, resp. die erzeugende Distribution ist wieder von lokalem Charakter auf $\mathcal{G}/H$: Sei nämlich $f \in \mathcal{D}_H(\mathcal{G})$, sodaß f in einer Umgebung U von H verschwindet. Dann ist $\dot{A}(f) = R_{\omega_H} R_A f(e) = \int_H A({}_x f) d\omega_H(x)$. Da aber A von lokalem Charakter ist, ist $A({}_x f) = 0$ für alle $x \in U$, daher ist wegen $U \supseteq H$ $\dot{A}(f) = 0$.

Wir zeigen nun, daß auch die Umkehrung gilt, also daß die eben konstruierten Distributionen $\dot{A}$ alle Gaußschen Distributionen auf $\mathcal{G}/H$ sind:

<u>Satz 2.4</u> Sei $\dot{A}$ eine erzeugende Distribution einer Gaußhalbgruppe auf $\mathcal{G}/H$, die etwa mit $(\lambda_t, t \geq 0, \lambda_o = \omega_H)$ bezeichnet werde. Dann gibt es (i) eine Gaußhalbgruppe $(\mu_t, t \geq 0, \mu_o = \varepsilon_e)$ mit erzeugender Distribution A, sodaß $\lambda_t = \omega_H \mu_t = \mu_t \omega_H$ für alle $t \geq 0$ und sodaß

$$\dot{A}(f) = R_{\omega_H} R_A f(e) \quad \text{für alle } f \in \mathcal{D}_H(\mathcal{G}) ,$$

(ii) und eine Folge von stetigen Faltungshalbgruppen $(\mu_t^{(n)}, t \geq 0, \mu_o^{(n)} = \varepsilon_e), n \in \mathbb{N}$, sodaß $\mu_t^{(n)}(f) \longrightarrow \mu_t(f)$ für alle $f \in C_o(\mathcal{G})$. Wenn H zusammenhängend ist, dann kann man die approximierende Folge so wählen, daß alle $(\mu_t^{(n)})$ Gaußhalbgruppen sind.

Beweis : Die Basis der Lie-Algebra sei wie vorhin gewählt. Sei $\mathfrak{M}$ der von

$X_1, \dots X_m$ aufgespannte Vektorraum in $\mathfrak{G}$, dann ist die Einschränkung der Exponentialabbildung auf $\mathfrak{M}$ ein lokaler C^∞-Isomorphismus von $\mathfrak{M}$ nach G/H. Nach G. A. Hunt läßt sich dann eine Gaußsche Distribution auf G/H-resp. die erzeugende Distribution einer Faltungshalbgruppe mit idempotenten Faktor ω_H, die von lokalem Charakter ist - in der Form $Y + \sum a_{ij} X_i X_j$ darstellen, wobei über $1 \leq i,j \leq m$ summiert wird und (a_{ij}) eine positiv semidefinite Matrix ist. Y ist ein primitiver Term, also $Y \in \mathfrak{G}$.

Nun sei $f \in \mathcal{D}_H$, dann ist $A'(f) = A'({}_x f)$ für alle $x \in H$, daher $R_{\omega_H} R_A . f = R_A . f$,

Nun sei A definiert durch $A(f) := \sum_{1 \leq i,j \leq m} a_{ij} X_i f(e) + Yf(e), f \in \mathcal{D}(G)$, also $A(f) = A'(f)$ für $f \in \mathcal{D}_H(G)$ und $A(f) = 0$ für $f = (R_{\varepsilon_e} - R_{\omega_H})f$.

Weiter definiere man $B(f) := \sum_{i=m+1}^{n} X_i^2 f(e)$, dann ist B die erzeugende Distribution einer Gaußschen Halbgruppe $(\nu_t, t \geq 0, \nu_0 = \varepsilon_e)$ mit $Tr(\nu_t) = H_0$ (s. E.Siebert [61]) und $\nu_t \to \omega_{H_0}$ mit $t \to \infty$. (H_0 bezeichnet die Zusammenhangskomponente von H.)

Der Satz ist nun bewiesen: Man setze in (i) $\mu_t := \mathcal{E}x(tA)$ und in (ii) im Falle $H = H_0$ $\mu_t^{(k)} := \mathcal{E}x(t(A+kB))$.

Die Aussagen folgen nun sofort aus $R_{\omega_H} R_A = R_A R_{\omega_H} = R_A$. und aus Satz 2.2. □

Literatur

[1] Behnke, H.: Nilpotend elements in group algebras, Bull. Acad. Polon. Sc.: <u>19</u>, 197 - 198 (1971)

[2] Böge, W. : Über die Charakterisierung unendlich of teilbarer Wahrscheinlichkeitsverteilungen, J. reine und angew. Math. <u>201</u>, 150 - 156 (1959)

[3] -"- : Zur Charakterisierung sukzessiv unendlich teilbarer Wahrscheinlichkeitsverteilungen auf lokalkompakten Gruppen, Z. Wahrscheinlichkeitstheorie verw. Geb. <u>2</u>, 380 - 394 (1964)

[4] Bourbaki, N.: Eléments de Mathématique, Liv. VI Integration, Chap. IX, Paris: Hermann (1969)

[5] Bruhat, F.: Distributions sur un groupe localement compact et applications á l'ètude des represéntations des groupes p-adiques, Bull. Soc. Math. de France, Suppl. Mém. <u>89</u>, 43 - 76 (1961)

[6] Carnal, H.: Unendlich oft teilbare Wahrscheinlichkeitsverteilungen auf kompakten Gruppen, Math. Ann. <u>153</u>, 351 - 383 (1964)

[7] -"- : Deux théorémes sur les groupes stochastiques compacts, Comm. Math. Helv. <u>40</u>, 237 - 246 (1964)

[8] -"- : Non validité du théoréme de Lévy-Cramér sur le cercle, Publ. de l'ISUP, 55 - 56 (1964)

[9] Chambers, J. T.: Some remarks on the approximations of nonlinear semigroups, Proc. Japan Acad. Sci. <u>46</u>, 518 - 528 (1970)

[10] Chernoff, P. R.: Note on a product formula for operator semigroups, J. Funct. Analysis <u>2</u>, 238 - 242 (1968)

[11] Corwin, L.: Generalized Gaussian measures and a functional equation I, II, III, J. Funct. Analysis <u>6</u>, 481 - 505 (1970); <u>5</u>, 412 - 427 (1970); Advances in Math. <u>6</u>, 239 - 251 (1971)

[12] -"- : Unitary measures on LCA groups, Trans. Amer. Math. Soc. <u>196</u>, 425 - 430 (1974)

[13] Csiszár, I.: On the weak continuity of convolution in a convolution algebra over an arbitrary topological group, Studia Sci. Math. Hungar. <u>6</u>, 27 - 40 (1971)

[14] Dettweiler, E.: Grenzwertsätze für Wahrscheinlichkeitsmaße auf Badrikianschen Räumen, Dissertation Tübingen (1974)

[15] Ditzian, Z.: Exponential formulae for semigroups of operators in terms of the resolvent, Israel J. of Math. 9, 541 - 553 (1971)

[16] Duflo, M. : Semigroupes de mesures complexes sur un groupe de Lie, Manuskript (1975)

[17] -"- : Semigroups of complex measures on a locally compact group, Non commutative harmonic analysis (Actes Colloque Marseille-Luminy 1974), Lecture Notes in Math. 466, 56 - 69, Berlin-Heidelberg-New York: Springer (1975)

[18] Faraut, J.: Semigroupes des mesures complexes et calcul symbolique sur les générateurs infinitesimaux des semigroupes d'opérateurs, Ann. Inst. Fourier 20, 235 - 301 (1970)

[19] -"- : Harzallah, K.: Semigroupes d'opérateurs invariants et opérateurs dissipatifs invariants, Ann. Inst. Fourier 22, 147 - 164 (1972)

[20] Feller, W.: An introduction to probability theory and its applications, vol. II. 3rd ed. New York: J. Wiley & Sons Inc. (1966)

[21] Friedmann, Ch. N.: Semigroup product formulas, compressions and continual observations in quantum mechanics, Math. J. Indiana University 21, 1001 - 1011 (1972)

[22] Hasegawa, M.: A note on the convergence of semigroups of operators, Proc. Japan Acad. Sci. 40, 262 - 266 (1964)

[23] Hazod, W. : Über Wurzeln und Logarithmen beschränkter Maße, Z. Wahrscheinlichkeitstheorie verw. Geb. 20, 259 - 270 (1971)

[24] -"- : Eine Produktformel für Halbgruppen von Wahrscheinlichkeitsmaßen auf Lie-Gruppen, Monatsh. f. Math. 76, 295 - 299 (1972)

[25] -"- : Über die Lévy-Hinčin-Formel auf lokalkompakten topologischen Gruppen, Z. Wahrscheinlichkeitstheorie verw. Geb. 25, 301 - 322 (1973)

[26] -"- : Poisson-Maße auf lokalkompakten Halbgruppen, Monatsh. f. Math. 78, 25 - 41 (1974)

[27] -"- : Generatoren positiver Kontraktionshalbgruppen und stetige Halbgruppen von Wahrscheinlichkeitsmaßen, Manuskript (1973)

[28] -"- : Einige Sätze über unendlich oft teilbare Maße auf lokalkompakten Gruppen, Arch. Math. 26, 297 - 312 (1975)

[29] Hazod, W. : Subordination von Gauß- und Poisson-Maßen, Z. Wahrscheinlichkeitstheorie verw. Geb. 35, 45 - 55 (1976)

[30] -"- : Symmetrische Gaußverteilungen sind diffus, Manuscripta Math. 14, 283 - 295 (1974)

[31] Hewitt, E.; Ross, K. E.: Abstract Harmonic Analysis I, Berlin-Göttingen-Heidelberg: Springer (1963)

[32] -"- : Some Fourier-Stieltjes transforms of absolute value one, J. Approx. Theory 13, 153 - 157 (1975)

[33] Heyer, H.; Rall, Chr.: Gauß'sche Wahrscheinlichkeitsmaße auf Corwin'schen Gruppen, Math. Z. 128, 343 - 361 (1972)

[34] -"- : Infinitely divisible probability measures on compact groups, Lectures on Operator Algebras, Lecture Notes in Math. 247, Berlin-Heidelberg-New York: Springer (1972)

[35] -"- : Probability measures on locally compact groups, in Vorbereitung für: Ergebnisberichte der Mathematik und ihrer Grenzgebiete, Berlin-Heidelberg-New York: Springer

[36] Hille, E.; Phillips, R. S.: Functional analysis and semigroups, 2rd ed. Coll. Publ. Amer. Math. Soc. (1957)

[37] Hirsch, F.: Opérateurs dissipatifs et codissipatifs invariants par translation sur les groupes localements compactes, Seminaire de theorie du potentiel 15e année (1971/72)

[38] Hirsch, F.; Roth. J. P.: Opérateurs dissipatifs et codissipatifs invariants sur un espace homogêne, Lecture Notes in Math. 404, 229 - 245, Berlin-Heidelberg-New York: Springer (1974)

[39] Hofmann, K. H.: The duality of compact semigroups and C*-bigebras, Lecture Notes in Math. 129, Berlin-Heidelberg-New York: Springer (1970)

[40] Hunt, G. A.: Semigroups of measures on Lie groups, Trans. Amer. Math. Soc. 81, 269 - 294 (1956)

[41] Kato, T. : Perturbation theory for linear operators, Die Grundlehren der mathematischen Wissenschaften in Einzeldarstellungen, Berlin-Heidelberg-New York: Springer (1966)

[42] Kisyński, J.: A proof of the Trotter-Kato theorem on approximation of semigroups, Coll. Math. 18, 181 - 184 (1967)

[43] Kurtz, T. G.: Extension of Trotter's operator semigroup approximation theorem, J. Funct. Analysis 3, 354 - 375 (1969)

[44] Kurtz, T. G.: A general theorem on the convergence of operator semigroups,
Trans. Amer. Math. Soc. 148, 23 - 32 (1970)

[45] -"- : A random Trotter Product Formula,
Proc. Amer. Math. Soc. 35, 147 - 154 (1973)

[46] -"- : A limit theorem for perturbated operator semigroups with applications to random evolutions,
J. Funct. Amalysis 12, 55 - 67 (1973)

[47] Lashof, R.: Lie algebras of locally compact groups,
Pacific J. Math. 7, 1145 - 1162 (1957)

[48] Linnik, Yu.: Dêcomposition des lois de probabilitês,
Paris: Gautier Villars (1962)

[49] Montgommery, D.; Zippin, L.: Topological transformation groups,
New York: Intenscience Pub. Inc. (1955)

[50] Maximoff, V. M.: Nonhomogenuous semigroups of measures on compact Lie groups,
Teor. Ver. i. Prim. 17, 640 - 658 (1972).
Englische Übersetzung: Theory Prob. Appl. 17, 601 - 619 (1972)

[51] Parthasarathy, K. R.: Probability measures on metric spaces,
New York-London: Academic Press (1967)

[52] Prabhu, N. U.: Wiener-Hopf-Factorisations for convolution semigroups,
Z. Wahrscheinlichkeitstheorie verw. Geb. 23, 103 - 113 (1972)

[53] Roth, J. P.: Sur les semigroupes â contraction invariants sur un espace homogêne,
C. R. Acad. Sc. Paris 277, Sér. A. 1091 - 1094 (1973)

[54] Rukhin, A. L.: Some statistical and probabilistic problems on groups,
Trudy Math. Inst. Steklov 111, 59 - 129 (1970).
Englische Übersetzung: Proc. Steklov Inst. Math. 111, 59 - 129 (1970)

[55] Schmetterer, L.: On Poisson laws and related questions,
Proc. 6th Berkeley Symposium on Math. Statistics and Probability theory, vol. II, 169 - 185 (1970)

[56] -"- ; Hazod, W.: Poisson-Maße auf lokalkompakten Gruppen und verwandte Fragen,
Studia Sci. Math. Hungar. 5, 63 - 74 (1970)

[57] Schmidt, K.: On a characterization of certain infinitely divisible positiv definite functions and measures,
J. London Math. Soc. 2rd se. vol. IV, 401 - 407 (1972)

[58] Siebert, E.: Wahrscheinlichkeitsmaße auf lokalkompakten maximal fastperiodischen Gruppen,
Dissertation: Tübingen (1972)

[59] Siebert, E.: Stetige Halbgruppen von Wahrscheinlichkeitsmaßen auf lokalkompakten maximal fastperiodischen Gruppen, Z. Wahrscheinlichkeitstheorie verw. Geb. 25, 269 - 300 (1973)

[60] -"- : Über die Erzeugung von Faltungshalbgruppen auf beliebigen lokalkompakten Gruppen, Math. Z. 131, 313 - 333 (1973)

[61] -"- : Absolut-Stetigkeit und Träger von Gauß-Verteilungen auf lokalkompakten Gruppen, Math. Ann. 210, 129 - 147 (1974)

[62] -"- : Einbettung unendlich teilbarer Wahrscheinlichkeitsmaße auf topologischen Gruppen, Z. Wahrscheinlichkeitstheorie verw. Geb. 28, 227 - 247 (1974)

[63] -"- : Convergence and convolutions of probability measures on a topological group, The Ann. of Prob. 4, 433 - 443 (1976)

[64] Stein, E. M: Topics in Harmonic Analysis, Ann. of Math. Studies 63, (1973)

[65] Tortrat, A.: Structure des lois indéfiniment divisibles dans un espace vectoriel toplogique, Symposium on probabilistic methods in analysis 299 - 328, Lecture Notes in Mathematics 31, Berlin-Heidelberg-New York: Springer (1967)

[66] Wehn, D. : Probabilities on Lie groups, Proc. Nat. Acad. Sci. 48, No. 5, 791 - 795 (1962)

[67] -"- : Some remarks on Gaussian distributions on a Lie group, Z. Wahrscheinlichkeitstheorie verw. Geb. 30, 255 - 263 (1974)

[68] Woll, J. W. Jr.: Homogeneous stochastic groups, Pacific J. Math. 9, 293 - 325 (1959)

[69] -"- : A property of homogeneous groups, Proc. Amer. Math. Soc. 13, 131 - 133 (1962)

[70] Yosida, K.: Functional Analysis, Berlin-Göttingen-Heidelberg: Springer (1965)

Sachverzeichnis